Hasso Moesta

Chemisorption und Ionisation in Metall-Metall-Systemen

Mit 102 Abbildungen

Springer-Verlag

Berlin · Heidelberg · New York 1968

Dozent Dr. Hasso Moesta, Institut für Physikalische Chemie der Universität Bonn, 5300 Bonn, Wegelerstraße 12

ISBN-13: 978-3-642-85898-7   e-ISBN-13: 978-3-642-85897-0

DOI: 10.1007/978-3-642-85897-0

Titel-Nr. 1459

Vorwort

Das Studium von Metall-Metall-Systemen hat seit langer Zeit die wichtigsten theoretischen Vorstellungen über Adsorption und Chemisorption geliefert. Man denke z. B. an die Langmuir-Isotherme oder an die Vorstellung von der ionischen Bindung adsorbierter Molekeln. Gegenwärtig ist es die Quantenchemie der Adsorptionsbindung, die gerade an diesen Systemen wesentliche Fortschritte macht.

Die praktisch-technische Bedeutung der Metall-Metall-Systeme erstreckt sich von der Gewinnung elektrischer Energie aus Kernreaktoren oder Sonnenstrahlung über Ionenantriebe für Raumfahrzeuge bis zum Spurennachweis halogenierter organischer Verbindungen.

Wer auf diesem Gebiet zu arbeiten beginnt, hat große Schwierigkeiten, aus der verstreuten Literatur einen zusammenhängenden Überblick über die Tatsachen und deren neuere Deutung zu gewinnen.

Der Sinn des Buches soll daher sein, sowohl die wesentlichen experimentellen Tatsachen als auch die gedanklichen Grundlagen zu vermitteln. Dabei werden auch Themen angeschnitten, deren Behandlung noch keineswegs ausgereift ist.

Die Auswahl der zitierten Literatur ist ein Kompromiß zwischen Vollständigkeit und Beschränkung auf das wirklich Wesentliche. Jeder Kompromiß findet seine Kritiker.

Die Darstellung ist teils ausführlich, teils, wenn die notwendige Literatur leicht zugänglich ist, sehr kurz. Der Verfasser hält diese Unterschiede im Hinblick auf den praktischen Gebrauch des Buches für nützlich.

Mehrere Rechnungen zur Quantenchemie und die Tabelle der Austrittsarbeiten verdanke ich Herrn Dipl.-Chem. Jörg Fleischhauer, einige Abbildungen stammen aus unveröffentlichten Arbeiten meiner Mitarbeiter, den Herren Dipl.-Phys. H. Schulze und J. Wiesemes.

Dem Verlag habe ich für die großzügige Bewilligung zahlreicher Abbildungen sehr zu danken.

Mein besonderer Dank gehört Frl. U. Marquardt und Frau Erika Ochterbeck, die mit großem Geschick und viel Verstand das Manuskript hergestellt haben.

Bonn, im September 1967   H. Moesta

Inhaltsverzeichnis

Inhaltsverzeichnis

1. Die theoretische Behandlung der Chemisorption

1.1. Einführung

Seit mehr als 60 Jahren ist die Adsorption, d. h. die Anreicherung von Molekeln an einer Phasengrenzfläche, ein ständig wiederkehrendes Thema experimenteller und theoretischer Untersuchungen. Ein großer Teil des ständigen Interesses hat praktisch-technologische Hintergründe, wie die Entwicklung von Katalysatoren, von Photozellen und von Glühkathoden. Viele dieser Untersuchungen haben auch unsere Kenntnis der Grundlagen bereichert. Eine generelle Theorie der Adsorptionserscheinung fehlt jedoch bis heute.

In manchen Fällen besteht jedoch die Möglichkeit, wenigstens begrenzte Vorhersagen über Art und Folgen von Adsorptionsprozessen in gegebenen konkreten Systemen zu machen. Die Menge der für eine solche Vorhersage erforderlichen Einzelinformationen ist stets sehr groß.

Ein Teilgebiet des ganzen Komplexes ist die Adsorption von Metallen auf Metalloberflächen. Metall-Metall-Systeme zeigen eine Reihe wissenschaftlich und technisch bedeutsamer Besonderheiten, wie z. B. Oberflächenionisation und extrem niedrige Austrittsarbeiten. Metalldämpfe sind überwiegend einatomig. Darüber hinaus ist der Elektronenaufbau der Alkaliatome relativ einfach. Diese beiden Umstände eröffnen Aussichten auf ein echtes theoretisches Verständnis der Metall-Metall-Adsorptionssysteme, nämlich die Berechnung nach der Quantenmechanik.

Die Thermodynamik liefert einen zentralen Gesichtspunkt zur Behandlung des Problems der chemischen Wechselwirkung zwischen Festkörper und adsorbierter Molekel. Dieser Gesichtspunkt ist die Einstellung des chemischen Gleichgewichts, d. h. desjenigen Zustandes bei dem die freie Energie des Gesamtsystems ein Minimum einnimmt.

$$F = \text{Minimum}\,.$$

Die freie Energie F setzt sich aus Beiträgen der Inneren Energie und der Entropie zusammen:

$$F = U - T \cdot S\,.$$

Bringt man eine ursprünglich reine Festkörperoberfläche in eine Atmosphäre, deren Molekeln bei der herrschenden Temperatur eine Bindung mit der Festkörperoberfläche eingehen können, so ändert sich die freie

Energie des Systems aus Festkörper und Atmosphäre so, daß für die Änderung, ΔF, gilt:

$$\Delta F = \Delta U - T \Delta S < 0 .$$

Für den Ablauf der Chemisorption sind daher Änderungen der Inneren Energie und Änderungen der Entropie von gleicher Bedeutung. Eine moderne Bearbeitung der grundlegenden Thermodynamik findet man z. B. bei GHEZ [112].

Aussagen über die Änderungen der Inneren Energie, ΔU, der hier interessierenden Systeme ergeben sich prinzipiell aus der Quantentheorie der chemischen Bindung, die an die speziellen Verhältnisse der Festkörperoberfläche besonders angepaßt werden müssen. Aussagen über Entropien bzw. Entropieänderungen ergeben sich, zumindest im Prinzip, aus der Theorie der Kristall-Gitterschwingungen, die ebenfalls an die Verhältnisse der Oberfläche angepaßt werden muß.

Eine Durchsicht des heutigen Standes unserer Kenntnisse zeigt stärker deren Unvollkommenheit als daß sie imstande wäre, quantitative Ergebnisse zu liefern. Trotzdem erscheint es dem Verfasser wichtig, die vorhandenen Ansätze und Bruchstücke zu behandeln. Auch wenn sich dabei aus einem verhältnismäßig großen mathematischen Aufwand nur wenige quantitative Ergebnisse gewinnen lassen, so können diese Ansätze doch als gedanklicher Leitfaden erheblichen Wert haben.

Die weiteren Kapitel dieses Buches sind so aufgebaut, daß stets die Betrachtungsweise der Thermodynamik einen übergeordneten Gesichtspunkt ergibt. Alle Struktur-Fragen sind, auch wo dies nicht ausdrücklich hervorgehoben wird, als Einzelinformationen zum Komplex der Adsorptionsentropie aufgefaßt worden.

1.2. Die Adsorptionsenergie

Das Verhalten der Elektronen in Atomen, Molekeln und Festkörpern wird prinzipiell durch die Quantenmechanik beschrieben. Diese liefert insbesondere die Bindungsenergien zwischen Partikeln, die zu einem stabilen Aggregat zusammentreten.

Dies gilt natürlich in vollem Umfange auch für die Chemisorptionsbindung. Die bei der Behandlung dieser Art der chemischen Bindung auftretenden Schwierigkeiten sind jedoch so groß, daß eine exakte Lösung vollkommen ausgeschlossen erscheinen muß. Zunächst handelt es sich stets um ein Vielkörperproblem, was prinzipiell nicht exakt behandelt werden kann. Darüber hinaus lassen sich die für Festkörper bewährten Näherungsmethoden auf die Chemisorptionsbindung nicht oder nicht ohne weiteres anwenden. Die Näherungsmethoden für den Festkörper machen sehr wesentlichen Gebrauch von der Periodizität des

Kristallgitters [381]. Diese Periodizität ist aber an der Oberfläche eines Festkörpers nicht mehr dreidimensional, sondern besitzt nur noch zwei Dimensionen in der Ebene der Oberfläche. Die Periodizität in der Oberflächenlage ist auch nicht notwendig die gleiche wie in tiefer liegenden parallelen Ebenen (vgl. Abschn. 2.3). Darüber hinaus wird die Bindung einer chemisorbierten Molekel in irgendeinem Winkel zur Oberfläche erfolgen, so daß die Chemisorptionsbindung wohl in keinem Falle die Periodizität des Festkörpers besitzt.

Da auf der anderen Seite ein Bedürfnis nach besserem Verständnis der Chemisorptionsbindung seit langem vorliegt, sind eine große Zahl von mehr oder weniger brauchbaren Näherungsbetrachtungen angestellt worden. Diese Näherungsbetrachtungen haben jeweils einzelne Beiträge zur Bindungsenergie in den Mittelpunkt gestellt, die man nach dem heutigen Wissen wohl am besten als aus einzelnen Gliedern des in der Schrödingergleichung für das System auftretenden Hamilton-Operators entstanden auffaßt. Eine ausführliche zusammenfassende Darstellung dieser älteren Vorstellungen findet man bei ILJIN [166].

Für den heute auf diesem Gebiet Arbeitenden sind nach Meinung des Verfassers ausschließlich die modernen, von vornherein auf der Quantenmechanik beruhenden Ansätze von Interesse. Es scheint daher angebracht, die Chemisorptionsbindung nur nach diesen modernen Theorien zu behandeln. Dabei wollen wir uns überwiegend auf eindimensionale Näherungen (Atomkette statt Kristall) beschränken. Die eindimensionale Behandlung hat den Vorteil, daß bei bescheidenem mathematischen Aufwand doch viele grundsätzliche Züge des Problems erkennbar werden.

1.2.1. MO-Theorie der Chemisorptionsbindung

Nach der Quantenmechanik wird das Verhalten der Elektronen und Kerne durch die Schrödingergleichung:

$$\mathscr{H}\,\Psi = \mathrm{E} \cdot \Psi \tag{1.1}$$

beschrieben. Hierin bedeutet Ψ die Gesamteigenfunktion, $\mathscr{H}$ den Hamilton-Operator des Systems und E einen Energieeigenwert des Systems. Exakte Lösungen dieser Gleichungen sind nicht möglich, ebenso ist die Angabe des vollständigen Hamilton-Operators für die Chemisorptionsbindung noch nicht gelungen.

In der quantenchemischen Theorie der normalen chemischen Bindung hat sich jedoch gezeigt, daß man durch verschiedene Näherungsverfahren brauchbare Ergebnisse erhält, die auch eine Vorhersage experimenteller Ergebnisse wenigstens qualitativ gestatten. Mehrere dieser Möglichkeiten sind in der Literatur mit Erfolg auf Chemisorptionsprobleme angewendet worden. GRIMLEY [127] hat die Theorie der Molekülorbitale unter anderem auf eine eindimensionale Kette von Atomen mit einem Fremdatom am Ende angewandt und erhält Aussagen über eine Vielzahl möglicher Bindungszustände für das Fremdatom. GRIMLEY (loc. cit.) berechnet die MO-Eigenfunktion für die folgende Kette von Atomen:

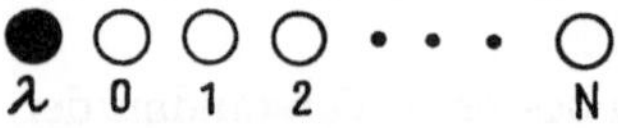

Abb. 1.1. Kettenmodell nach GRIMLEY [127]

Von Null bis N sind die Kettenatome numeriert, das Fremdatom ist mit λ bezeichnet. Zu jedem Atom gehört ein Atomorbital $\Phi\,(r, m)$. $m = \lambda$ bedeutet ein Atomorbital des Fremdatoms, $m = 0, 1, \ldots N$ sind die Orbitale der „Kristall"-Atome. Die Näherungseigenfunktion des Systems wird als Linearkombination der beteiligten orthonormierten Atomeigenfunktionen angesetzt (solange nur ein Band auftritt):

$$\Psi(r) = \sum_m \Phi\,(r, m)\, c\,(m) \, . \tag{1.2}$$

Durch Einsetzen von Gleichung (1.2) in Gleichung (1.1), Multiplikation mit der konjugiert komplexen Eigenfunktion und Integration gelangt man unter Vernachlässigung der Überlappung zwischen den Atomorbitalen in der üblichen Weise zu einem linearen Gleichungssystem.

$$[E - H\,(m, m)]\, c\,(m) = \sum_n{}' H\,(m, n)\, c\,(n) \, . \tag{1.3}$$

Die H (m, n) bedeuten die Integrale:

$$H\,(m, n) = \int \phi_m^* \, \mathscr{H} \, \phi_n \, d\tau \, .$$

Die Matrix $\mathbb{E}$ des Systems lautet:

$$\mathbb{E} = \begin{pmatrix} E - H_{\lambda\lambda} & - H_{\lambda 0} & - H_{\lambda 1} & \cdots & & H_{\lambda N} \\ H_{0\lambda} & E - H_{00} & - H_{01} & \cdots & & H_{0N} \\ - H_{1\lambda} & - H_{10} & E - H_{11} & - H_{12} & & \cdots \\ \vdots & & & & \ddots & \vdots \\ \cdots & - & - & \cdots & & E - H_{NN} \end{pmatrix} . \tag{1.4}$$

Berücksichtigt man nun, wie häufig bei der Behandlung von Festkörperproblemen, nur die Wechselwirkung zwischen nächsten Nachbarn, so verschwinden alle Matrixelemente außer den folgenden:

$$\begin{aligned} &H\,(m, m) = \alpha\,; \quad m \neq 0 \\ &H\,(0, 0) = \alpha' \\ &H\,(m, m \pm 1) = \beta \\ &H\,(\lambda, \lambda) = \alpha'' \\ &H\,(0, \lambda) = H\,(\lambda, 0) = \beta' \, . \end{aligned} \tag{1.5}$$

Mit diesen Festsetzungen wird die Matrix (4) zu:

$$
\mathbb{E} = \begin{pmatrix}
E - \alpha'' & - \beta' & 0 & 0 & 0 & \cdots & \cdots \\
- \beta' & E - \alpha' & - \beta & 0 & 0 & \cdots & \cdots \\
0 & - \beta & E - \alpha & - \beta & 0 & \cdots & \cdots \\
0 & 0 & - \beta & E - \alpha & - \beta & 0 & \cdots \\
& 0 & & - \beta & E - \alpha & - \beta & \cdots \\
\vdots & & & & \ddots & & - \beta \\
& & & & \cdots & - \beta & E - \alpha
\end{pmatrix} . \quad (1.6)
$$

Die beiden ersten Zeilen enthalten die Randbedingungen für das Kettenende $n = 0$. Das entfernte Ende der Kette, $n = N$, beeinflußt die Verhältnisse in der Umgebung des Fremdatoms nicht, wenn eine genügend lange Kette betrachtet wird. Das heißt, wir setzen $c(N) = 0$. Physikalisch bedeuten die getroffenen Festsetzungen folgendes: Das Fremdatom hat ein von den Kristallatomen verschiedenes Coulomb-Integral α''. Weiter bewirkt die Endstellung des mit 0 bezeichneten Kettenatomes eine Störung, die durch ein von α abweichendes α'; und das Fremdatom eine Störung, die durch ein von β abweichendes β' berücksichtigt wird.

Die Energieeigenwerte des Systems ergeben sich als Lösungen der Gleichung:

$$
\det \mathbb{E} = 0 . \quad (1.7)
$$

RUTHERFORD [284] hat für Matrizengleichungen des folgenden und einiger ähnlicher Typen geschlossene Lösungen angegeben. Und zwar ergibt sich für die Matrix:

$$
\begin{pmatrix}
x & 1 & 0 & 0 & 0 & \cdots & & 0 \\
1 & x & 1 & 0 & 0 & \cdots & & 0 \\
0 & 1 & x & 1 & 0 & \cdots & & \\
\vdots & & & \ddots & & & & 0 \\
\vdots & & & & \ddots & 1 & x & 1 \\
0 & & & & & 0 & x & 1
\end{pmatrix} = \mathbb{R} \quad (1.8)
$$

mit der Substitution $x = 2 \cos \Theta$

speziell die Lösung:

$$
\det \mathbb{R} = \frac{\sin (n + 1) \Theta}{\sin \Theta} . \quad (1.9)
$$

Diese Lösungen lassen sich auf eine Vielzahl von Schwingungs-Problemen anwenden. Die Möglichkeit, Matrixgleichungen dieser Form geschlossen zu lösen, ist auch der wesentliche Grund für die spezielle Wahl der oben aufgeführten physikalischen Vereinfachungen.

Mit den dimensionslosen Abkürzungen:

$$
z = \frac{(\alpha - \alpha')}{\beta}, \; z' = \frac{\alpha - \alpha''}{\beta}, \; \eta = \frac{\beta'}{\beta}, \; E' = \frac{E - \alpha}{2\beta} \quad (1.10)
$$

und der Substitution $E = \alpha + 2\beta \cos \Theta$ ergibt sich unter Berücksichtigung der Rutherfordschen Lösung (9) und unter Berücksichtigung der

Randbedingungen für die Lösung des Gleichungssystemes (1.3) für die Koeffizienten:

$$c(m) = \sin(N - m)\,\Theta \ \text{ für } \ m \neq \lambda; \ c(\lambda) = \eta \sin \frac{N\Theta}{z' + 2\cos\Theta}\,. \qquad (1.11)$$

Für den Energieparameter E' folgt:

$$E' = \cos\Theta\,. \qquad (1.12)$$

In Gleichung (1.10), (1.11) und (1.12) ist Θ eine der $N + 1$ Wurzeln der Gleichung:

$$(z + \cos\Theta + \sin\Theta \cot N\Theta)\,(z' + 2\cos\Theta) = \eta^2\,. \qquad (1.13)$$

Gleichung (1.13) hat mindestens $N - 1$ reelle Wurzeln. Diesen reellen Wurzeln entsprechen reelle Koeffizienten in Gleichung (1.11). Die entstehenden Wellenfunktionen des Systems gehören der gesamten Kette an und entsprechen nicht-lokalisierten Elektronen. Dies ist das bekannte Band von Kristallzuständen mit der Bandbreite 4β. Die beiden noch verbleibenden Lösungen sind entweder reell oder komplex. Reelle Lösungen entsprechen wieder nicht-lokalisierten Kristallzuständen, deren Energien innerhalb des Kristallbandes liegen. Komplexe Lösungen kann man anschreiben als:

$$i\xi \quad \text{oder} \quad \pi + i\xi$$

mit reellem und positivem ξ. Die diesen Lösungen entsprechenden Wellenfunktionen klingen mit wachsendem Index m exponentiell ab. Diese Zustände sind also in der Nähe der Oberfläche lokalisiert. Ihre Energien liegen außerhalb des Kristallbandes und ihre Existenz zeigt die Möglichkeit lokalisierter kovalenter Bindungen des Fremdatoms an die Kette.

GRIMLEY unterscheidet bei diesen lokalisierten Zuständen zwischen $\mathscr{P}$- und $\mathscr{N}$-Zuständen, je nachdem, ob die zugehörige Energie E' (Gl. 1.12) positiv oder negativ ist (E selbst hängt noch vom Vorzeichen von β ab).

Interessant ist nun eine allgemeine Betrachtung darüber, welche Zustände in einem gegebenen System auftreten können, und wie diese Zustände von z, η und z' abhängen. Nach Gleichung (1.10) stellt z den Einfluß der Tatsache dar, daß die Kette selbst ein offenes Ende besitzt. Dies ist der wesentliche Unterschied zur Behandlung der festen Körper mit Hilfe der Born-von Karmannschen Randbedingung [32]. z' berücksichtigt Abweichungen, die durch die Existenz eines kettenfremden Atoms am Ende der Kette auftreten, und η schließlich ist das Verhältnis des Wechselwirkungsintegrals zwischen ungleichen nächsten Nachbarn, zu demselben Wechselwirkungsintegral zwischen gleichartigen Nachbarn.

Für gegebene Werte von η kann GRIMLEY zeigen, daß für bestimmte z und z' lokalisierte Zustände existieren. Stellt man die Verhältnisse mit

z und z' als rechtwinkeligen Koordinaten dar, so ist das Existenzgebiet der lokalisierten Zustände durch zwei Hyperbeln

$$(z \pm 1)\,(z' \pm 2) = \eta^2$$

definiert. Abb. 1.2 zeigt das Auftreten der verschiedenen Zustände für den Spezialfall $\eta^2 = 1$.

Man sieht in der Abbildung, daß Gebiete mit nur einem Zustand und solche mit zwei lokalisierten Zuständen vorkommen. Darüber hinaus existiert in der Umgebung des Koordinatenursprungs eine „verbotene Zone", in der keine lokalisierten Zustände auftreten. Wie aus der Definition von z und z' hervorgeht, tritt dies aber nur dann ein, wenn der Einfluß des offenen Kettenendes und gleichzeitig die Abweichung des Fremdatoms von dem Kettenatom einen geringen Einfluß auf die Integrale der Gleichung (1.3) haben.

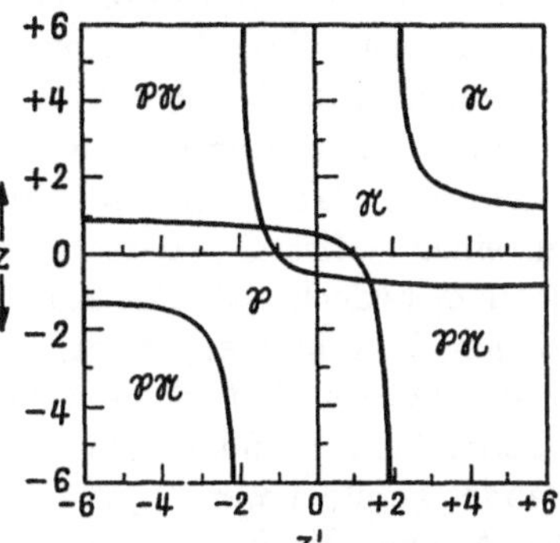

Abb. 1.2. Existenzbereiche lokalisierter Oberflächenzustände im eindimensionalen Modell nach GRIMLEY. Spezialfall $\eta = 1$. In dem Hyperbelzweieck am Ursprung sind keine Oberflächenzustände erlaubt. Bedeutung von z und z' s. Gleichung 1.10. Nach [127]

Die zu den $\mathscr{P}$- und $\mathscr{N}$-Zuständen gehörenden Energien hängen vom Vorzeichen des Integrals β ab. Ist β negativ, liegt die Energie der $\mathscr{P}$-Zustände unter dem Kristallband und die Energie der $\mathscr{N}$-Zustände darüber. GRIMLEY [127] bezeichnet unter dem Band liegende Zustände als bindende Zustände (bonding states) und über dem Band liegende als nicht-bindende Zustände (antibonding states). Ist das normale Band der Kristallzustände ein s-Band, so ist β vermutlich negativ, im Falle eines p_z-Bandes (z-Achse in Kettenrichtung) ist β positiv. Die Zahl der möglichen Kombinationen und die sich daraus ergebenden bindenden Zustände für das Fremdatom hat GRIMLEY [127] in der hier wiedergegebenen Tabelle zusammengefaßt.

Tabelle 1.1

Fremdatom-Orbital	Band	Bindender Zustand
s	$s,\ d_{3z^2-1}$	$\mathscr{P}_\sigma$
s	p_z	$\mathscr{N}_\sigma$
p_x	$p_x,\ d_{zx}$	$\mathscr{P}_\pi$
p_y	$p_y,\ d_{yz}$	$\mathscr{P}_\pi$
p_z	p_z	$\mathscr{N}_\sigma$
p_z	d_{3z^2-1}	$\mathscr{P}_\sigma$

(σ und π bezeichnen in der üblichen Weise die Symmetrie der bindenden Orbitale in bezug auf die z-Achse.)

Einen besonderen Hinweis verdient die Tatsache, daß gerade die Vorhersagen der Tabelle unmittelbar der experimentellen Prüfung zugänglich sind. Nach dieser Tabelle kann man nämlich erwarten, daß in einem bestimmten Chemisorptionssystem ein Übergang von einem bindenden in einen nicht-bindenden Zustand erfolgt, wenn das Orbital des adsorbierten Atomes in einen höheren Zustand angeregt wird. Solche Anregungen können z. B. durch Einstrahlung von Licht geeigneter Wellenlänge verursacht werden. In der Literatur sind eine Reihe von einschlägigen Experimenten unter dem Stichwort Photo-Desorption mitgeteilt worden. Auf diese Experimente, soweit sie Metall-Metall-Systeme betreffen, wird im Abschnitt 5.2.4 näher eingegangen werden.

Die Erweiterung des bisher beschriebenen Modelles einer Kette mit einem Fremdatom am Ende auf den dreidimensionalen Fall [128] führt zu einem Kristall, dessen Oberfläche vollständig mit adsorbierten Atomen bedeckt ist. Die Ausführung der Rechnung, die wir hier nicht wiedergeben können, zeigt, daß nunmehr die diskreten lokalisierten Zustände $\mathscr{P}$ und $\mathscr{N}$ des eindimensionalen Modelles nun als Bänder von Oberflächenzuständen auftreten. Es können höchstens zwei solche Bänder gebildet werden, die je N^2 Zustände enthalten. Dies ist die Zahl der Atome, die in der vollständig bedeckten Oberfläche Platz haben. Zusätzlich zu dem η aus Gleichung (1.10) tritt in der Rechnung für den dreidimensionalen Fall ein $\eta' = \beta''/\beta$ auf, in dem β'' das Resonanzintegral zwischen nächsten Nachbarn in der adsorbierten Schicht bedeutet. Für den Fall, daß $\eta' \neq 1$, entstehen Eigenwertbedingungen, die sich vom eindimensionalen Modell unterscheiden. Hierdurch taucht die Möglichkeit auf, daß je nach den Werten der Parameter der Gleichung (1.10), unvollständige Bänder entstehen, d. h. Bänder, die weniger als N^2 Zustände enthalten. Zum Beispiel ist es möglich, daß ein $\mathscr{P}$-Band unvollständig neben einem vollständigen $\mathscr{N}$-Band auftritt. GRIMLEY kann dann zeigen, daß unter der Voraussetzung, daß Chemisorption die Lokalisierung eines Elektronenpaares zwischen dem Fremdatom und der Kristalloberfläche bedeutet, die erforderlichen lokalisierten Zustände Energien unterhalb des normalen Kristallbandes besitzen müssen. Sind diese Zustände $\mathscr{P}$-Zustände, dann liegen die $\mathscr{N}$-Zustände oberhalb des Bandes. Für vollständige Bedeckung der Oberfläche würde aber ein vollständiges Band der $\mathscr{P}$-Zustände mit N^2 Zuständen erforderlich sein. Da es nach dem oben angedeuteten möglich ist, daß das auftretende $\mathscr{P}$-Band im dreidimensionalen Falle unvollständig ist, folgt aus der Modellbetrachtung, daß unter Umständen eine vollständige Bedeckung der Oberfläche mit adsorbierten Molekeln unmöglich ist. Experimentell ist der Fall der Adsorptionssättigung bei Bruchteilen einer Monoschicht, z. B. für N_2 auf den Übergangsmetallen, bekannt. Wichtig ist GRIMLEYs Hinweis, daß solche Effekte sogar dann auftreten, wenn $\beta'' = 0$, d. h. wenn keinerlei direkte Wechselwirkung zwischen den Atomen in der chemisorbierten Lage besteht. Die Wechselwirkung geschieht vielmehr durch das Innere des Kristalls hindurch, und zwar auf dem Wege einer

Delokalisierung bindender Elektronen in Richtungen parallel zur Oberfläche. In der zitierten Arbeit [127] findet man noch weitere durchgerechnete Modelle für die Wechselwirkung zwischen adsorbierten Molekeln über das Kristallinnere. Diese Rechnungen zeigen qualitativ Mechanismen für den Abfall der Adsorptionsenergie mit steigendem Bedeckungsgrad, sowie das Auftreten einer Aktivierungsenergie für die dissoziative Chemisorption (vgl. auch KOUTECKY [182]).

1.2.2. Quantenchemische Näherungen

Bringt die eben beschriebene Behandlung von GRIMLEY [127] eine tiefere Einsicht in das Wesen der Chemisorptionsbindung, so haftet ihr doch ein Nachteil an. Beim gegenwärtigen Stande der Entwicklung lassen sich für konkrete Systeme noch keine Zahlenwerte, z. B. für die Bindungsenergie, ermitteln. Dieser Sachverhalt ist analog zu den Schwierigkeiten, die bei der quantenmechanischen Behandlung organischer Moleküle auftreten. Wie dort kann man auch hier versuchen, die in der Behandlung des Systems auftretenden Erwartungswerte auf mehr oder weniger klassische Weise abzuschätzen oder Näherungswerte aus dem Vergleich einer größeren Anzahl verschiedener Stoffe zu gewinnen. Diese Methoden sind von PAULING [260], COULSON [51] u. a. zu hoher Vervollkommnung entwickelt worden. Die aus dieser „Quantenchemie" als bewährt bekannten Konzentionen haben LEVINE und GYFTOPOULOS [193] mit gutem Erfolg auf die Chemisorptionsbindung angewandt. Die Rechnungen dieser beiden Autoren sind die bislang einzigen, die Werte geliefert haben, die frei von justierbaren Parametern sind. Allerdings ist die Methode auf die Chemisorption von Metallen auf Metallen beschränkt.

LEVINE und GYFTOPOULOS gehen davon aus, daß die Integrale in Gleichung (1.3), da $\mathscr{H}$ ein linearer Differentialoperator ist, grundsätzlich n Coulomb- und Nicht-Coulomb-Integrale zerlegt werden können

$$E_a = H_{ii} + H_{kk}. \tag{1.14}$$

Darin bedeutet H_{ii} den ionischen und H_{kk} den kovalenten Anteil der Bindungsenergie E_a. Mit diesem Ansatz ist die Frage nach der Energie der Adsorptionsbindung auf die Frage der gleichzeitigen Bestimmung von Näherungsausdrücken für H_{ii} und H_{kk} zurückgeführt. In dieser gleichzeitigen Behandlung des ionischen und des kovalenten Bindungsanteiles liegt der wesentliche Fortschritt gegenüber vielen älteren Arbeiten in der Literatur, die häufig nur mit einem der beiden Anteile auszukommen suchen. ELEY [82] hat schon 1956 eine von PAULING [260] angegebene Formel zur Berechnung von Adsorptionsbindungen verwendet. Dabei wurde der kovalente Anteil aus der Sublimationsenergie und der ionische Anteil über die Elektronegativität aus dem Kontaktpotential, bzw. der Elektronenaustrittsarbeit abgeschätzt. Auch BROEDER, VAN REYEN, SACHTLER und SCHUIT [38] haben auf die Notwendigkeit der simultanen Berücksichtigung beider Bindungsanteile hingewiesen.

Die Methode von LEVINE und GYFTOPOULOS geht von einigen Analogien zwischen der Chemisorptionsbindung und der gewöhnlichen chemischen Bindung aus. Solche Analogien bestehen zwischen der Sublimation und der Trennung gleichatomiger Molekeln in der Quantenchemie, weiter zwischen Desorption und der Trennung ungleichartiger Atome einer Molekel und schließlich der Elektronenaustrittsarbeit und der Ionisierungsarbeit bzw. Elektronegativität. Weiterhin lassen sich einige Grenzbedingungen anführen, denen die Näherungsausdrücke für die Bindungsteile genügen müssen. Der ionische Anteil H_{ii} muß für den Grenzfall der rein kovalenten Bindung ebenso verschwinden, wie der kovalente Anteil H_{kk} im Grenzfall der rein ionischen Bindung. Weiterhin muß der kovalente Anteil H_{kk} gegen die Sublimationswärme gehen, wenn die Substanz X auf einem Festkörper der gleichen Substanz adsorbiert ist.

$$H_{ii} \rightarrow 0 \text{ (rein kovalent)},$$
$$H_{kk} \rightarrow 0 \text{ (rein ionisch)}, \qquad (1.15)$$
$$H_{kk} \rightarrow W_{\text{sub}} \ (\text{,,}X\text{``} \text{ auf ,,}X\text{``}).$$

Durchsichtiger wird der Ansatz (1.14), wenn man von der Ψ-Funktion des Gesamtsystems Adsorbat + Adsorbens ausgeht.

Nach bei COULSON [51] näher beschriebenen Überlegungen kann man die Ψ-Funktion des Gesamtsystems, Ψ_{ges}, näherungsweise als Linearkombination aus einer ,,kovalenten`` und einer ,,ionischen`` Ψ-Funktion, Ψ_c und Ψ_i darstellen. Ψ_c und Ψ_i seien nach den Regeln der Valenztheorie aus Atomeigenfunktionen zusammengesetzt. Dann erhält man für das Gesamtsystem:

$$\Psi_{\text{ges}} = c_1 \Psi_c + c_2 \Psi_i. \qquad (1.16)$$

Mit $E_{\text{ads}} = \int \Psi_{\text{ges}}^{*} \mathscr{H} \Psi_{\text{ges}} \, d\tau, \ E_{cc} = \int \Psi_c^{*} \mathscr{H} \Psi_c \, d\tau$ und $E_{ii} = \int \Psi_i^{*} \mathscr{H} \Psi_i \, d\tau$ erhält man für die Adsorptionsenergie*:

$$E_{\text{ads}} = c_1^2 \, E_{cc} + c_2^2 \, E_{ii}. \qquad (1.17)$$

Da Ψ_{ges} normiert sein soll, gilt $c_1^2 + c_2^2 = 1$. c_2^2 gibt den Anteil der ionischen Bindung an der gesamten Bindungsenergie an. Mit dem ,,prozentualen Ionencharakter`` der Quantenchemie, F, besteht der Zusammenhang $c_2^2 = F$, $c_1^2 = (1 - F)$, also:

$$E_{\text{ads}} = (1 - F) \, E_{cc} + FE_{ii}. \qquad (1.18)$$

---

* Das Überlappungsintegral und $\int \psi_i^{*} \varkappa \psi_c \, d\tau$ werden, wie in der Quantenchemie verbreitet üblich, vernachlässigt.

Diese Gleichung erfüllt bereits die ersten beiden der Randbedingungen der Gleichung (1.15).

In Anlehnung an LEVINE und GYFTOPOULOS kann man nun zunächst den kovalenten Bindungsanteil E_{cc} abschätzen. Dabei werden folgende Voraussetzungen über die Natur der Chemisorptionsbindung gemacht:

1. Die Adsorptionsbindung ist „stark" und ihrem Wesen nach „ähnlich" der gewöhnlichen chemischen Bindung. Diese Voraussetzung enthält implizit die Annahme von der Existenz wohldefinierter „Oberflächenmolekeln".

2. Nur einatomige Partikel werden adsorbiert und desorbiert.

3. Alle auf die Oberfläche auftreffenden Partikel werden sofort und ohne Reflexionen adsorbiert.

Als Besonderheit, die nur in Metall-Metall-Systemen auftritt, müssen wir berücksichtigen:

4. Adsorbierte Metallatome können als Ionen desorbiert werden.

Aus der dritten Grenzbedingung (1.15), nach der der kovalente Anteil der Bindung in die Sublimationswärme übergeht, wenn Adsorbat und Adsorbens aus der gleichen chemischen Substanz bestehen, folgt, daß diese Sublimationswärme explizit in dem Ausdruck zur Abschätzung der kovalenten Bindung vorkommen muß. Wir bezeichnen im weiteren die Sublimationswärme des Adsorbats mit W_a und die Sublimationswärme des Adsorbens mit W_m, der Index m soll darauf hinweisen, daß wir uns bei den weiteren Überlegungen auf den Fall eines Metalles als Adsorbens beschränken wollen. Weiter hängt nach den eben gemachten Voraussetzungen der Näherungsausdruck E_{cc} von dem Quadrat der „Orbitalstärke" von Adsorbat und Adsorbens ab. Das Quadrat der Orbitalstärken erscheint, weil die Überlappung der Elektronenwolke und damit die Stärke der kovalenten Bindung um so größer ist, je größer die Exzentrizität der Wellenfunktion des Valenzorbitales ist. Bezeichnen wir die Orbitalstärken mit S_a bzw. S_m, so können wir jetzt die Sublimationswärmen und Orbitalstärken in der in der Quantenchemie üblichen Weise zu einem Mittelwert vereinigen. LEVINE und GYFTOPOULOS haben für die Mittelbildung das normalisierte geometrische Mittel vorgeschlagen. Damit ergibt sich als Näherungswert für die kovalente Bindungsenergie:

$$E_{cc} = \left[W_a\, W_m\, \frac{4\, S_a^2\, S_m^2}{(S_a^2 + S_m^2)^2} \right]^{1/2} ; \; H_{cc} = (1 - F)\, E_{cc} . \qquad (1.19)$$

Dieser Ausdruck erfüllt die zweite und die dritte der Grenzbedingungen in Gleichung (1.15), wenn man berücksichtigt, daß die erste der Grenzbedingungen, das Verschwinden von H_{cc} für rein ionische Bindung, bereits durch $F = 1$ erfüllt wird.

LEVINE und GYFTOPOULOS haben in ihrer Rechnung in das Mittel aus Gleichung (1.19) noch den Ladungsbruchteil q hereingebracht, der von der vorhandenen Gesamtladung an der kovalenten Bindung beteiligt ist.

Mit der Vereinfachung (1.20) erhalten wir dann für den kovalenten Bindungsanteil H_{cc}:

$$S_{am} = \frac{2}{S_a/S_m + S_m/S_a} \tag{1.20}$$

$$H_{cc} = (1 - F)\,(W_a\,W_m)^{1/2} \cdot S_{am}\,. \tag{1.21}$$

Der Wurzelfaktor entspricht dem Paulingschen Ausdruck für die kovalente Bindungsenergie zweiatomiger Moleküle. Ein Maximum hat H_{cc} offenbar dann, wenn die an der Bindung beteiligten Atomorbitale identisch sind. In allen anderen Fällen wird H_{cc} verkleinert. Der prozentuale Ionencharakter, F, läßt sich nach den Methoden der Quantenchemie aus den relativen Elektronegativitäten x_i berechnen:

$$F = 16\,|x_A - x_B| + 3{,}5\,|x_A - x_B|^2 \quad [51, 140]\,. \tag{1.22}$$

Die Orbitalstärken S_a und S_m finden sich in einer Tabelle im Anhang. Damit enthält der Ausdruck F keine willkürlichen oder justierbaren Parameter und auch keine Größen, die durch Adsorptionsmessungen ermittelt werden müssen. Dieser Fortschritt gegenüber älteren Theorien wird durch die Normalisierung in Gleichung (1.19) und die Einhaltung der Grenzbedingungen (1.15) erreicht.

Zur Bestimmung des Beitrages der ionischen Bindung zur gesamten Bindungsenergie, H_{ii}, kann man sich mit LEVINE und GYFTOPOULOS vorstellen, daß dieser Anteil durch einen Bruchteil F einer Ladung, die vom Adsorbat ins Adsorbens übergeht, verursacht wird.

Zur Berechnung von H_{ii} dient dann ein Kreisprozeß, bei dem eine adsorbierte Partikel mit der Ladung F ins Unendliche entfernt wird $\left(\text{Arbeit } \frac{F^2 e^2}{R}\right)$. Darauf wird ein entsprechender Bruchteil einer Ladung entgegengesetzten Vorzeichens aus dem Substrat ebenfalls ins Unendliche entfernt (Arbeit $F \cdot \psi_e$; F hier linear, weil ψ_e nicht geändert wird). Anschließend werden die Ladung und das Partikel zu einem neutralen Atom vereinigt (Arbeit $F^2 \cdot V_g$). Die Summation über den Kreisprozeß liefert:

$$H_{ii} = F \cdot \varPhi_e\,[1 + \delta]$$

mit

$$\delta = \frac{F\,(e^2/R_e - V_f)}{\varphi_e}\,.$$

Numerische Beispiele zeigen, daß δ nur selten mehr als 0,03 beträgt, daher kann stets

$$H_{ii} \approx F \cdot \varPhi_e$$

gesetzt werden.

Zur weiteren Berechnung wird nun von LEVINE und GYFTOPOULOS der Ladungsbruchteil mit dem Dipolmoment der Oberflächenschicht assoziiert und [133] mit

$$F = \frac{0,422 \, (\Phi_m - \Phi_f) \, G(\Theta)}{R \, (1 + \alpha/R^3)}$$

angegeben (vergleiche Seite 109).

Dieses Verfahren und die Argumentation mit gebrochenen Ladungen ist unbefriedigend. Den an der kovalenten Bindung beteiligten Ladungsbruchteil q ermittelten die Autoren sodann aus $q_f = \nu - F$; $q_m = \nu + F$, wobei ν die größte Anzahl von Valenzelektronen darstellt, die an der kovalenten Bindung teilnehmen können. Damit wird die Methode auf Metalle der ersten Hauptgruppen beschränkt, denn bei den Nebengruppenelementen ist diese Zahl ν nicht ohne weiteres für den Fall der Adsorptionsbindung angebbar.

Eine abgeänderte Berechnung mit konsequenter Verwendung von Gleichung (1.22) kann wie folgt durchgeführt werden:

Interpretiert man den prozentualen Ionencharakter als die Wahrscheinlichkeit, mit der man bei einer großen Vielzahl von Beobachtungen das adsorbierte Atom im Zustand des Ions antrifft, so kann man die ionische Bindungsenergie aus einem gedachten Kreisprozeß mit ganzen Ladungen ableiten. Der Kreisprozeß geht aus von einem an die Oberfläche gebundenen Ion. Dieses Ion wird unter Leistung von Arbeit gegen die Bildkraft ins Unendliche entfernt. Dabei ist die Energie e^2/R aufzuwenden, wenn der ursprüngliche Bindungsabstand an der Oberfläche R und e die Elementarladung bezeichnet. Hierbei kann man die eventuelle kovalente Bindung des Ions an die Oberfläche vernachlässigen, da deren Energie bei den Metallen mit einem Valenzelektron höchstens von der Größenordnung der Adsorptionsenergien der Edelgase sein kann. Danach wird ein Elektron aus dem Metall ebenfalls ins Unendliche entfernt. Die dabei aufzuwendende Arbeit ist $e \cdot \Phi_e$. Dies ist die Stelle, wo die Elektronenaustrittsarbeit des Adsorbates, die als Funktion des Bedeckungsgrades aufzufassen ist, in die Rechnung eintritt. Zum Schluß werden das Ion und das Elektron im Unendlichen zu einem neutralen Atom vereinigt. Dabei wird die Ionisierungsenergie V freigesetzt. Nach dem ersten Hauptsatz muß die Summe dieser drei Energiewerte gleich der Bindungsenergie des Ions an die Oberfläche, H_{ti}, sein. Damit erhalten wir für die Adsorptionsenergie als Summe des ionischen und kovalenten Anteiles:

$$E_{ads} = (1 - F) \, W_a W_m^{1/2} S_{am} + F \left(e \Phi_e + \frac{e^2}{R} - eV \right) . \qquad (1.23)$$

Zur Berechnung der Bindungsenergien fehlen in der bisherigen Darstellung noch Angaben zur Ermittlung der Elektronenaustrittsarbeit Φ_e und des Bindungsabstandes R.

Die Bestimmung von R macht die Annahme eines bestimmten Oberflächenmodelles notwendig. Eine systematische Anleitung zum Bau solcher Modelle und zur Konstruktion bestimmter Oberflächen findet sich bei MOORE und NICOLAS [234]. In den Kugelmodellen wird das Adsorbat ebenfalls durch Kugeln dargestellt. Den Schwerpunktsabstand der adsorbierten Molekel von einer gegebenen Ebene des Substrates ermittelt man dann durch einfache geometrische Rechnung unter Verwendung der kovalenten Atomradien. Dieses Vorgehen enthält implizit die Annahme der Existenz wohldefinierter „Oberflächenmoleküle" aus Atomen des Substrates und des Adsorbates. LEVINE und GYFTOPOULOS

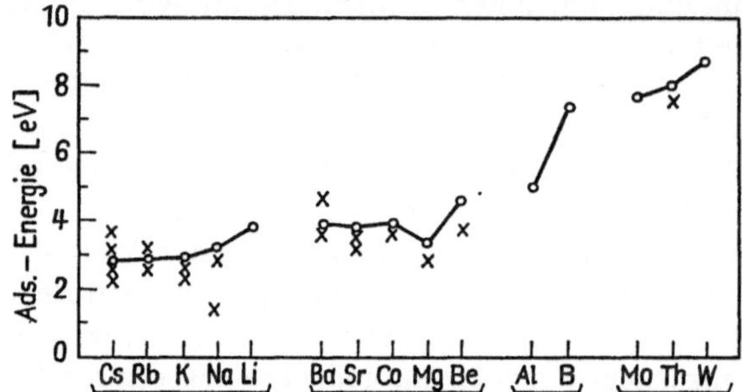

Abb. 1.3. Adsorptionsenergien verschiedener Elemente auf Wolfram (in eV). Berechnet nach LEVIN und GYFTOPULOUS [193]

[133] z. B. verwenden für Cs auf W als Modell ein hypothetisches CsW_4-Molekül. Diese Annahmen mögen Zweifel ob ihrer Berechtigung erwecken, sind jedoch sicher konsistent mit der Anwendung quantenchemischer Methoden auf unser Problem und werden außerdem durch Beugungsexperimente mit langsamen Elektronen (Kap. 2.3.2) plausibel gemacht.

Die Einführung der Austrittsarbeit Φ_e in die Rechnung beschränkt die Anwendung auf metallische Substrate und macht eine besondere Untersuchung, besonders über den Einfluß des Bedeckungsgrades notwendig. Wir werden darauf in Kapitel 4.1 näher eingehen. Der Einfluß des Bedeckungsgrades auf die Austrittsarbeit Φ_e und damit auch der der Adsorbat-Adsorbat-Wechselwirkungen wird dabei rein elektrostatisch behandelt. Die von GRIMLEY (vor. Abschn.) gefundenen Wechselwirkungen durch das Gitter hindurch sind leider noch bei keiner bekanntgewordenen Arbeit berücksichtigt worden.

Die Theorie von LEVINE und GYFTOPOULOS gibt sowohl in der urspünglichen als auch in der hier wiedergegebenen, abgewandelten Form den allgemeinen Trend der Adsorption von Alkalien und Erdalkalien sowie einige Besonderheiten, z. B. bei Mg und Th, richtig wieder. Die gute Übereinstimmung mit experimentellen Werten zeigt Abb. 1.3.

Die nachstehende Tabelle gibt experimentelle Werte und solche, die nach LEVINE und GYFTOPOULOS sowie nach der hier dargelegten abgeänderten Methode berechnet wurden.

Tabelle 1.2. *Bindungsenergien bei $\Theta = 0$*

System	Experimentell	Levine und Gyftopoulos	Abgeänderte Levine und Gyftopoulos-Methode
Na — W	2,73 eV	3,36 eV	2,80 eV
K — W	2,55 eV	2,97 eV	2,56 eV
Cs — W	2,94 eV	2,88 eV	2,50 eV

Die Methode kann daher als brauchbar gelten, weshalb im Anhang eine Tabelle mit Rechenunterlagen wiedergegeben wird (Tab. A.1).

1.2.3. Störungsrechnung

Die beiden bisher geschilderten Verfahren, Modellrechnung und halbempirische Quantenchemie, geben entweder einen Überblick über die Menge der möglichen Bindungszustände oder gestatten praktisch brauchbare Zahlenwerte für eine Vielzahl von Systemen abzuleiten. Ein wirkliches quantenmechanisches Verständnis des Bindungszustands setzt jedoch die vollständige Behandlung, z. B. nach der Störungsrechnung voraus. Eine solche Behandlung ist natürlich auf spezielle Systeme beschränkt.

TOYA [341] hat den Fall eines Wasserstoffatoms auf einer Metalloberfläche behandelt.

Den Fall der auf Metallen adsorbierten Metallatome hat GADZUK [102, 103] 1965 untersucht. Da diese Rechnung nicht nur die allgemeinen Bindungsverhältnisse beschreibt, sondern eine ganze Reihe experimentell prüfbarer weiterer Einzelheiten ergibt, erscheint es sinnvoll, näher auf diese Rechnungen einzugehen.

Um die Wechselwirkung eines Atomes mit einer Metalloberfläche in allgemeiner Form behandeln zu können, braucht man die Lösung der Schrödinger-Gleichung [Gl. (1.1)] mit dem spinunabhängigen Elektronen-Hamilton-Operator:

$$\mathcal{H} = \mathcal{H}_m + \mathcal{H}_a + \mathcal{H}_{m-a} \qquad (1.24)$$

in dem $\mathcal{H}_m$ und $\mathcal{H}_a$ das ungestörte Metall und das ungestörte Atom beschreiben, während $\mathcal{H}_{m-a}$ die gesamte Kopplung zwischen dem adsorbierten Atom und dem Metall enthalten soll.

Die Elektronen des ungestörten Metalles müssen für sich einer Schrödinger-Gleichung vom Typ der Gleichung (1.1), d. h.

$$\mathcal{H}_m \mid m > = E_m \mid m > \qquad (1.25)$$

genügen. Für die weitere Behandlung wird die Klammer-Schreibweise angewendet, bei der eine Integration, wie z. B. in Gleichung (1.4) durch:

$$H_{nm} = \int \Psi_n^* \, \mathcal{H} \, \Psi_m \, d\tau = \langle n \mid \mathcal{H} \mid m \rangle$$

und speziell die Orthonormierungsrelation durch

$$\langle n \mid m \rangle = \delta_{nm}$$

mit dem Kronecker-δ bezeichnet wird. $\mid m >$ bedeutet also die Eigenfunktion der ungestörten Metallelektronen, die zu einem antisymmetrischen Elektronenzustand gehören. Diese Eigenfunktionen ergeben sich in bekannter Weise als Lösungen der Schrödinger-Gleichung (1.25) und haben die folgende Gestalt:

$$\mid m > = (N!)^{1/2} \sum_p [-1]^P \, \mathcal{P} \, \{u_1(\vec{r}_1) \, u_2(\vec{r}_2) \ldots u_n(\vec{r}_n)\} \qquad (1.26)$$

$\mathcal{P}$ ist der Permutationsoperator, summiert wird über alle Permutationen. $u_j(\vec{r})$ sind die Eigenfunktionen der einzelnen freien Elektronen. Nach dem Modell der freien Metallelektronen muß die zu einem u_j gehörende kinetische Energie E_j zwischen 0 und der Summe aus Fermi-Energie μ und der Elektronenaustrittsarbeit Φ_e liegen:

$$0 < E_j \leqq \mu + \Phi_e \, .$$

Für ein adsorbiertes Alkali-Atom, und darauf beschränkt GADZUK seine Rechnung, muß für den ungestörten Zustand eine zu Gleichung (1.25) analoge Schrödinger-Gleichung gelten.

$$\mathcal{H}_a \mid ns> = V_i \mid ns> \, . \qquad (1.27)$$

Die Schreibweise für die Eigenfunktion soll andeuten, daß ein s-Elektron der n-ten Quantenschale betrachtet wird. Dieses Elektron bewegt sich in einem mittleren Coulomb-Potential, das aus der Kernladung und den Elektronen der abgeschlossenen Schalen herrührt. Das Alkali-Atom wird also als wasserstoffähnliches Ein-Elektronen-Atom angenähert. V_i bedeutet das Ionisierungspotential des Atoms.

Für die Ausführung der Rechnung müssen nun konkrete Annahmen über die Gestalt der Funktionen u_j und $\mid ns>$ sowie des Operators $\mathcal{H}$ eingeführt werden.

Ein geeigneter Hamilton-Operator für das vorliegende Problem lautet:

$$\mathscr{H}_{\text{tot}} = -\frac{\hbar^2}{2\,m}\,\nabla_{r_e}^2 - \frac{\hbar^2}{2\,M}\,\nabla_s^2 - \frac{\hbar^2}{2\,m^*}\sum_{i=1}^{n}\nabla_{r_i}^2 + \sum_{i,L} V\,(r_i - R) + \tag{1.28}$$

$$+\ \mathscr{H}_{\text{Gitter}} - \frac{q^2}{r_e} - \frac{q^2}{4\,|\,|s| - \vec{r}_e \cdot \vec{\imath}_j\,|} + \frac{q^2}{|2\,\vec{s} - \vec{r}_e|} - \frac{q^2}{4\,s} + \frac{q^2}{|\vec{R}|} - \frac{q^2}{r'}\ .$$

Hierin bedeuten q die Elementarladung, m die Masse des Elektrons, M die Masse des Atomkernes, m^* die effektive Masse der Elektronen des Leitfähigkeitsbandes, $\vec{r}_e$ den Radiusvektor vom Atomkern zum Aufelektron, R den Abstand vom Alkali-Elektron zum (negativen) „Bild" des Kernes im Metall, s den Abstand des Kernes von der idealisierten Oberfläche bzw. den Abstand des elektrostatischen Kern-„Bildes" von dieser Oberfläche, ∇ den Nabla-Operator und $\vec{\imath}_z$ einen Einheitsvektor in Richtung der Oberflächennormalen.

Die Bedeutung der einzelnen Terme in Gleichung (1.28) ist die folgende:

$-\dfrac{\hbar^2}{2\,m}\,\nabla_{r_e}^2 =$ kinetische Energie des an der Bindung beteiligten Elektrons,

$-\dfrac{\hbar^2}{2\,M}\,\nabla_s^2 \ =$ kinetische Energie des Alkali-Kernes,

$-\dfrac{\hbar^2}{2\,m^*}\sum\limits_{i=1}^{n}\nabla_{r_i}^2 =$ kinetische Energie der n Elektronen des Leitungsbandes,

$\sum\limits_{i,L} V\,(r_i - R_L) =$ periodisches Gitterpotential das auf die Elektronen im Leitungsband wirkt,

$-\dfrac{q^2}{r_e} =$ Coulomb-Anziehung zwischen Alkali-Elektron und -Kern,

$-\dfrac{q^2}{4\,|\,|s| - \vec{r}_e \cdot \vec{\imath}_z\,|} =$ Anziehung zwischen Alkali-Elektron und seinem elektrischen Bild ($|s| - \vec{r}_e \cdot \vec{\imath}_z$) ist der senkrechte Abstand des Elektrons von der Oberfläche,

$+\dfrac{q^2}{|2\,\vec{s} - \vec{r}_e|} =$ Abstoßung zwischen dem Alkali-Elektron und dem elektrischen Bild des positiven Kernes,

$-\dfrac{q^2}{4\,s} =$ Anziehung zwischen positivem Kern und seinem elektrischen Bild,

$+\dfrac{q^2}{|R|} =$ Abstoßung zwischen positivem Kern und „Bild" des Elektrons,

$-\dfrac{q^2}{|r|} =$ Anziehung zwischen den „Bildern" von Elektron und positivem Atomrumpf.

Für das vorliegende Problem, nämlich den Übergang eines Elektrons zwischen Atom- und Metall-Zuständen, oder die Verschiebung dieser

Zustände sind nur die Teile des Hamilton-Operators wesentlich, die auf ein Elektron wirken, das sich bei konstanter kinetischer Energie $\mu + \Phi_e - V_i$ im Felde des Alkali-Rumpfes und des gestörten Metalles bewegt.

Dieser Teil des Hamilton-Operators lautet

$$\mathscr{H}\,(r_e,\,s) = -\frac{\hbar^2}{2\,m}\,\nabla_{r_e}^2 - \frac{q^2}{r_e} - \frac{q^2}{4\,|\,|s|-\vec{r}_e\cdot\vec{i}_z|} + \frac{q^2}{|2\,\vec{s}-\vec{r}_e|}\,. \qquad (1.29)$$

Dieser Operator kann auf zwei verschiedene Arten aufgespalten werden, so daß jedesmal ein lösbares, „ungestörtes" Problem und eine „Störung" erhalten wird:

$$\mathscr{H}_a{}' = -\frac{\hbar^2}{2\,m}\,\nabla_{r_e}^2 - \frac{q^2}{r_e} \qquad \mathscr{H}'_{a-m} = -\frac{q^2}{4\,|\,|s|-\vec{r}_e\cdot\vec{i}_z|} + \frac{q^2}{2\,\vec{s}-\vec{r}_e|}\,. \qquad (1.30a)$$

oder

$$\mathscr{H}_m = -\frac{\hbar^2}{2\,m}\,\nabla_{r_e}^2 - \frac{q^2}{4\,|\,|s|-\vec{r}_e\cdot\vec{i}_z|} + \frac{q^2}{|2\,\vec{s}-\vec{r}_e|} \qquad \mathscr{H}'_{m-a} = -\frac{q^2}{r_e}\,. \qquad (1.30b)$$

Für beide Aufspaltungen gilt

$$\mathscr{H}\,(r_e,\,s) = \mathscr{H}_a + \mathscr{H}'_{a-m} = \mathscr{H}_m + \mathscr{H}'_{m-a}\,.$$

Der Fall a beschreibt ein $n-s$ Alkali-Elektron als Lösung der Schrödingergleichung mit $\mathscr{H}_a$, gestört durch das Metall über die Bildpotentiale $(\mathscr{H}'_{a-m})$.

Der Fall b beschreibt ein Elektron im Metall, gestört durch das Feld des positiven Atomrumpfes*.

Dieser Sachverhalt, daß nämlich das Potential, welches in einem Falle zur Bindung führt, im anderen Falle als Störung auftritt und umgekehrt, ist in ähnlicher Form aus der Quantentheorie gewisser Stoßprozesse (rearrangement collisions) bekannt.

Für die Wellenfunktion der Elektronen im Metall setzt GADZUK die Funktionen aus der Sommerfeldschen Metall-Theorie ein. Das hat zur Voraussetzung, daß das Leitfähigkeitsband des Metalles seine Eigenschaften bis unmittelbar an die Oberfläche behält. Diese Voraussetzung scheint nach den Arbeiten von HAGSTRUM [139] über Auger-Prozesse an Metalloberflächen zulässig zu sein.

Die verwendeten Eigenfunktionen lauten innerhalb des Metalles

$$u_j = (1/k_v\,L^{3/2})\,\exp i\,(k_{01j}\,x + k_{02j}\,y)\,\cdot$$

$$\cdot\,\{(k'_{03j} + k_{03j})\,\exp ik'_{03j}\,z + (k'_{03j} - k_{03j})\,\exp ik'_{03j}\,z\} \qquad (1.31)$$

und für den Raum vor der Oberfläche:

$$u_j = (1/k_v\,L^{3/2})\cdot 2\,k'_{03j}\,\exp i\,(k_{01j}\,x + k_{02j}\,y + k_{03j}\,z)\,.$$

---

* Hamilton-Funktionen, dieser klassisch angenäherten Form, sind schon von PROBST [268] verwendet worden.

Hierbei gilt:
$$V_0 = \mu + \Phi_a = \hbar^2\,k_v^2/2m$$
$$k_{0j}^2 = k_{0\,1j}^2 + k_{0\,2j}^2 + k_{0\,3j}^2$$
$$k_{0\,3j}'^2 = k_{0\,3j}^2 + k_v^2$$
$$k_{0j}'^2 = k_{0j}^2 + k_v^2\,.$$

L ist die Längsdimension des endlichgroßen kubischen Metalles. Die Indices 1,2 bedeuten die x- und y-Richtung in der Ebene der Oberfläche, 3 die z-Koordinate, positiv nach außen gerechnet. Der Index Null zeigt einen gebundenen Metallzustand an. Ein Strich als oberer Index bedeutet, daß Energien vom Boden des Potentialtopfes aus gemessen werden. Zustände des Leitungsbandes werden vernachlässigt.

Für die Wellenfunktion des Alkali-Atoms setzt GADZUK anstelle der korrekten SCF-Funktion eine 2s-Wasserstoff-Eigenfunktion an, die durch den Parameter a an die Alkali-Eigenfunktion angepaßt wird.

$$\Psi_{ns} = |ns> = a^{3/2}\,\pi^{-1/2}\,(1 - ar)\,e^{-ar} \tag{1.32}$$

mit $a_{\text{Caesium}} = 0{,}99\,\text{Å}^{-1}$, $a_{\text{Kalium}} = 1{,}16\,\text{Å}^{-1}$.

Die Güte der damit erreichten Näherung zeigt Abb. 1.4.

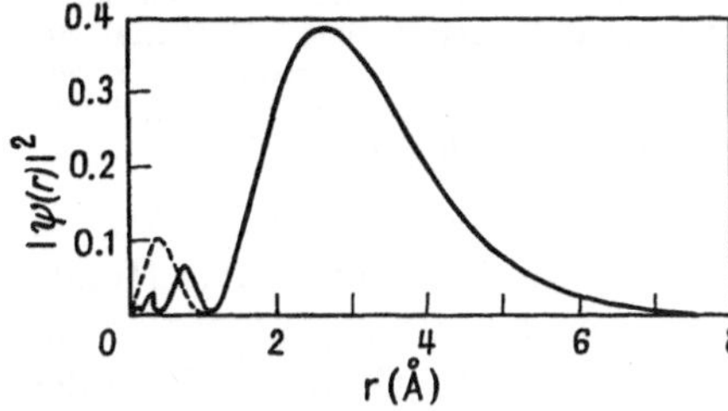
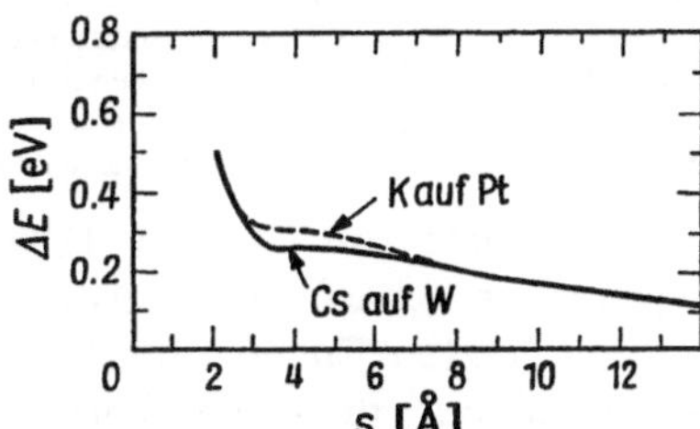

Abb. 1.4   Abb. 1.5

Abb. 1.4. Die für die Störungsrechnung verwendete angenäherte Alkali-s-Eigenfunktion nach GADZUK [102] im Vergleich mit der exakten Eigenfunktion nach [146] ----- Approximation; ——— exakte Funktion

Abb. 1.5. Verschiebung des Alkali-Grundzustandes bei Annäherung an die Oberfläche; nach Gleichung 1.33. Nach GADZUK [102]

Behandelt man das Problem des Alkali-Atoms an der Metall-Oberfläche mit Hilfe der angegebenen vereinfachten Hamilton-Funktion, so erhält man eine Verschiebung und eine Verbreiterung der Energieeigenwerte des Alkali-Atoms. Für die Energieverschiebung erhält man aus der allgemeinen Quantenmechanik den Ausdruck:

$$\Delta\mathrm{E} = \frac{\langle ns\,|\,\mathscr{H}'\,|\,ns\rangle}{\langle ns\,|\,ns\rangle}\,. \tag{1.33}$$

GADZUK verwendet die Wellenfunktion nullter Näherung und führt die Integration aus. Dabei ergibt sich ein zwar umständlicher aber geschlossener Ausdruck für ΔE, dessen Abhängigkeit vom Abstand des Alkali-Kernes zum Metall in Abb. 1.5 dargestellt ist.

Der Verlauf beider Kurven entspricht etwa dem, den GOMER [119] vorgeschlagen hat, wenn der Abstand s bis in die Größenordnung der tatsächlichen Adsorptionsabstände betrachtet wird. Der Verlauf der Kurven bei kleineren Abständen hat physikalisch keine Bedeutung. In beiden Fällen ist der Energieterm um rund 0,2 eV verschoben. Das bedeutet, daß die Ionisierungsenergie des adsorbierten Atoms um diesen Betrag kleiner ist als die des freien, ungestörten Atoms. Diese Verschiebung ist, wenigstens nach Richtung und Größenordnung in Übereinstimmung mit Photo-Ionisations-Experimenten an adsorbierten Alkalien, auf die im Abschnitt 5.2.4 noch näher eingegangen wird.

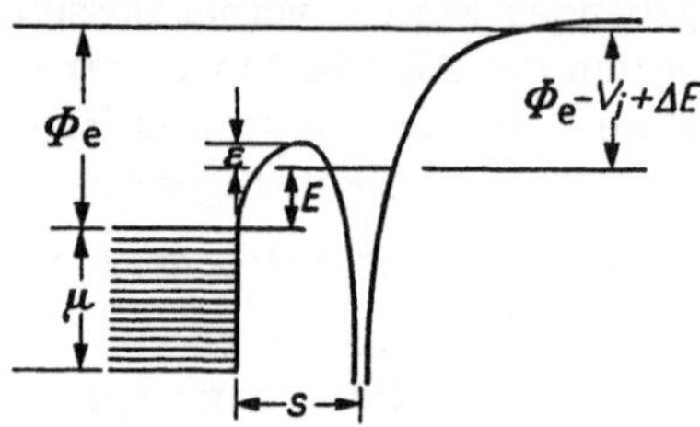

Abb. 1.6. Potentialverhältnisse für ein an einer Metalloberfläche adsorbiertes Alkali-Atom. Φ: Elektronenaustrittsarbeit; μ: elektrochemisches Potential der Elektronen; V_j: Ionisierungspotential des Alkali-Atoms; $E + \varepsilon$: Höhe des Potentialwalles zwischen Atom und Metall; s: Abstand des Kernes von der Metalloberfläche; ΔE: Termverschiebung nach Gleichung 1.33. Nach [102]

Wie zuerst von GURNEY [132] gezeigt wurde, verbreitert sich der ursprünglich scharfe Atomzustand bei der Annäherung an das Metall. Dies hat letzten Endes seine Ursache darin, daß die Eigenfunktion für das Metall und für das isolierte Atom keine stationären Zustände des Adsorptionssystems beschreiben. Einen der Wirklichkeit angenäherten Sachverhalt stellt Abb. 1.6 dar.

In der Entfernung s von der effektiven Metalloberfläche befindet sich das adsorbierte Atom. Eingetragen ist nur der Grundzustand, der hier, für ein Alkali-Atom, über der durch μ gekennzeichneten Fermi-Grenze liegt. Zwischen Atom und Metall liegt ein Potentialwall, dessen Höhe durch $E + \varepsilon$ gegeben ist. Die Lebensdauer eines Elektrons im Grundzustand des Alkali-Atoms wird durch die Durchlässigkeit dieses Potentialwalles bestimmt. Aus dieser Tunnelwahrscheinlichkeit bzw. der begrenzten Lebensdauer des Zustandes τ folgt wegen der Unschärferelation eine endliche Bandbreite Γ für den gestörten Grundterm.

$$\Gamma(s) \geqq \frac{\hbar}{\tau} \tag{1.34}$$

Die Größe τ, bzw. deren Reziprokes, die Tunnelwahrscheinlichkeit W kann unter Verwendung der „goldenen Regel" [268] berechnet werden.

$$W = \sum_{dy} \frac{2\pi}{\hbar} \varrho_k \, |\langle u_j \,|\mathscr{H}'| \, ns\rangle|^2 \,. \tag{1.35}$$

Die Summation ist über alle Entartungen des verschobenen s-Terms auszuführen, ϱ_k ist die Zustandsdichte, die anderen Größen haben die bisherige Bedeutung. Die Ausführung der Integration führt zu Zahlenwerten für die Tunnelwahrscheinlichkeit und die Verbreiterung des Atomterms, die in Abb. 1.7 für zwei Systeme dargestellt sind.

Auch diese Berechnungen stimmen größenordnungsmäßig mit Werten überein, die für das System Platin-Kalium mit Hilfe der Photoionisation gewonnen wurden (Kap. 5.2).

Die wesentliche Voraussetzung der hier kurz geschilderten Theorie von GADZUK besteht in der Annahme, daß das adsorbierte Alkali-Atom nach der Störungsrechnung behandelt werden kann. Diese Annahme trifft nur dann zu, wenn zwischen dem adsorbierten Atom und dem Metall eine Potentialwand existiert, die genügend hoch ist, um die Elektronen des Leitfähigkeitsbandes im Metall festzuhalten und einen lokalisierten Atomterm für das Alkali-Atom zuzulassen. Eine zwingende Rechtfertigung für diese Annahme konnte bis heute noch nicht gegeben werden, so taucht z. B. bei SWANSON und GOMER [119] eine solche Potentialschwelle im Falle der Alkali-Adsorption nicht auf. Es gibt jedoch eine Reihe experimenteller Tatsachen und phänomenologischer Argumente, die für die Existenz einer solchen Potentialbarriere und damit für die Möglichkeit besetzter lokalisierter Oberflächenterme oberhalb der Fermi-Grenze sprechen.

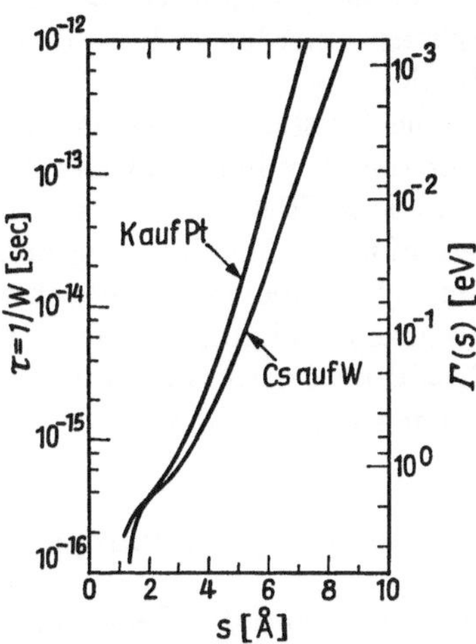

Abb. 1.7. Lebensdauer und Bandbreite für den Grundzustand als Funktion des Abstandes s von der Oberfläche. Nach der Störungsrechnung vgl. Gleichung 1.35

Die Rechnungen sind für verschwindenden Bedeckungsgrad durchgeführt. Bei höheren Bedeckungsgraden bildet das Feld benachbarter Ionen eine Potentialschwelle für den Übergang des Elektrons zum Metall. Solange dieses Feld nicht im Hamilton-Operator berücksichtigt ist, kann man es näherungsweise als Potential auffassen. Ferner sind bei den endlichen Temperaturen immer einige Elektronen mit Energien oberhalb der Fermi-Grenze vorhanden. Fällt diese Energie in den Bereich des verbreiterten und verschobenen Atomzustandes, so werden diese Elektronen in der Nähe des Alkali-Atomrumpfes von dessen positivem Potential lokalisiert.

Läge die Höhe dieser Potentialschwelle unterhalb der Fermi-Grenze, so würde sich die Wellenfunktion der Elektronen des Leitfähigkeitsbandes bis in das adsorbierte Atom ausdehnen. Die so entstehende Bindung metallischen Charakters könnte zwar noch polar sein, aber das daraus resultierende Dipolmoment würde nicht ausreichen, um die bekannte starke Erniedrigung der Elektronenaustrittsarbeit zu erklären, die bei der Adsorption von Alkali- und Erdalkali-Atomen auftritt. Um die große Änderung der Elektronenaustrittsarbeit zu erklären ist es vielmehr notwendig, einen Ladungsübergang vom Adsorbat zum Metall anzunehmen. Das heißt aber gerade, daß zwischen dem Adsorbat und dem Metall ein Potentialwall existieren muß, der die Leitfähigkeitselektronen im Metall hält.

Auch die beobachteten hohen Beweglichkeiten und die geringen Desorptionsenergien auf Metallen adsorbierter Alkali-Atome sprechen für die Existenz einer solchen Potentialschwelle (Tab. A.2 im Anhang).

Ferner sprechen wiederum die Ergebnisse der Photoionisation für die Existenz einer hinreichend hohen Potentialschwelle zwischen Rumpf und Metall.

Die Existenz dieses Potentialwalles bedeutet keineswegs, daß das Atom nicht in Form eines Ions adsorbiert sein kann. Ist die Termlage so, daß das ns-Elektron sich durch das gesamte Metall ausbreitet, mit nur geringfügiger Lokalisierung in der Nähe der Oberfläche, so werden doch auch alle anderen Metallelektronen ein klein wenig in der Nähe der Oberfläche lokalisiert. Der Effekt ist dann, schon aus Gründen der Erhaltung der Gesamtladung, der gleiche als ob genau ein Elektron im Inneren des Metalles in der Nähe des Alkali-Rumpfes lokalisiert wäre.

1.3. Die Adsorptionsentropie

Für den Ablauf der Reaktion

$$\text{Gas} + \text{Festkörper} \leftrightarrow \text{Adsorptions-System}$$

ist nach Kap. 1.1 die Änderung der Entropie des Systems von der gleichen prinzipiellen Bedeutung wie die Änderung der Energie. Die Entropieänderung der obigen Reaktion setzt sich zusammen aus:

$$\Delta S = S_{\text{Ads}} - S_{\text{gas}} - S_{\text{fest}} \, . \tag{1.36}$$

Für das weitere können wir S_{gas} und S_{fest} als bekannt ansehen. Für die vollständige Berechnung des Adsorptionsgleichgewichtes muß daher nur noch S_{ads} berechnet werden. Dies ist gerade die Entropie eines Festkörpers, dessen Oberfläche mit adsorbierten Fremdmolekeln bedeckt ist.

Die Entropie fester Körper ist eine Funktion der Normalschwingungen ω_i des Gitters:

$$S = \int \frac{c_v}{T} \, dT \, ; \quad c_v = \sum_i k \left(\frac{\hbar \, \omega_i}{kT}\right)^2 \frac{1}{\sin h^2 \left(\frac{\hbar \, \omega_i}{kT}\right)} \tag{1.37}$$

Die Adsorptionsentropie S_{ads} läßt sich also prinzipiell berechnen, wenn man das Spektrum der Normalschwingungen des mit adsorbierten

Molekeln bedeckten Festkörpers kennt. Wie die Probleme von Abschnitt 1.2 gehört auch diese Aufgabe zu den Vielkörperproblemen, die prinzipiell nach Näherungsmethoden behandelt werden müssen.

Für das Innere unendlich ausgedehnter Festkörper besteht eine glänzend ausgebaute mathematische Theorie der Gitterschwingungen (vgl. z. B. [31])*. Alle diese Theorien machen für erhebliche Vereinfachungen Gebrauch von der unendlich ausgedehnten ungestörten Periodizität des Gitters ohne Oberfläche. Auf Grund dieser Rechnungen kann man S_{fest} als bekannt ansehen.

Für die Behandlung der Chemisorption ist jedoch gerade die Berücksichtigung der Oberfläche und daher die Behandlung von Systemen mit abbrechender Periodizität wesentlich. Eine Reihe von Autoren [110, 123, 358, 106] hat in Modellrechnungen das Entstehen zusätzlicher Normalschwingungen an der Berandung eines Festkörpers untersucht. Dabei zeigt sich allgemein, daß auch für sog. reine Oberflächen Schwingungen auftreten, die an den Berandungen des Festkörpers lokalisiert sind. Diese Normalschwingungen tragen zur spezifischen Wärme und damit zur Entropie des Festkörpers bei (vgl. [197, 359]).

Für thermodynamische Betrachtungen gewöhnlicher Reaktionen können diese Effekte in der Regel vernachlässigt werden. Die Zahl der Oberflächen-Normalschwingungen, und damit ihr Beitrag zur Gesamtentropie des Festkörpers, ist verschwindend klein gegen die Zahl der zum Festkörperinneren gehörenden Normalschwingungen. Für die Berechnungen der mit Adsorption verbundenen Entropieänderungen jedoch sind diese Oberflächenschwingungen maßgebend, weil auf ein Mol adsorbierte Fremdatome ebenfalls größenordnungsmäßig „ein Mol" Oberflächenschwingungen entstehen können. Dieser Sachverhalt ist ganz analog zu der Tatsache, daß man eine chemische Substanz auch dann als rein betrachtet, wenn ihre Oberfläche von adsorbierten Fremdmolekeln bedeckt ist. Diese adsorbierten Molekeln werden auch bezüglich der chemischen Reinheit erst dann interessant, wenn man sich speziell mit Oberflächenproblemen beschäftigt.

Die spezifische Wärme eines Festkörpers ist eine additive Funktion von Funktionen seiner Normalschwingungen. Es ist daher möglich, die spezifische Wärme und somit auch die Entropie in Anteile zu zerlegen, die zu den verschiedenen Schwingungsformen gehören. Eine solche, zunächst rein formale Zerlegung zeigt Gleichung (1.38):

$$S_{\text{Ads}} = \int \frac{1}{T} \sum_l c_v(\omega_l^*)\, dT + \int \frac{1}{T} \sum_i c_v(\omega_i)\, dT . \qquad (1.38)$$

Hierin sollen die ω mit einem * als oberen Index die Kreisfrequenzen derjenigen Normalschwingungen bedeuten, die durch die Existenz

---

* Vergleiche auch: W. Ludwig: "Recent Developments in Lattice Theory", Springer Tracts in Modern Physics, Vol. 43. Berlin - Heidelberg - New York: Springer 1967.

fremder Molekeln an der Oberfläche des festen Körpers entstehen. Die ω ohne oberen Index seien die Kreisfrequenzen, die zu allen Normalschwingungen, also auch den Oberflächenschwingungen, des festen Körpers mit einer reinen Oberfläche gehören. Für die explizite Berechnung der Kreisfrequenzen der Normalschwingungen, und zwar beider Anteile in Gleichung (1.38), ist nun die Annahme eines konkreten Modelles erforderlich. Ein für die besonderen Verhältnisse der Chemisorption geeignetes Modell liegt in der Literatur noch nicht vor. Wir müssen uns daher für das folgende mit einer Auswahl aus bekannt gewordenen mathematischen Methoden begnügen, die ihren Ursprung in der Lösung anderer Probleme haben. Der Sinn dieser Abschweifung ist es, dem Leser eine qualitative Vorstellung von der Art des Problemes zu geben. Eine solche qualitative Vorstellung reicht bereits aus, um viele Vorstellungen über das Wesen der Chemisorption zu untermauern und andere zu widerlegen.

Das mathematisch einfachste Modell ist, wie im vorigen Abschnitt eine Kette aus $N + 1$ gleichen Massenpunkten, die an einem Ende durch einen Punkt mit anderer Masse abgeschlossen ist. Die einzelnen Massenpunkte seien durch Federn miteinander verbunden, denen gewisse Hooksche Kraftkonstanten zugeordnet werden können. Das Modell ist also analog zu dem Modell der Grimleyschen Rechnung (Abb. 1.1). Innerhalb der Kette von 0 bis N sind alle Wechselwirkungen durch gleiche Federkonstanten vom Betrage k darzustellen, die chemische Verschiedenheit der Bindung des Fremdatoms von den Bindungen der Kettenatome untereinander wird durch ein von k verschiedenes k' berücksichtigt. Man stellt nun zunächst die Newtonschen Bewegungsgleichungen für die einzelnen Massenpunkte auf. u_i stellt jeweils die Verschiebung des i-ten Massenpunktes aus seiner Ruhelage dar.

$$M\,\ddot{u}_\lambda = -\,k'\,(u_\lambda - u_0)\,,$$

$$m\,\ddot{u}_0 = -\,k'\,(u_0 - u_\lambda) - k\,(u_0 - u_1) \qquad (1.39)$$

$$m\,\ddot{u}_j = -\,2\,k u_j + k u_{j-1} + k u_{j+1}\,.$$

Diese Gleichungen sind von der Form der bekannten Schwingungsgleichung, man kann daher für die Lösung unmittelbar ansetzen:

$$u_j = u_{0,j}\,e^{i\omega t}\,. \qquad (1.40)$$

Hierin bedeutet $u_{0,j}$ den zum j-ten Atom gehörenden Amplitudenfaktor und ω die zu ermittelnde Kreisfrequenz. Das Einsetzen dieser Lösung in die Differentialgleichung der Schwingung liefert ein lineares, homogenes

Gleichungssystem für ω^2 mit der Matrix:

$$\mathbf{D} = \begin{pmatrix} \omega^2 - \dfrac{2\,k'}{M} & \dfrac{k'}{M} & 0 & 0 & 0 & 0 \\[2ex] \dfrac{k'}{m} & \omega^2 - \dfrac{k'+k}{m} & \dfrac{k}{m} & 0 & 0 & 0 \\[2ex] 0 & \dfrac{k}{m} & \omega^2 - \dfrac{2\,k}{m} & \dfrac{k}{m} & 0 & 0 \\[2ex] 0 & 0 & \dfrac{k}{m} & \omega^2 - \dfrac{2\,k}{m} & \dfrac{k}{m} & 0 \\[2ex] 0 & 0 & 0 & \dfrac{k}{m} & \ddots & \end{pmatrix} .$$

Die Bestimmung der Frequenzen geschieht durch Lösung der charakteristischen Gleichung:

$$\det \mathbf{D} = 0 . \tag{1.41}$$

Man sieht, daß die Matrix dieser Gleichung ganz ähnlich derjenigen in der Grimleyschen Rechnung [vgl. Gl. (6)] aufgebaut ist. Dementsprechend ist es möglich, die Säkulargleichung des Problemes mit Hilfe der Rutherfordschen Determinanten zu lösen, und man kann zeigen, daß auch hierbei ganz bestimmte Verhältnisse von M/m und k'/k zu am Ende der Kette lokalisierten Oberflächenschwingungen führen. Das Modell ist jedoch von der Wirklichkeit zu weit entfernt, als daß es sich lohnen würde, darauf weiter einzugehen.

Aufschlußreicher ist es, ein zweidimensionales Modell zu betrachten, das von Rosenstock und Newell [281] angegeben wurde und später von Wallis [359] zur Berechnung von Oberflächenschwingungen verwendet wurde. Die Bewegungsgleichungen für Atome im Rosenstock-Newell-Modell des zweidimensionalen quadratischen Gitters lauten:

$$m_\alpha \ddot{u}_{jk} = \tau\,(u_{jk-1} - u_{jk})\,(1 - \delta_{k1}) + \sigma\,(u_{j-1,k} - u_{jk})\,(1 - \delta_{j1}) +$$
$$+ \sigma\,(u_{j+1,k} - u_{jk})\,(1 - \delta_{j,2N}) + \tau\,(u_{j,k+1} - u_{jk})\,(1 - \delta_{k,2N})$$
$$m_\alpha \ddot{v}_{jk} = \tau\,(v_{j-1,k} - v_{jk})\,(1 - \delta_{j,1}) + \sigma\,(v_{j,k-1} - v_{jk})\,(1 - \delta_{k,1}) + \tag{1.42}$$
$$+ \sigma\,(v_{j,k+1} - v_{jk})\,(1 - \delta_{k,2N}) + \tau\,(v_{j+1,k} - v_{jk})\,(1 - \delta_{j,2N})$$
$$1 \leqq j \leqq 2N; \quad 1 \leqq k \leqq 2N .$$

Hierin sind u und v die x- bzw. die y-Komponenten der Verschiebung eines Atoms aus seiner Gleichgewichtslage, und die Zahlen j und k geben die Position des Atoms im Gitter an. Die Masse m_α hat den Wert m_1, wenn die Summe aus j und k gerade ist und die Masse m_2, wenn j und k ungerade sind. σ und τ sind die Kraftkonstanten für zentrale und nichtzentrale Wechselwirkungen. Die Kronecker-Deltas in den Bewegungsgleichungen sind eingeführt, um für freie Berandungen an den Stellen

$j = 1$ und $2\,N$ und $k = 1$ und $2\,N$ zu sorgen. Das Rosenstock-Newell-Modell hat eine Reihe realistischer Züge. Andererseits fehlt jegliche Koppelung zwischen Verschiebungen in der x-Richtung mit Verschiebungen in den y- und z-Richtungen. Um das Modell als Analogon für Chemisorptionsverhältnisse zu betrachten, genügt es zunächst, daß man sich ein zweidimensionales Gitter aus lauter gleichen Atomen der Masse m_1 vorstellt. An jedem zweiten dieser Atome sei ein adsorbiertes Molekül

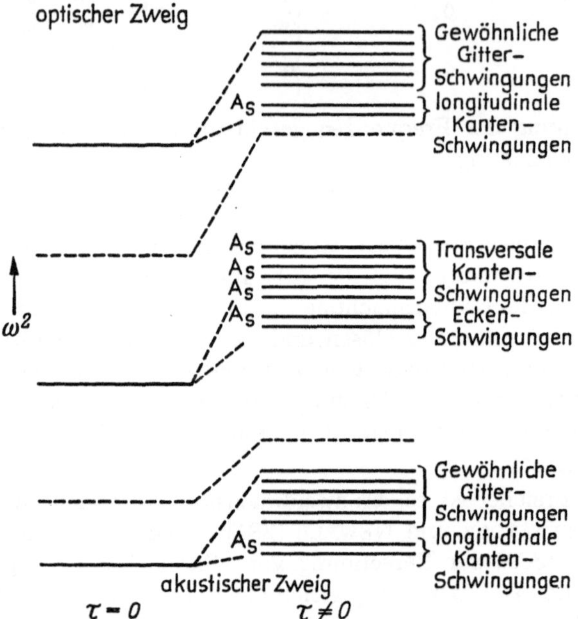

Abb. 1.8. Schwingungsspektrum für ein zweidimensionales Gitter mit zwei verschiedenen Massen. σ ist die Hooksche Kraftkonstante für nicht-zentrale Wechselwirkung. Vergleiche Gleichung 1.42. A und S bedeuten antisymmetrische bzw. symmetrische Schwingungsformen. Nach [359]

sehr fest gebunden, so daß die Gitterschwingungen im wesentlichen so verlaufen, als ob diese Gitteratome die Masse m_2 hätten. Die Durchrechnung dieses Modelles führt zu dem in Abb. 1.8 wiedergegebenen Spektrum von Normalschwingungen. Die Abbildung zeigt, daß zwischen dem optischen und dem akustischen Zweig der Gitterschwingungen eine Reihe symmetrischer und antisymmetrischer lokalisierter Schwingungen auftreten. Es ist unmittelbar zu sehen, daß das Schwingungsspektrum gegenüber dem reinen, ungestörten zweidimensionalen Netzwerk, bei dem im übrigen keine Oberflächenschwingungen auftreten, zusätzliche Normalschwingungen enthält, die zur spezifischen Wärme, und damit zur Entropie unseres Systems beitragen. Zusätzlich zu diesen, von WALLIS berechneten Schwingungen kämen in unserem Modell dann noch für jedes adsorbierte Atom eine Normalschwingung mit seinem Bindungspartner. Diese Normalschwingungen wären hier alle gleichzusetzen.

Die Anwendung des geschilderten Modelles auf Chemisorptionsprobleme wird dadurch eingeschränkt, daß man nicht allgemein voraussetzen kann, daß die chemisorbierten Molekeln in einer regelmäßigen Gitteranordnung an die Oberfläche gebunden sind. Es liegen zwar Anzeichen vor (vgl. den Abschnitt über Struktur der Oberfläche), daß solche regelmäßigen Anordnungen in der Natur vorkommen. Für den allgemeinen Fall muß man jedoch annehmen, daß die chemisorbierten Atome in statistisch unregelmäßiger Weite über die Oberfläche verteilt sind. Das mathematische Verfahren zur Behandlung solcher statistisch verteilter Störungen haben WEISS und MARADUDIN [364] angegeben. Es beruht im wesentlichen auf der Einführung eines zusätzlichen Wahrscheinlichkeitsparameters in die Bewegungsgleichungen, dessen Wert eine Funktion von j und k ist, und der jeweils die Masse m_2 an einer durch j und k gekennzeichneten Stelle der Bewegungsgleichungen erscheinen läßt.

WEISS und MARADUDIN haben in der zitierten Arbeit ferner eine Methode zur Berechnung thermodynamischer Funktionen aus den Bewegungsgleichungen angegeben, die eine explizite Berechnung des Frequenzspektrums der Normalschwingungen umgeht. Voraussetzung dafür ist, daß die Determinante der Matrix der Bewegungsgleichungen sich in zwei Matrizen aufspalten läßt. Die eine Matrix möge den Bewegungsgleichungen eines bereits gelösten Problems entsprechen. [Beispielsweise die höher dimensionierte Matrix der Bewegungsgleichungen (1.42).] Die andere Matrix enthalte die Abweichungen des vorgelegten Problems von dem Bekannten. In unserem Beispiel also z. B. alle Glieder, die mit dem Wahrscheinlichkeitsparameter für die Besetzung eines Gitterpunktes behaftet wären. Die Matrix des Gesamtproblemes ist dann gegeben durch:

$$\mathbb{D} = \mathbb{D}_0(\omega) + \delta\mathbb{D}(\omega) . \tag{1.43}$$

Die Normalschwingungen erhält man wieder als Lösung der Säkulargleichung

$$\det \mathbb{D} = 0 .$$

Der mathematische Kunstgriff der Methode von WEISS und MARADUDIN besteht nun darin, die zur Ermittlung der thermodynamischen Funktionen erforderliche Summation durch eine Integration im Komplexen zu ersetzen. Aus der Funktionentheorie kommt der Satz:

$$\sum f(\omega) = \frac{1}{2\pi i} \oint f(z)\, d\ln |\mathbb{D}(z)| . \tag{1.44}$$

Hierin sind die ω die Lösungen der charakteristischen Gleichung. $f(\omega)$ sind diejenigen Funktionen der Frequenz der Normalschwingungen, deren Addition die gewünschte thermodynamische Eigenschaft liefert, also z. B. für die Nullpunktsenergie:

$$E_0 = \sum_i \frac{\hbar}{2}\,\omega_i\,; \quad f(\omega) = \frac{\hbar}{2}\,\omega_i$$

oder für die spezifische Wärme:

$$f(\omega_i) = k\,\frac{\hbar\,\omega_i}{2\,k\,T}\,\frac{1}{\sin h^2\left(\dfrac{\hbar\,\omega_i}{k\,T}\right)}\,. \tag{1.45}$$

Die Integration auf der rechten Seite von Gleichung (1.44) erfolgt über einen beliebigen Weg, der alle positiven Nullstellen von $|D(z)|$ einschließt, aber keinen der Pole von $f(z)$. Schreiben wir nun die Zerlegung der charakteristischen Matrix D um in:

$$D(\omega) = D_0(\omega)\,[1 + D_0^{-1}\,\delta D(\omega)]$$

bzw. in:

$$D(\omega) = D_0(\omega)\,\varDelta(\omega) \quad \text{mit} \quad \varDelta(\omega) = [1 + D_0^{-1}\,\delta D(\omega)]\,,$$

worin 1 die Einheitsmatrix bedeutet, so erhalten wir beim Einsetzen in Gleichung (1.44):

$$\sum f(\omega) = \frac{1}{2\,\pi_i}\oint f(z)\,\mathrm{dln}\,|D_0(z)| + \frac{1}{2\,\pi_i}\oint f(z)\,\mathrm{dln}\,|\varDelta(z)|\,. \tag{1.46}$$

Damit haben wir eine Aufspaltung der Summen und damit auch der thermodynamischen Funktionen in einen Anteil, der zur ungestörten Matrix gehört und in einen Teil, der den Einfluß der Störungen getrennt enthält, erreicht. Die weitere Ausführung des mathematischen Verfahrens geht über den Rahmen dieser Darstellung weit hinaus. Für den Zweck dieser Arbeit, eine qualitative Übersicht zu geben, möge der hier skizzierte Weg genügen. Weitere Verfeinerungen der hier angedeuteten Theorien findet man bei MARADUDIN und MELUGAILIS [201], die sich mit den dynamischen Eigenschaften von Oberflächenatomen beschäftigen.

CLARK, HERMANN und WALLIS haben die mittleren Verschiebungsquadrate von Oberflächenatomen in der Normalschwingung berechnet [48] und mit Messungen von MACRAE und GERMER [216, 217] über die Temperaturabhängigkeit der Unschärfe von Beugungsreflexen langsamer Elektronen verglichen.

GOODMAN [123] hat die dynamische Gittertheorie auf die Theorie des thermischen Akkomodationskoeffizienten und in einer weiteren Arbeit [124] auf den Einfluß von Verunreinigungen einer Oberfläche auf die Gitterbewegungen sowie auf die Desorption [121] angewendet. Stoßvorgänge und Energieübertragung an einer Kristalloberfläche hat McCAROLL [210] mit Hilfe der Gittertheorie behandelt.

Interessante experimentelle Möglichkeiten zur Nachprüfung der genannten Theorien ergeben sich außer aus der Anwendung der Beugung langsamer Elektronen auch aus der Anwendung des Mössbauer-Effektes. Hierüber liegen z. Z. nur theoretische Vorbereitungen vor, die von

WALLIS und GAZIS [360] und von DINHOFER [68] mitgeteilt wurden. Eine historische Übersicht über die Entstehung der auf TAMM zurückgehenden Theorie der Oberflächenzustände sowohl der Elektronen- als auch der Gitterschwingungen findet sich bei LIFSCHIZ und PEKAR [197].

Die skizzierten Gedankengänge zeigen zunächst einmal, daß in das Gebiet der Chemisorptionsentropie noch sehr viel Arbeit hineingesteckt werden muß, ehe man einen auch nur ähnlichen Stand erreicht, wie bei der Behandlung der chemischen Bindung. Insbesondere sind nicht nur weitere mathematische Arbeiten erforderlich, sondern auch eine recht genaue Kenntnis der Struktur der Adsorptionsschicht. Die Kenntnis dieser Struktur darf als Voraussetzung für die Aufstellung realistischer Rechenmodelle gelten. Andererseits zeigen die geschilderten Betrachtungen, daß unsere Kenntnis von den Oberflächenprozessen aber soweit gediehen ist, daß die in der Literatur übliche Vernachlässigung der Adsorptionsentropie grundsätzlich nicht mehr gerechtfertigt ist.

Die Adsorptionsentropie spielt aber nicht nur für die Behandlung des Adsorptionsgleichgewichtes eine wesentliche Rolle, sie vermag vielmehr auch kinetische Vorgänge an der Oberfläche wesentlich zu beeinflussen. Bei der Eyringschen Theorie der absoluten Reaktionsgeschwindigkeit, die wir später noch öfter verwenden werden, bestimmt die Aktivierungsentropie den Häufigkeitsfaktor einer chemischen Reaktion. Die Aktivierungsentropie ist der Entropieunterschied zwischen einem System mit adsorbierten Molekeln und dem gleichen System, bei dem sich die Molekeln aus dem Adsorptionszustand in einen für den Prozeß charakteristischen Zwischenzustand entfernt haben. In der Regel wird in der Literatur der Häufigkeitsfaktor kinetischer Messungen von der Größenordnung der Frequenz der Gitterschwingungen angesetzt. Das bedeutet nichts anderes, als daß die Adsorptionsentropie, bzw. die Aktivierungsentropie, gleich Null gesetzt wird. Dies mag in manchen Systemen zulässig sein, ist es aber keineswegs in allen Fällen (vgl. [7]). Es wird vielmehr lohnend sein, in allen Fällen wo von der Gitterfrequenz abweichende Häufigkeitsfaktoren gefunden werden, eine genauere Untersuchung der Adsorptionsentropie durchzuführen (vgl. Kapitel 5.2.1).

2. Herstellung und Struktur reiner Oberflächen

2.1. Allgemeines über die Herstellung reiner Oberflächen

Die im vorigen Kapitel besprochenen Ansätze zur theoretischen Behandlung der Chemisorption zeigen zwingend die Notwendigkeit, eine Festkörperoberfläche vor Beginn eines Chemisorptionsexperimentes genau zu charakterisieren. Der einfachste Weg dazu ist der, die Oberfläche des Körpers vollständig rein darzustellen. Nur so kann man hoffen, daß die Bindungsenergien, der Bindungstyp und auch die Entropie von Experiment zu Experiment reproduzierbar sind.

Hat man stattdessen auf der äußersten Gitterebene des Substrates Molekeln adsorbiert, die von anderer chemischer Natur sind als das Gitter, so erhält man Werte für die interessierenden Größen, die sich entweder auf den Fremdstoff beziehen, oder die in undurchsichtiger Weise von den Eigenschaften des Fremdstoffes und des Substrates abhängen. Man kann natürlich auch daran denken, die Festkörperoberfläche einschließlich der Fremdmolekeln nach der Quantentheorie der Gitterschwingung zu charakterisieren. Diese Aufgabe ist aber nach dem heutigen Stand unseres Wissens noch nicht lösbar.

Die Einführung der Ultra-Hochvakuumtechnik durch ALPERT 1953 hat die Herstellung reiner, und damit charakterisierbarer Festkörperoberflächen ermöglicht. Wir brauchen auf diese Technik hier nicht weiter einzugehen, da auf diesem Gebiet gute Monographien vorliegen. Der der Anwendung der Ultra-Hochvakuumtechnik zugrundeliegende Sachverhalt ist folgender: Bei einem Gasdruck von $1 \cdot 10^{-6}$ Torr treffen in jeder Sekunde überschlägig 10^{15} Molekeln auf jedem cm^2 der Wand des Vakuumgefäßes und der zu untersuchenden Probe auf. Je nach der Haftwahrscheinlichkeit der auftreffenden Molekel wird eine anfänglich reine Oberfläche in wenigen Sekunden mit mindestens einer Monoschicht adsorbierter Fremdmolekeln bedeckt sein. In diesen Zeiträumen sind im allgemeinen keine Experimente ausführbar. Schon die Herstellung der eben vorausgesetzten reinen Oberfläche ist bei solchen Drucken nicht möglich, es sei denn, es handle sich bei dem Gas in der Vakuumapparatur um sehr reine Edelgase.

Chemisorptionsexperimente an Festkörperoberflächen haben daher nur dann Sinn, wenn sie bei Drucken unter 10^{-8} Torr durchgeführt werden. Ausnahmen von dieser Regel können in gewissem Umfang bei hohen Temperaturen, bei Untersuchungen an Edelmetallen oder in sehr reinen Edelgasen vorkommen. In welchem Umfang physikalische Effekte durch Verunreinigungen aus dem Restgas einer Vakuumapparatur beeinflußt werden, zeigt die Arbeit von SACHTLER [285] über den Einfluß der Chemisorption auf die elektrische Leitfähigkeit dünner Metalloberflächen.

Für die folgende Darstellung wird daher stets vorausgesetzt, daß der Totaldruck in der Apparatur zwischen 10^{-10} und 10^{-8} Torr gehalten werden kann. Bei der Anwendung von Glimmentladungen in Edelgasen ist entsprechend zu fordern, daß der Partialdruck der adsorbierten Verunreinigungen dieser Gase in der gleichen Größenordnung bleibt.

Unter einer „reinen Oberfläche" soll eine Grenzfläche eines Festkörpers verstanden werden, die ausschließlich diejenigen Molekeln enthält, die das Gitter im tiefen Inneren des Festkörpers aufbauen. Solche Oberflächen kommen in der Natur nicht vor, sie müssen vielmehr stets durch geeignete Reinigungsverfahren hergestellt werden und lassen sich in der Regel nur kurze Zeit erhalten.

Es wird auch selten der Fall sein, daß das tiefe Innere eines Festkörpers völlig frei von chemischen Verunreinigungen ist. Solche Verunreinigungen können im Lauf der Experimente an die zu untersuchende Grenzfläche wandern und sich dort anreichern. Eine solche Grenzfläche ist dann keine reine Oberfläche mehr. Man muß also für den Begriff der „reinen Oberfläche" auch fordern, daß die relativen Häufigkeiten der Molekeln in der Grenzfläche die gleichen sind wie im Inneren des Festkörpers.

In vielen Fällen ist die Herstellung einer reinen Oberfläche im Sinne dieser Definition oder die Prüfung auf Reinheit nicht streng durchführbar. Läßt sich aber in einem solchen Falle zeigen, daß irgendwelche Effekte bei einer gegebenen Präparationsmethode nicht von adsorbierten Fremdmolekeln beeinflußt sein können, so spricht man von einer „im wesentlichen reinen Oberfläche" ("essentially clean").

2.2. Verfahren zur Reindarstellung von Festkörperoberflächen

2.2.1. Thermische Desorption von Verunreinigungen

Physikalisch adsorbierte und chemisorbierte Molekeln auf einer Grenzfläche lassen sich gelegentlich durch Erhitzen des Festkörpers bei niedrigen Drucken entfernen. WHEELER [367] hat eine Faustregel angegeben, nach der die zur thermischen Desorption erforderliche Temperatur etwa 20mal größer sein soll, als der Zahlenwert der Bindungsenergie der Verunreinigung, gemessen in Kcal.

$$T_{\mathrm{des}} \approx 20 \cdot \Delta H \, .$$

Nähere Angaben finden sich bei TRAPNELL [342]. Eine nützliche Tabelle hat KAMINSKY [175] zusammengestellt, die mit einigen Erweiterungen hier wiedergegeben wird (s. Tab. 2.1).

Aus den Angaben der Tabelle folgt sofort, daß die Methode der thermischen Desorption nur für die Reinigung einiger weniger, hochschmelzender Metalle in Frage kommt. Geeignet sind Wolfram, Molybdän und Tantal wegen der hohen Schmelzpunkte, sowie die Metalle der Platingruppe wegen der relativ geringen Bindungsenergien*.

---

* Für Experimente in Metall-Metall-Systemen sei auf die Desorptionsenergien der Tabelle A. 2. im Anhang verwiesen.

Tabelle 2.1. *Einige Richtwerte zur thermischen Reinigung von Oberflächen*

System		H [kcal/mol]	$T_{des.}$ [°K]	$T_{schmelz.}$ [°K]
Wolfram	—	—	—	3653
Wolfram	O_2	155	3100	
Wolfram	N_2	95	1900	
Wolfram	H_2	45	900	
Wolfram	K	62	1250	
Wolfram	Rb	60	1200	
Wolfram	Cs	67	1350	
Tantal	—	—	—	3303
Tantal	N_2	140	2800	
Tantal	H_2	45	900	
Eisen	—	—	—	1808
Eisen	O_2	75	1500	
Eisen	N_2	40	800	
Eisen	H_2	32	640	
Eisen	CO	32	640	
Nickel	—	—	—	1726
Nickel	O_2	130	2600	
Nickel	H_2	31	620	
Nickel	CO	35	700	
Nickel	Ag	~ 50	~ 1000	

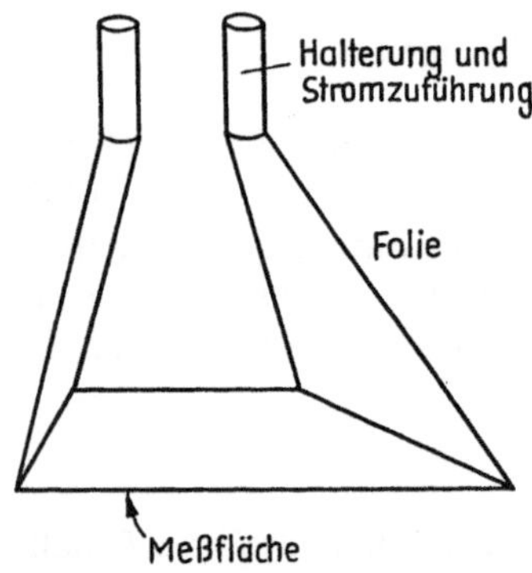

Abb. 2.1. Günstige Form einer Aufhängung für Bleche und Folien. Diese Aufhängung gestattet Ausheiztemperaturen bis dicht unter dem Schmelzpunkt

Für die Durchführung der Methode ist es notwendig, das zu untersuchende Metall ziemlich nahe an den Schmelzpunkt zu erhitzen. In diesem Temperaturgebiet werden die mechanischen Eigenschaften aller Metalle recht schlecht, und man muß einige Sorgfalt auf die Konstruktion der Aufhängung oder Befestigung verwenden. Handelt es sich um Drähte, so kann man vorteilhaft eine nicht gespannte Haarnadelform anwenden. Für Bleche und Streifen hat sich eine Form bewährt, die in Abb. 2.1 dargestellt ist.

Auch hierbei ist eine mechanische Deformation bis dicht unter dem Schmelzpunkt vermeidbar. Verwendet man Gleichstrom zur direkten Heizung, kann unter Umständen starke Rekristallisation auftreten [296].

In manchen Fällen, so z. B. bei Versuchen mit der Oberflächenionisation oder bei Beugungsversuchen mit langsamen Elektronen, will man

den vom Heizstrom herrührenden Potentialunterschied längs der Oberfläche vermeiden. In solchen Fällen muß man zur indirekten Heizung
übergehen. Hierfür kommt eine Wicklung aus Wolfram- oder Rhenium-
Drähten in Frage, die evtl. durch Perlen aus Aluminiumoxyd isoliert
werden. Solche Perlen und evtl. keramische Trägerkörper können bei
hohen Temperaturen in nennenswertem Umfange verdampfen und man
muß bei der Konstruktion darauf achten, daß dieser Dampf die zu untersuchende Oberfläche nicht treffen kann. Die bei indirekter Heizung mit
Wolfram-Drähten erreichbaren Temperaturen betragen je nach Konstruktion 1500–1600°C. Nach Tab. 2.1 kommt diese Art der Heizung

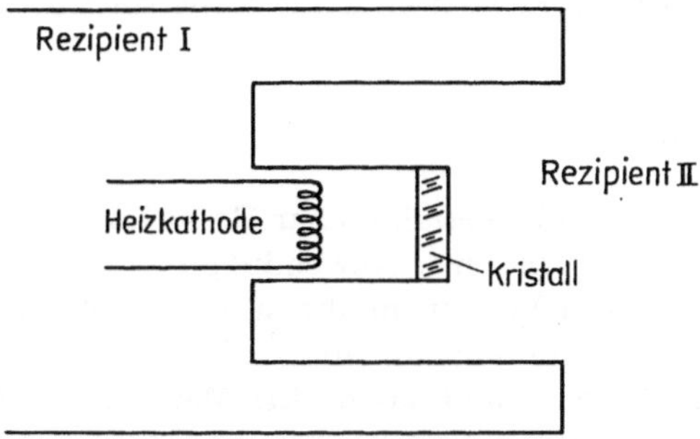

Abb. 2.2. Schematische Darstellung einer indirekten Heizung durch Elektronenbeschuß. Zur Vermeidung von Störungen durch Heizkathode oder Elektronenstrom
können beide Rezipienten vollständig voneinander getrennt werden

daher vorwiegend bei den Metallen der Platingruppe in Frage. Die
höchsten Temperaturen bei indirekter Heizung lassen sich durch Elektronenbeschuß erreichen. Je nach gewünschter Aufheizzeit genügen
20–50 W pro cm² zu glühender Oberfläche. Für Arbeiten an reinen
Oberflächen muß man die Heizkathode so anordnen, daß der für die
Experimente verwendete Teil der Oberfläche nicht von der Kathode
bedampft werden kann. Eine sehr geeignete Anordnung hat FARNS-
WORTH [90, 91] angegeben. Eine andere, häufig vorteilhafte Anordnung
zeigt Abb. 2.2.

Hier befinden sich die Experimentieroberflächen und die Heizkathode in völlig getrennten Räumen. Diese Anordnung setzt allerdings
voraus, daß man den zu heizenden Kristall in das Molybdänblech-
gehäuse einschweißen oder mechanisch sicher einklemmen kann.

Eine schwer zu übersehende Fehlerquelle bei der Herstellung reiner
Oberflächen nach rein thermischen Methoden liegt in den inneren Verunreinigungen der verwendeten Metalle. Diese Verunreinigungen können
beim Glühen an die Oberfläche diffundieren und dort thermisch nicht-
desorbierbare Schichten bilden. Beispiele für solche Verunreinigungen
sind Kohlenstoff und Al_2O_3 in Wolfram oder SiO_2 in Platin. GOMER

(persönl. Mitteilung) behauptet, daß geglühte Platinoberflächen nicht rein sind, sondern zu einem mehr oder weniger großen Prozentsatz mit SiO_2 bedeckt sind, welches nur durch Ionenbeschuß entfernt werden kann. Im Gegensatz dazu gibt PARKER [259] an, daß Platin bereits bei 1425°C atomar rein wird, wie auch von SCHROEN [300] bestätigt werden konnte.

In der Literatur finden sich ferner Versuche, die Oberfläche von Metallen durch die Strahlung starker Blitzlampen hoch zu erhitzen. Bei der Kürze der Entladungen kann man hier die Oberfläche weit über den Schmelzpunkt des Metalles erhitzen, ohne daß die Probe zerstört wird. Auch die Diffusion von Verunreinigungen aus dem Inneren der Probe sollte wegen der kurzen Heizzeiten keine Rolle spielen [244, 368].

2.2.2. Feld-Desorption

Die Feld-Desorption ist ein Verfahren zur Herstellung der reinsten Oberflächen. Es ist allerdings in seiner Anwendung beschränkt auf das Gebiet der Feldelektronen- oder Feldionenmikroskopie. E. W. MÜLLER hat 1941 entdeckt, daß eine Bariumschicht auf der Spitze eines Feldelektronen-Mikroskopes abgelöst wird und das nackte Metall hervortritt, wenn das angelegte Feld bei positiver Spitze einen bestimmten Grenzwert überschreitet. So wird z. B. ein Barium-Film bei einem Bedeckungsgrad $\Theta = 0,35$ von der Spitze bei $92 \cdot 10^6$ V/cm abgerissen, und zwar zunächst in der Nähe der (011)-Flächen. Bei $90 \cdot 10^6$ V/cm hatte sich das Emissionsbild noch in keiner Weise geändert. Wird das Feld jetzt auf $100 \cdot 10^6$ V/cm erhöht, so bleibt nur auf den (111)- und den (001)-Gebieten ein Barium-Film erhalten, und bei etwa $115 \cdot 10^6$ V/cm ist die Desorption des Bariums über die ganze Emitterspitze fortgeschritten. Diese Angaben beziehen sich auf Zimmertemperatur; andere Verhältnisse treten auf, wenn die Spitze geheizt wird. In diesem Falle beobachtet man, daß beim Einsetzen der Oberflächenwanderung der adsorbierten Molekeln der ganze Film in dem Augenblick abgerissen wird, in dem die Felddesorption auf der (011)-Fläche beginnt. E. W. MÜLLER [239] hat außer Barium auch die Desorption von Thorium auf Wolfram untersucht. Der Einsatzpunkt für die Felddesorption des Thoriums liegt bei Zimmertemperatur für die (011)-Fläche bei $235 \cdot 10^6$ V/cm. Auch hier wird der gesamte Film desorbiert, wenn die Temperatur auf etwa 800°K gesteigert wird, d. h. auf die Temperatur, bei der Oberflächenwanderung einsetzt. Die Alkali-Metalle werden bei Feldern zwischen 60 und $80 \cdot 10^6$ V/cm desorbiert. Die Felddesorption ist nicht auf elektropositive Adsorbate beschränkt. Sauerstoff benötigt jedoch sehr hohe Felder zwischen 480 und $500 \cdot 10^6$ V/ cm. Bei diesen Feldstärken beginnt bereits die Feldverdampfung des Wolframs merklich zu werden. Man kann die Feldverdampfung als

Felddesorption der obersten Atomlagen des Emissionsspitze auffassen. Über die Ergebnisse dieser Untersuchungen hat E. W. MÜLLER [240] ausführlich zusammenfassend berichtet. Insbesondere konnten an Platin hervorragende Ergebnisse erzielt werden. Bei diesem Metall ist es verhältnismäßig leicht möglich, die Spitze Lage für Lage abzubauen und damit sogar Gitterfehler unterhalb der ursprünglichen Oberfläche langsam sichtbar zu machen. Gleitzonen machen sich in Verschiebungen der einzelnen Ringe im Feldionenmikroskop bemerkbar. Auch Gitterschäden durch radioaktive Bestrahlung konnten beobachtet werden. GOMER u. Mitarb. [326, 355, 356] haben, aufbauend auf den Arbeiten von E. W. MÜLLER, den Vorgang der Felddesorption einer detailierten Untersuchung unterworfen. Dabei wurden zunächst einige theoretische Spekulationen über den Mechanismus angestellt, um den Desorptionsvorgang unter dem Gesichtspunkt der Deformation der Potentialflächen der adsorbierten Molekeln durch das äußere Feld zu verstehen. Diese Untersuchungen gestatten eine wenigstens qualitative Einsicht in den z. T. recht komplizierten Mechanismus. Für den vorliegenden Zweck, die Erzeugung reiner Oberflächen, wollen wir auf diese Überlegungen nicht näher eingehen. Eine Untersuchung der tatsächlichen Potentialverhältnisse der adsorbierten Molekeln auf diesem Wege ist nicht aussichtsreich, da sich der Desorption Diffusionseffekte, die ebenfalls durch das Feld beeinflußt werden, überlagern. Insbesondere konnten UTSUGI und GOMER [355] zeigen, daß weder die Vorstellung der Desorption als Verdampfung einfach geladener Ionen noch als Verdampfung doppelt geladener Ionen zu befriedigenden Ergebnissen führt. Man muß vielmehr nach diesen Autoren annehmen, daß in Übereinstimmung mit der Bindungstheorie die Adsorption eher polaren, als ionischen Charakter hat. Damit enthält die Aktivierungsenergie für die Desorption auch Beiträge von der Polarisation des Adsorbates. Es ergeben sich bei der Auswertung dieser Versuche stets gebrochene Ladungszahlen für das Adsorbat. Auch diese Tatsache ist mit der im vorigen Kapitel gegebenen theoretischen Behandlung der Bindung in voller Übereinstimmung.

Trotz der zahlreichen Beschränkungen auch für das theoretische Verständnis der Felddesorption und der Feldionendesorption ist diese Methode in vieler Hinsicht für den Experimentator nützlich. Sie gestattet, jede Oberfläche von der man eine Feldemissionsspitze präparieren kann, bei Anwendung genügend hoher Felder völlig rein herzustellen. Die Struktur der so erhältlichen Oberflächen bedarf jedoch einer gesonderten Untersuchung wie sie z. B. von MELMED [220] und BRANDON [35] durchgeführt wurde. Nicht nur metallische Adsorbate, sondern auch andere Substanzen können desorbiert werden, z. B. CO [326]. In letzter Zeit hat diese Felddesorption, vor allem durch H. D. BECKEY [14], eine umfassende Anwendung in der Massenspektrometrie gefunden. Auf weitere Einzelheiten der angeführten Untersuchungen werden wir in dem Abschnitt über die Elektronenaustrittsarbeit und über die Kinetik der Desorption zurückkommen.

2.2.3. Entgasung durch direkten Elektronenbeschuß

Neben der Erwärmung der Oberfläche kann Elektronenbeschuß auch die Desorption von Gasen durch unmittelbare Einwirkung der Elektronen auf adsorbierte Molekeln zur Folge haben. Die Wirkungsquerschnitte für die Desorption sind aber sehr gering. Daher dürfte diese Methode nur in Ausnahmefällen zur Erzielung reiner Oberflächen in Frage kommen. Für die Reinerhaltung einer einmal hergestellten reinen Oberfläche ist die Kenntnis der Entgasungsvorgänge durch Elektronenbeschuß jedoch wichtig. Beim Einschalten irgendeiner Elektronenquelle in der Apparatur (z. B. Ionisationsmanometer, Multiplier usw.) können nämlich chemisch reaktionsfähige Gase freigesetzt werden, die auch von der zu untersuchenden Oberfläche wieder adsorbiert werden.

Die Desorption von Gasen durch Beschuß mit Elektronen niederer Energie ist besonders im Hinblick auf die Technologie der Elektronenröhre mehrfach untersucht worden. YOUNG [378] hat verschiedene gebräuchliche Anodenmaterialien mit Elektronen (Oxydkathode) beschossen. Die dabei desorbierten Atome und Ionen wurden in einem Massenspektrometer nachgewiesen. Untersucht wurden Silber, Kupfer, Nickel, Molybdän, Tantal, Titan und Wolfram. Außer Silber lieferten alle Metalle schon bei 9 eV Elektronenenergie positive Sauerstoffionen O^+. Von Titan wurden außerdem Wasserstoffatome desorbiert.

Das auffallendste Ergebnis der Youngschen Untersuchungen ist das Auftreten von Chlor und Fluor, und zwar bei allen untersuchten Metallen. YOUNG vermutet als Quelle der Halogene einen Niederschlag, der von der Glaswand der Apparatur beim Ausheizen auf die Metalle übertragen wurde.

MOORE [235] hat die Dissoziation von festem Strontiumoxyd SrO durch Elektronenbeschuß untersucht. Dabei treten neben Sr^+, Sr^{++}, O^+ und CO^+ auch Cl^+ und Cl^- in gleicher Häufigkeit neben Fluor auf. Die Halogene stammen vermutlich aus Verunreinigungen des SrO (0,005%). Dies läßt vermuten, daß die von YOUNG beobachteten Chlor- und Fluorionen aus Verunreinigungen seiner Oxydkathoden stammen. Trotzdem sollte man die Möglichkeit im Auge behalten, daß auch die Glaswand auf dem Umweg über die Oberfläche irgendwelcher Anoden sehr reaktive Verunreinigungen liefern könnte.

OHTA [255] hat die Desorption von Ammoniak, Wasserstoff und Wasser von Nickel beobachtet. Eine ausführliche Untersuchung der Elektronenstoßdesorption an Nickel und einigen anderen Metallen haben PETERMANN [262] und REDHEAD [275] mitgeteilt. TUCKER [346] hat die Desorption von auf Platin adsorbiertem CO durch den Elektronenstrahl mit Hilfe der Beugung langsamer Elektronen beobachtet (siehe Abschn. 2.3).

Über den Mechanismus der Desorption durch relativ langsame Elektronen ist nicht viel bekannt. Es ist jedoch sicher, daß wegen der notwendigen Impulshaltung beim Stoß langsame Elektronen nur höchst selten die Desorptionsenergie im direkten Stoß übertragen können [235]. Man muß daher annehmen, daß die ankommenden Elektronen die Elektronen der adsorbierten Molekel treffen und anregen bzw. abtrennen. Wie bei der Besprechung der Grimleyschen Theorie (s. Tab. 1.1) kommt durch eine solche Anregung eine neue Hybridisierung der Bindungseigenfunktionen zustande. Die neu entstehende Kombination kann stärker oder schwächer bindend oder auch nicht-bindend sein. Ob aus dem neuen Bindungszustand eine Desorption erfolgt oder nicht, hängt davon ab, ob der neuentstandene Zustand eine Lebensdauer hat, die größer ist, als die Zeit, die die Admolekel zu ihrer Desorption benötigt. Ist die Lebensdauer sehr kurz, so müssen die Wirkungsquerschnitte für die Desorption durch Elektronenbeschuß klein sein, insbesondere kleiner als die Wirkungsquerschnitte für die Anregung der adsorbierten Molekeln im Gaszustand.

Die Untersuchung der Wirkungsquerschnitte für Elektronendesorption sind nicht nur vom Standpunkt der Herstellung reiner Oberflächen, sondern auch im Hinblick auf die nähere Untersuchung der elektronischen Vorgänge in einer Adsorptionsschicht von Wichtigkeit. Solche Untersuchungen wurden unter anderem von MENTZEL und GOMER [222] durchgeführt. Experimentiert wurde in einem Feldelektronenmikroskop. Die Spitze des Emitters konnte mit einem Strahl langsamer Elektronen im Bereich von $50-200$ V beschossen werden. Die gefundenen Wirkungsquerschnitte sind in der Tat ungewöhnlich klein. So wird für die Aufspaltung molekularen, adsorbierten Wasserstoffes in adsorbierte Wasserstoffatome ein Wirkungsquerschnitt von $3,5 \cdot 10^{-20}$ cm^2 und für die die Desorption von Wasserstoffatomen ein Wirkungsquerschnitt von $5 \cdot 10^{-21}$ cm^2 gefunden. Für die Desorption von Barium ist der Wirkungsquerschnitt nur $2 \cdot 10^{-22}$ cm^2. Für CO konnten drei verschiedene Bindungszustände mit verschiedenen Wirkungsquerschnitten für die Elektronendesorption beobachtet werden. Diese Wirkungsquerschnitte betragen $3 \cdot 10^{-19}$ cm^2, $5,8 \cdot 10^{-21}$ cm^2 und $3 \cdot 10^{-18}$ cm^2. Vergleicht man diese Wirkungsquerschnitte mit den Wirkungsquerschnitten für den Elektronenstoß in der Gasphase (Größenordnung von 10^{-16} bis 10^{-17} cm^2), so liegt die Annahme nahe, daß diese extrem niedrigen Wirkungsquerschnitte im adsorbierten Zustand auf sehr rascher Rückbildung der beim Elektronenstoß geänderten Hybridisierung beruhen. Dies kann die Folge sehr hoher Übergangswahrscheinlichkeiten in den

Grundzustand sein, die evtl. mit hohen Tunnelwahrscheinlichkeiten für Elektronen zwischen Metall und Adsorbat zusammenhängen. Die Autoren schätzen diese Übergangswahrscheinlichkeit in den untersuchten Fällen auf 10^{14} bis 10^{15} sec^{-1}. Da die Grundzustände der untersuchten Molekeln, O_2, Ba und CO, alle entweder unter oder dicht an der Fermi-Grenze des Wolframs liegen, ist die Möglichkeit eines solchen Übergangs hoher Wahrscheinlichkeit nicht auszuschließen. Leider liegen keine Messungen dieser Art über Wirkungsquerschnitte bei der Desorption stärker elektropositiver Adsorbate vor. Lebensdauern gleicher Größenordnung erhält man für angeregte Zustände adsorbierter Alkaliatome aus Messungen der Photoionisation (vgl. Kap. 5.2.4).

2.2.4. Reinigung durch Ionenbeschuß

Lassen sich Verunreinigungen nicht durch thermische Desorption entfernen, so kann man in der Regel auf eine Kombination von Ionenbeschuß und Glühbehandlung zurückgreifen.

Wegen der großen Masse der Ionen hat man, verglichen mit dem Elektronenbeschuß, eine weit bessere Energieübertragung beim Einzelstoß. Adsorbierte Fremdstoffe können in einem einzigen Stoß die zur Desorption erforderliche Energie aufnehmen. Darüber hinaus können auch durch Kathodenzerstäubung viele Schichten des Festkörpers, und mit ihnen die Verunreinigungen, abgetragen werden.

Allerdings hat die Beschießung der Oberfläche des Kristalls mit Ionen auch unerwünschte Folgen. Besonders die Ionen des Heliums können tief in die Festkörper hineingeschossen werden, dort längere Zeit verweilen und erst später desorbieren. Durch Verwendung von Argon, relativ niederen Beschleunigungsspannungen und die aus anderen Gründen anzuschließende Glühbehandlung kann man diese Störung jedoch wesentlich verringern.

Die weitere unerwünschte Wirkung des Ionenbeschusses ist die wegen der guten Impulsübertragung auftretende Zerstörung des ursprünglichen Gitterbaues. Für alle Untersuchungen, bei denen es auf eine definierte Gitterstruktur ankommt, muß man daher versuchen, diese Zerstörungen durch eine Glühbehandlung rückgängig zu machen.

PARK [258] hat eine Methode beschrieben, die eine quantitative Untersuchung der durch den Ionenbeschuß in der Oberfläche hervorgerufenen Zerstörungen gestattet. Diese Methode vergleicht die Breite bzw. Schärfe eines Strahles langsamer Elektronen, die an der zu untersuchenden Oberfläche gebeugt werden, mit der entsprechenden Strahlbreite von einem ideal-geordneten Kristall (vgl. Kap. 2.3 über die Beugung langsamer Elektronen).

Die Kathodenzerstäubung hat sich sowohl aus wissenschaftlichen als auch aus technologischen Gründen zu einem umfangreichen Spezialgebiet entwickelt. Wir wollen darauf hier nicht näher eingehen, sondern nur auf die Monographien von KAMINSKY [175] und BEHRISCH [19] verweisen.

Für die Reinigung von Oberflächen genügt allgemein eine Niederdruckgasentladung, bei der die Auftreffgeschwindigkeiten der Ionen und ihr Einfallswinkel nicht genau definiert zu sein brauchen. Der Gasdruck der Entladung soll so niedrig sein, daß die freie Weglänge der primären Ionen und der zerstäubten Partikel mindestens von der Größenordnung der Abmessungen der Zerstäubungskammer sind. Anderenfalls kann ein erheblicher Teil der abgetragenen Materie auf die zu reinigende Oberfläche zurückdiffundieren. Bei diesen niederen Drucken ($10^{-2}-10^{-3}$ Torr) wird die erreichbare Stromstärke sehr gering, und häufig hat man auch Schwierigkeiten, überhaupt eine Entladung zu erhalten. Einige Autoren wenden daher ein Magnetfeld von $100-250$ Oe in Richtung der Entladung an [111, 245, 254]. FARNSWORTH u. Mitarb. [92] erreichen das Zünden der Entladung durch eine seitlich der Entladungsstrecke angebrachte Wolfram-Glühkathode.

Die Energie der Ionen soll einerseits zwar ausreichen, um die Oberfläche abzutragen, andererseits soll aber keine zu tiefgreifende Zerstörung des Gefüges auftreten. Die Ausbeute der Zerstäubung haben SNOUSE und HAUGHNEY [314] im Hinblick auf die Theorie der Kathodenzerstäubung an Einkristallkupfer in einem Bereich von $100-8000$ eV mit Argon-Ionen untersucht. Dabei ergab sich, daß die Ausbeute in Atomen/einfallendem Ion eine Funktion der Energie und der Kristallfläche ist. Die Maxima der Ausbeute liegen für Kupfer und Argon in der Gegend von 10 Elektronen-Volt und betragen zwischen 3 und 10 Atomen/einfallendem Ion. Bei Energien von einigen 100 eV sinkt auf allen Kristallflächen die Ausbeute auf einen nahezu gleichen Wert von etwa 2 Atomen/Ion. Mit steigender Spannung wächst natürlich die Zerstörung des Oberflächengitters. Beschleunigungsspannungen zwischen 200 und 300 V haben sich in allen bisher untersuchten Systemen als geeignet erwiesen, außerdem arbeitet man mit relativ kleinen Stromdichten von $10-100$ μA/cm². Bei höheren Energien und höheren Stromdichten können Umlagerungen der Oberfläche auftreten, die auch durch nachfolgendes Glühen nicht mehr rückgängig zu machen sind. Besonders Platin und die Elemente der ersten Nebengruppe neigen zur Ausbildung schuppiger Oberflächen, auch bei niederen Beschleunigungsspannungen. Abb. 2.3 zeigt eine Platinfläche mit solchen Umlagerungen nach einer Arbeit von WEHNER [366].

Systematische Untersuchungen über die Kathodenzerstäubung unter Bedingungen, wie sie für die Reinigung von Oberflächen in Frage kommen, finden sich beispielsweise bei HAYMANN [144] und HONIG [157].

Scott [289] hat die Zerstäubung von Gold durch langsame Edelgasionen bis herab zu 40 eV untersucht.

Grundlegend für die systematische Anwendung des Ionenbeschusses zur Reinigung von Oberflächen unter Erhaltung oder Wiederherstellung

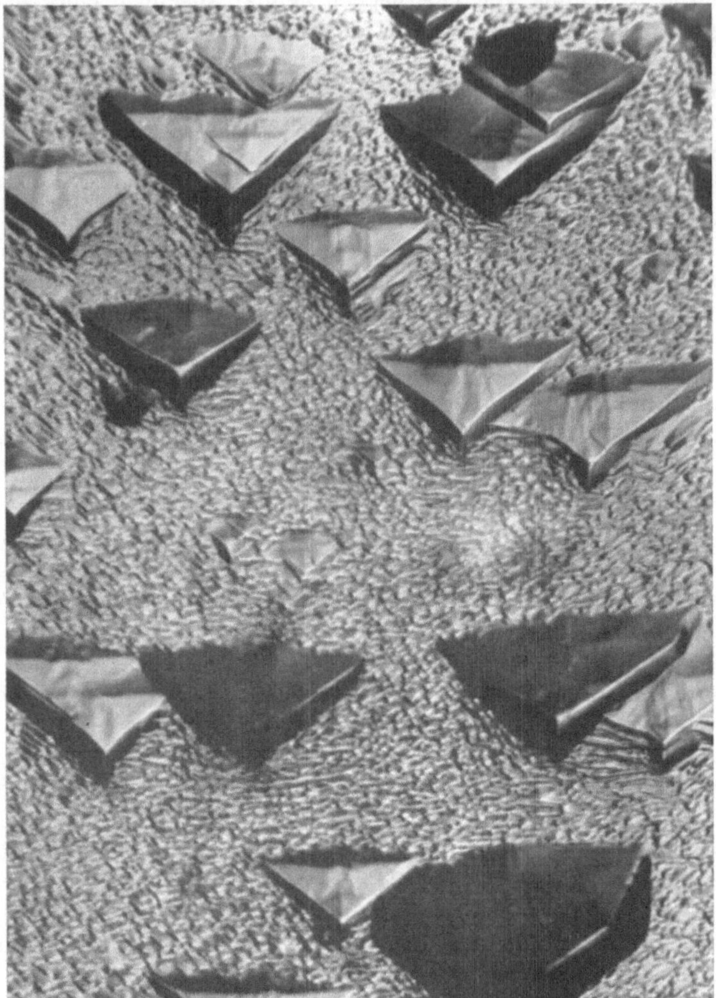

Abb. 2.3. Umlagerungen einer Pt-Oberfläche durch Beschuß mit 130 eV Hg⁺-Ionen (nach Wehner [366], aus Kaminsky [175])

der Kristallstruktur sind die Arbeiten von Farnsworth u. Mitarb. Diese Autoren verwendeten zur Beurteilung der Resultate die Beugung langsamer Elektronen (s. Abschn. 2.3). Die dort gegebenen Arbeitsvorschriften lassen sich recht gut in folgender, als allgemeine Richtlinie gedachter Anleitung zusammenfassen: Die Apparatur wird in bekannter Weise durch Pumpen und Ausheizen, evtl. durch zusätzliches Gettern mit Molybdän auf einen Druck von 10^{-9} Torr oder weniger evakuiert. Der Kristall und die Kristallhalterung werden nun bei Temperaturen zwischen 700 und 1000°C je nach Material 50—100 Std entgast. Nach dieser Entgasung wird der Kristall wiederholt jeweils einige Minuten mit Argonionen beschossen. Hierzu wird spektralreines Argon aus handelsüblichen Glasflaschen über eine Falle mit flüssiger Luft und einen frisch hergestellten Getterfilm aus Molybdän in die Apparatur eingelassen. Nach jedem einzelnen Ionenbeschuß wird der Kristall wieder bei den oben genannten Temperaturen geglüht. Eine gesamte Beschießungszeit von $^1/_2$—1 Std ist für alle untersuchten Metalle ausreichend. Beachtet man die oben angegebenen Begrenzungen von Spannung und Stromdichte, so lassen sich bei vielen Substanzen einwandfreie reine Kristalloberflächen erzielen.

2.2.5. Aufdampfschichten

Über Herstellung und Eigenschaften dünner aufgedampfter Filme hat sich eine ausgedehnte Spezialliteratur entwickelt (s. z. B. MAYER [207] oder BEAN [12]). Sehr viele Arbeiten über Chemisorption sind an solchen Aufdampfschichten gemacht worden, da man bis vor kurzem glaubte, die an solchen Schichten erzielbare Reinheit der Oberfläche mit anderen Mitteln nicht erreichen zu können. Es hat sich aber gezeigt, daß die aufgedampften Schichten eine Reihe von Eigentümlichkeiten zeigen, die die Möglichkeit zur Verallgemeinerung der daran gewonnenen Ergebnisse stark einschränken können. Es soll daher an dieser Stelle ein Überblick gegeben werden der, ohne Anspruch auf Vollständigkeit, ausreichen soll, um Fehlbeurteilungen zu vermeiden.

Drei Quellen von Verunreinigungen eines aufgedampften Filmes sind zu unterscheiden:

1. Verunreinigungen des Ausgangsmaterials können während des Aufdampfens im Film angereichert werden. Als Beispiel können die im Pt enthaltenen Alkalien gelten, die dem Film eine niedrigere Austrittsarbeit verleihen als dem massiven Metall.

2. Verunreinigungen der aufgedampften Substanz durch den Verdampfer.

3. Verunreinigungen aus dem Restgas der Apparatur.

Selbst wenn die Dampfdrucke von Verdampfer und zu verdampfender Substanz soweit voneinander abweichen, wie beim Verdampfen von Germanium aus einem Wolframschiffchen, lassen sich im aufgedampften Film noch Spuren des Trägermaterials nachweisen [145]. Für Verunreinigungen aus dem Restgas sagt eine Faustregel, daß die Aufdampfgeschwindigkeit 10–100 mal größer sein soll als der Strom der aus dem Restgas der Apparatur auf die zu bedampfende Fläche auftreffenden Fremdmolekeln. Verschiebungen der Zusammensetzung beim Aufdampfen von Legierungen treten ebenfalls häufig auf und müssen in jedem Falle entweder ausgeschlossen oder genauer untersucht werden. Ein Beispiel hierfür findet man bei SACHTLER u. Mitarb. [287].

Frisch aufgedampfte Filme sind, vor allem bei niederer Substrattemperatur, stark ungeordnet und daher instabil. Daher schließt man an das eigentliche Aufdampfen meist eine Temperung bei erhöhter Temperatur an. Dies gibt dem Film Gelegenheit, einen stabileren Ordnungszustand einzustellen und unter Umständen zu rekristallisieren. Einen allgemeinen Eindruck von dem Ausmaß der möglichen Umlagerungen vermitteln die Arbeiten von CAMPELL und DUTHIE [46], sowie von SWAINE und PLUMB [327] über die Änderung der spezifischen Oberfläche aufgedampfter Filme. Die letzteren Autoren zeigen für Aluminiumfilme mit einer radioaktiven Tracermethode [264], daß bei einer Temperaturänderung von 0 auf 100°C die spezifische Oberfläche der Filme um einen Faktor 9 verkleinert wird. Änderung der Filmdicke von 3000 auf 12000 Å vergrößert die spezifische Oberfläche um einen Faktor 17. Änderungen des Einfallswinkels des Dampfstrahles können die spezifische Oberfläche der Filme um einen Faktor bis zu 25 beeinflussen. Wenn auch diese Beobachtungen im einzelnen vom individuellen Experiment und speziellen System abhängen mögen, so zeigen sie doch, welche Vielfalt von Effekten auftreten kann. Eine systematische Untersuchung von Phasenübergängen während der Filmbildung hat BEHRNDT [16] durchgeführt, wo sich auch eine kritische Untersuchung vieler Literaturstellen findet.

Die makroskopische Struktur metallischer Aufdampfschichten und den Einfluß der Temperung haben z. B. SUHRMANN, WEDLER und GERDES [323] mit dem Elektronenmikroskop untersucht. Danach sind Aufdampfgeschwindigkeiten, Substrattemperatur sowie Temperzeit und Temperungstemperatur die für die Ausbildung der Struktur wesentlichen Parameter.

Als Beispiel zeigt Abb. 2.4 die Abhängigkeit der Kristallitgröße von diesen Parametern. Beugungsversuche der gleichen Autoren mit schnellen Elektronen in Durchstrahlung zeigen deutliche Texturen der untersuchten Nickelfilme. Beugung und Streuung von Elektronen an sehr dünnen Ta- und Mo-Filmen wurden von DENBIGH und MARCUS [65] untersucht.

Eine ausführliche Untersuchung der Textur von Goldfilmen haben, ebenfalls mit Hilfe der Elektronenbeugung, REIMER und FREEKING [274] mitgeteilt. Die Abhängigkeit der Filmstruktur von Schichtdicke und Substrattemperatur zeigt Abb. 2.5 nach Art eines Phasendiagrammes. Silberfilme auf Glimmer wurden von JAEGER u. a. [170] beschrieben.

Für das Thema dieses Buches besonders interessante Untersuchungen von Metallaufdampfschichten auf Kupfereinkristallen mit Hilfe der Elektroneninterferenzen stammen von HAASE [137, 138]. HAASE untersuchte Aufdampfschichten von Cu, Pd, Ni, Au, Ag, Fe und Zn auf den Kupfereinkristallflächen (111), (110), (100). Die genannten Metalle wachsen auf der (111)-Fläche bereits bei Zimmertemperatur orientiert auf, auf der (100)-Fläche nicht. Bei höherer Temperatur (400°C) wach-

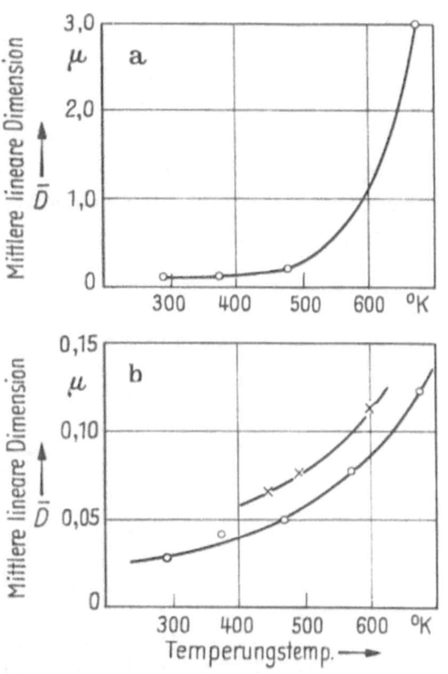

Abb. 2.4. Mittlere Kristallitgrößen von Nikkelfilmen in Abhängigkeit von Temperungstemperatur und Filmdicke. a) Filmdicke 2—3 μ; b) Filmdicke 100—500 Å. Mit x sind röntgenographisch bestimmte Mittelwerte bezeichnet. Nach [323]

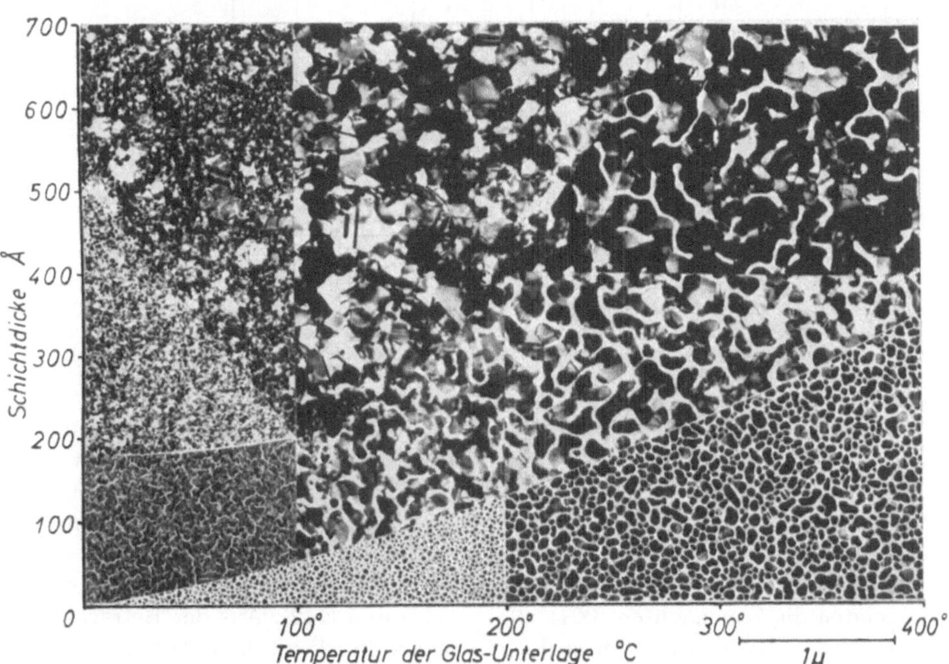

Abb. 2.5. Textur von Gold-Aufdampfschichten nach repräsentativen Elektronenmikroskop-Aufnahmen, geordnet nach Art eines Phasendiagrammes (nach [274])

sen Ni, Pd und Fe kantenparallel orientiert auf der Cu-(100)-Fläche auf. Die Strukturen der Aufdampfschichten auf den einzelnen Einkristallflächen sind verschieden, die Orientierung hängt nicht nur von der metrischen Übereinstimmung der Gitter ab. NEWMAN [247] hat sogar auf einer Ag-(111)-Fläche orientierte Pb-Schichten erhalten, obwohl in diesem Falle die Differenz der Gitterkonstanten 21% beträgt. Eine interessante Methode zur Bestimmung des Kristallfeldes an der Oberfläche der

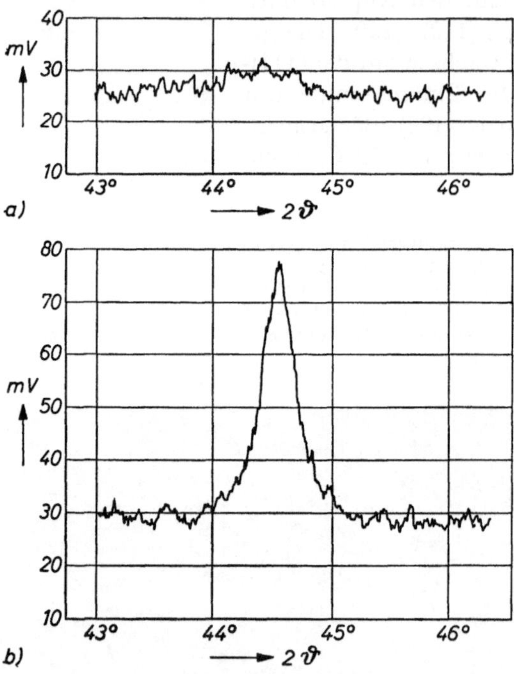

Abb. 2.6. Registrierung eines Beugungsdiagrammes des 111-Reflexes eines Nickelfilmes von 700 Å Schichtdicke. a) Aufgedampft bei 90° K ohne Temperung; b) der gleiche Film nach Temperung von einer Stunde bei 100°C. ϑ = Beugungswinkel. Nach [318]

Kristallite einer Ni-Aufdampfschicht macht von der eben erwähnten Epitaxie Gebrauch und wird von SUHRMANN u. Mitarb. [323] mitgeteilt. Auf einem bei 77° K aufgedampften, bei 673° K getemperten und etwa 2 μ dicken Ni-Film wurde elektrolytisch eine 100 Å dicke Platinschicht epitaxial niedergeschlagen. Das Ni wurde mit HCl entfernt und der Pt-Film im Elektronenmikroskop durchstrahlt. Die Beugungsaufnahmen zeigten die Zonenachsen (001), (011), (111) und (112). Aus der Betrachtung der Kristallstruktur auf elektronenmikroskopischen Aufnahmen hatte sich nur die Existenz von (001) und (111) ergeben. SACHTLER u. Mitarb. [286] haben unter etwas abweichenden Bedingungen gefunden,

44

daß Ni mit der (110)-Fläche parallel zur Unterlage (Glas) aufwächst. Röntgenographische Untersuchungen an aufgedampftem Ni zeigen ebenfalls den Einfluß der Temperung.

Abb. 2.6 zeigt diesen Effekt nach einer Arbeit von Suhrmann, Wedler u. a. [318]. Außerdem ergab sich eine nicht näher gedeutete Gitterkontraktion.

Pommeranz, Freedman und Suits [266] haben die ferromagnetische Resonanz in Ni-Filmen auf NaCl untersucht. Die Filme wurden bei 10^{-10} Torr in Dicken zwischen 250 und 1000 Å aufgedampft. Bei Substrattemperaturen von 400°C und darüber wiesen alle diese Filme eine isolierte Inselstruktur auf. Bei tieferen Substrattemperaturen und unsauberen Bedingungen (10^{-5} Torr) ergaben sich stets zusammenhängende Filme. Im Zusammenhang mit der oben erwähnten Gitterkontraktion ist die Tatsache interessant, daß die Sättigungsmagnetisierung der sauber hergestellten Filme um einen Faktor 2 von der Sättigungsmagnetisierung des massiven Metalles abweicht. Diese Abweichung verschwindet, wenn man durch Zugabe von Wasserdampf laterale Spannungen in der Substrat-Film-Ebene beseitigt. Wir wollen noch auf eine kritische Untersuchung der Sättigungsmagnetisierung dünner Schichten durch Döring [70] und eine Untersuchung über den Zusammenhang zwischen Epitaxie und magnetischen Eigenschaften von Aufdampffilmen bei Chikazumi [47] hinweisen.

Die bisher erwähnten Untersuchungsmethoden bieten zwar weitgehende Aufschlüsse über die Struktur der aufgedampften Schichten, eignen sich aber wegen des notwendigen apparativen Aufwandes wenig zur Charakterisierung von Aufdampfschichten, die für Chemisorptionsexperimente verwendet werden sollen. Man wird in der Regel darauf angewiesen sein, einen für ein bestimmtes Experiment sauber hergestellten Film auf seine Verwendbarkeit nach Methoden zu prüfen, die zwar weniger aufschlußreich, dafür aber leichter durchführbar sind. Solche Methoden, die eine mehr qualitative Bedeutung für die Charakterisierung des Filmes haben, sind die photoelektrische Bestimmung der Elektronenaustrittsarbeit (s. z. B. [321], Näheres in Abschn 4.2) und die Untersuchung des elektrischen Widerstandes sowie evtl. des Feldeffektets [226].

Nach Mayer und Nossek [208] zeichnet sich eine reine Aufdampfschicht eines Metalles durch folgende Eigenschaften aus:

1. Das Ohmsche Gesetz ist in einem weiten Bereich von Strom und Spannung exakt erfüllt.

2. Das Vorzeichen des Temperaturkoeffizienten des elektrischen Widerstandes ist positiv.

3. Der Absolutwert des Temperaturkoeffizienten des elektrischen Widerstandes ist von der gleichen Größenordnung wie der des massiven Metalles.

Alle Abweichungen von diesen Sollwerten zeigen an, daß die Aufdampfschicht keinen metallischen Charakter aufweist. In der älteren Literatur gelegentlich beschriebene Halbleitereigenschaften (meist negativer Temperaturkoeffizient) gehen mit Sicherheit auf unsaubereVerhältnisse beim Aufdampfen zurück. Bei extrem dünnen Metallaufdampfschichten kann man gelegentlich beobachten, daß der Leitfähigkeitscharakter durch den Tunneleffekt zwischen noch nicht zusammengewachsenen „Inseln" des aufgedampften Metalles bestimmt wird [208, 226, 246, 251]. Bei dicker werdenden reinen Schichten setzt, je nach Güte der Unterlage, etwa bei 1—2 Monolagen (gemittelt über die Oberfläche) die metallische Leitung ein. In diesem Bereich wird die Leitfähigkeit der Schichten von der Weglängentheorie befriedigend beschrieben [154, 208, 252, 363].

Durch Adsorption reaktionsfähiger Gase können sich Leitwert und Leitfähigkeitscharakter aufgedampfter Filme meßbar ändern. Bei Nickel (vermutlich auch bei allen anderen Metallen) nimmt die Leitfähigkeit reiner Filme durch Chemisorption immer ab. Dies scheint z. T. auf die Bildung regulärer chemischer Verbindungen an der Oberfläche zurückgehen, die den Leitungsquerschnitt verringern. Neben diesem trivialen Effekt scheint es möglich zu sein, daß die durch die Chemisorption hervorgerufenen neuen zusätzlichen Oberflächenschwingungen zusätzliche Streuzentren für Elektronen ergeben. Diese Streuzentren erhöhen den elektrischen Widerstand [381]. Gerade für den Fall des Nickels liegen Untersuchungen über die Temperaturabhängigkeit der Oberflächen-Normalschwingungen vor [48, 217], die qualitativ diese Vorstellungen stützen.

Die Leitfähigkeit unsauber aufgedampfter Filme nimmt durch Chemisorption häufig zu. Diese Zunahme ist wegen der mangelnden Charakterisierbarkeit unsauberer Schichten nicht näher diskutierbar. SACHTLER [285] hat diese Effekte eingehend untersucht.

Man hat lange Zeit versucht, die Widerstandsänderungen unsauber aufgedampfter Schichten bei der Chemisorption zur Erklärung katalytischer Eigenschaften der Metalle heranzuziehen. Mit besserer Kenntnis der allgemeinen Grundlagen haben diese Erklärungsversuche stark an Bedeutung verloren. Im Rahmen dieses Buches wird auf diesen Fragenkreis nicht weiter eingegangen. Der interessierte Leser sei zu seiner Information neben den oben zitierten auf die folgenden Arbeiten hingewiesen: [57, 154, 229, 303, 319, 320, 322].

2.3. Struktur von Oberfläche und Adsorptionsschicht

Wesentliches Kennzeichen der Chemisorption ist das Bestehen einer chemischen Bindung zwischen Adsorbat und Adsorbens. Chemische Verbindungen haben allgemein eine wohldefinierte Struktur. Es ist daher zu erwarten, daß auch im Falle der Chemisorption Strukturen auftreten, die in wohldefiniertem Zusammenhang mit den jeweiligen Bindungsverhältnissen stehen. Kann man eine solche Struktur ermitteln, und kann man ferner einer solchen Struktur bestimmte thermodynamische Eigenschaften zuordnen, so ist es gerechtfertigt, die durch Chemisorption entstandenen Oberflächen als eine Klasse von zweidimensionalen chemischen Verbindungen anzusehen.

Es sind in der Natur eine Reihe von vorwiegend zweidimensionalen geordneten Strukturen bekannt. Das deutlichste Beispiel hierfür ist der Graphit. Hier sind Kohlenstoffatome innerhalb einer Ebene (x, y) stark gebunden und weisen neben einer Nahordnung zu hexagonalen Ringen eine Fernordnung auf, deren „wiederholbares Element" eben jene Ringe darstellen. Die durch diese Fernordnung erreichte Stabilisierung (Minimum der freien Energie) ist so erheblich, daß erst bei Temperaturen um 3000°C eine Zerstörung des weitgehend periodischen Zusammenhanges der Ringe eintritt.

Das Kennzeichen „zweidimensionaler Substanzen" ist nach diesem Beispiel die Existenz unbegrenzter Translationssymmetrie längs zweier Achsen (x, y) bei gleichzeitig stark begrenzter Ausdehnung ohne Periodizität in einer Richtung z normal zu der Ebene (x, y). Die Stabilisierung dieser zweidimensionalen Substanzen erfolgt durch Kräfte, die Komponenten in der (x, y)-Ebene besitzen. Die Ordnung in der (x, y)-Ebene selbst kann sowohl durch Kräfte bewirkt werden, die auf diese Ebene beschränkt sind, als auch durch Kräfte mit Komponenten in der z-Richtung. Graphit ist ein typisches Beispiel für den ersten Fall, ein Beispiel für den zweiten Fall ist das Chemisorptionssystem eines Halogens auf den (111)-Flächen von Silizium oder Germanium [186]. Die Zahl der möglichen zweidimensionalen Chemisorptionsstrukturen ist außerordentlich groß. Ein gegebener kristallisierter Festkörper kann eine Vielzahl von kristallographisch verschiedenen Netzebenen an der Oberfläche exponieren. Jede dieser Netzebenen kann entsprechend ihrer spezifischen Struktur bei der Chemisorption eine oder auch eine ganze Reihe von verschiedenen zweidimensionalen Verbindungen liefern. Daher kann die Mannigfaltigkeit geordneter Chemisorptionsverbindungen weit größer sein als die Zahl der dreidimensionalen Verbindungen der beteiligten Materialien. So existieren beispielsweise vier zweidimensionale Verbindungen von Sauerstoff mit der (110)-Oberfläche von Ni, jede mit einer charakteristischen Struktur, definierter Zusammensetzung und mit bestimmten Werten für die thermodynamischen Bildungsgrößen [257].

Sind die Wechselwirkungskräfte zwischen dem Festkörper und dem Adsorbat sehr stark, so wird die Ordnung der Oberflächenschicht von der Ordnung des Substrates abhängig. Parallele Translationsrichtungen in der zweidimensionalen Oberflächenstruktur haben dann mit Translationsperioden im Festkörper gemeinsame Wiederholungen. Dabei brauchen die kleinsten Translationsperioden der Oberflächenstruktur und des Festkörpers nicht identisch zu sein. In der Tat sind Verhältnisse der beiden Translationsperioden bis zu 18 beobachtet worden.

Neben solchen abhängigen Translationssymmetrien („Register") sind auch abhängige Rotationssymmetrien beobachtet worden. Dabei

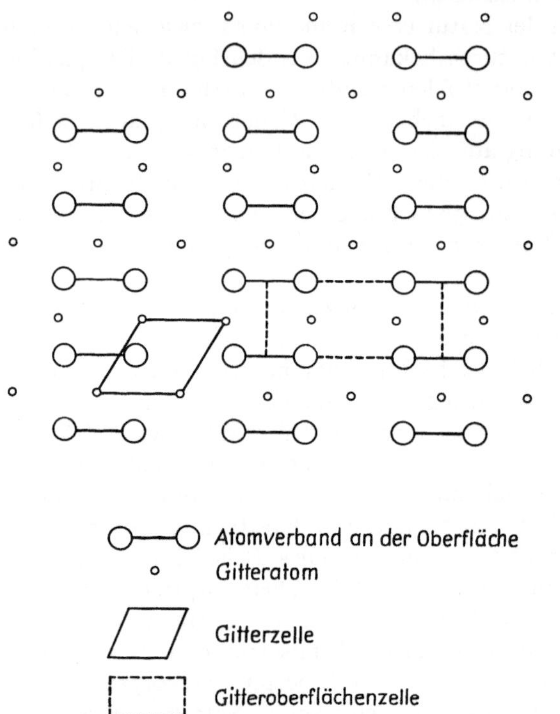

Abb. 2.7. Hypothetische Oberflächenstruktur bei der eine zweizählige Drehachse mit einer dreizähligen Drehachse des Substrates zusammenfällt. Nach [183]

kommt es vor, daß eine zweizählige Drehachse der zweidimensionalen Struktur mit einer dreizähligen Drehachse der dreidimensionalen Struktur des Festkörpers zusammenfällt. Ein von LANDER [183] angegebenes einfaches Beispiel zeigt Abb. 2.7.

Eine weitere wichtige Eigenschaft der zweidimensionalen Verbindungen ist das Fehlen einiger Symmetrieelemente. So lassen sich Inversionszentren nicht wie im dreidimensionalen Falle definieren. Ebenso sind, wenigstens im Falle der Chemisorption, Spiegelebenen parallel zur (x, y)-Ebene ausgeschlossen. Zweidimensionale Inversionszentren und Spiegelebenen senkrecht auf der (x, y)-Ebene sind jedoch möglich und

48

werden häufig beobachtet. Allgemein kann man sagen, daß die zweidimensionalen Strukturen der Oberflächen eine niedrigere Symmetrie aufweisen als die dreidimensionale Struktur der Unterlage.

Die experimentelle Untersuchung der Oberflächenstrukturen kann mit Hilfe der Beugung langsamer Elektronen erfolgen. Diese Methode hat gerade in den letzten Jahren viel zur Erweiterung unserer Kenntnisse über die Festkörperoberflächen beigetragen. FARNSWORTH [93] hat schon 1932 gezeigt, daß Beugungseffekte von Elektronen mit Energien zwischen 50 und 300 V ganz überwiegend von der obersten Atomlage eines Festkörpers bestimmt werden. Wegen der niedrigen Symmetrie der Oberflächenstrukturen gegenüber dreidimensionalen Strukturen treten bei dieser Methode einige Besonderheiten auf, die wir am besten vor der Erörterung der experimentellen Tatsachen behandeln.

2.3.1. Nomenklatur-Konvention

Bei der Vielzahl der zu erwartenden Strukturen ist es sinnvoll, von vornherein eine einheitliche Nomenklatur zu verwenden. Diese sollte sowohl dem Physiker einleuchten, als auch von den an dreidimensionale Gitter gewöhnten Kristallographen akzeptiert werden. E. A. WOOD [377] hat in Zusammenarbeit mit der American Crystalographic Association eine solche Nomenklatur erarbeitet. Wir wollen die dort vorgeschlagenen Konventionen hier in großen Zügen wiedergeben, für die Einzelheiten sei auf das Original verwiesen.

Zunächst muß man im Oberflächenbereich des Festkörpers zwischen Gebieten mit zweidimensionaler und dreidimensionaler Periodizität unterscheiden. Für letztere schlägt WOOD die Bezeichnung „Selvedge" (Kante, im Sinne von Webkante) vor. Ob sich diese Bezeichnung in unseren Sprachgebrauch einbürgern wird, steht offen. Wir wollen hier zwischen eigentlicher „Oberfläche" (zweidimensionale Periodizität) und „Oberflächennahen Bereichen" (dreidimensionale Periodizität) des Festkörpers unterscheiden.

WOOD geht nun davon aus, die zweidimensionale Struktur der Oberfläche in Anlehnung an eine der Oberfläche parallele Netzebene der dreidimensionalen Festkörperstruktur zu beschreiben. Anstelle der 14 dreidimensionalen Bravais-Gitter treten in der Oberfläche fünf primitive zweidimensionale „Netze" auf. Diese Netze sind in Abb. 2.8 dargestellt, sie tragen das Symbol p (primitiv).

Sollte es zweckmäßig sein, zentrierte Netze zu verwenden (Netze mit Atomen im Inneren der Einheitszelle), so soll dies durch das Symbol c angedeutet werden. Statt der üblichen drei Millerschen Indizes (hkl) werden, entsprechend dem zweidimensionalen Charakter der Oberfläche, nur zwei (hk) benötigt. Im hexagonalen Falle, wo man 4 Indices ($hkil$) in der dreidimensionalen Kristallographie benötigt, kann das Weglassen des letzten Index zu Verwechslungen Anlaß geben. Hier wird vorgeschlagen, für die zweidimensionale Indizierung auch den Index i wegzulassen, da er sich aus der Beziehung $i = -(h+k)$ ergibt.

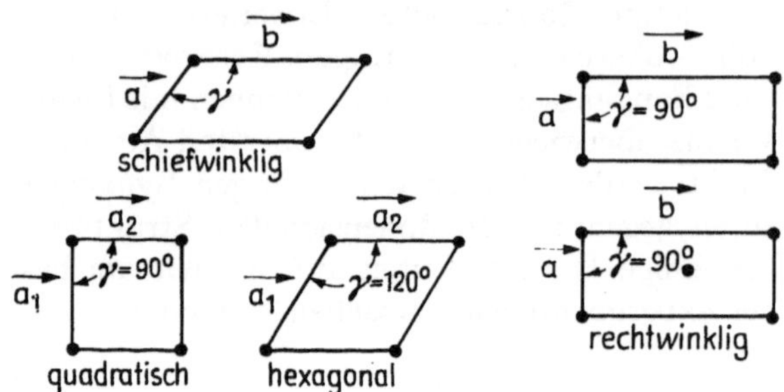

Abb. 2.8. Die 5 primitiven 2-dimensionalen Netze nach WOOD [377]

Bei der Beschreibung der Röntgen- und Elektronenbeugung in dreidimensionalen Gittern verwendet man zur Ermittlung der gebeugten Strahlen die Konstruktion des reziproken Gitters und der Ewaldschen Kugel (s. Int. Tables, Bd. 1, S. 11). In dieser Darstellung entsteht immer

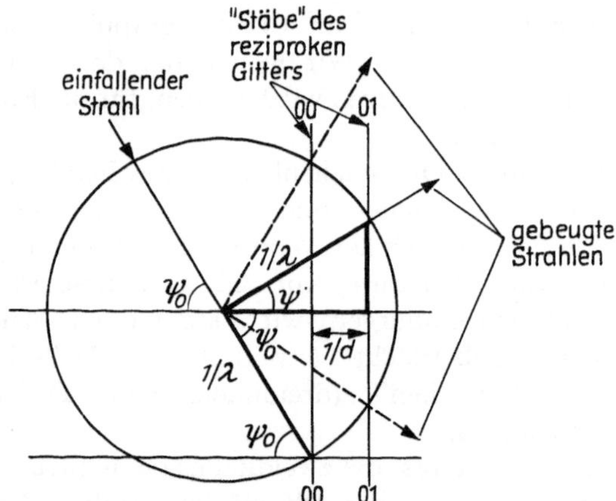

Abb. 2.9. Die Ewald-Kugel für die Beugung an einem zweidimensionalen Gitter. Bezeichnungen s. Text. Nach [377]

dann ein gebeugter Strahl, wenn ein Punkt des reziproken Gitters mit der Ewaldkugel zusammenfällt. Ändert sich die durch den Radius der Kugel dargestellte Wellenlänge der Strahlung oder die Orientierung des Kristalles, so verschwindet jeweils der betrachtete Strahl. Im Falle der zweidimensionalen Netze hat man anstelle der drei Laueschen Reflexionsbedingungen nur zwei vorliegen. Das reziproke Gitter entartet in diesem Falle zu einem Bündel von Geraden, normal auf der x, y-Ebene. Wegen ihrer unendlichen Ausdehnung haben diese Geraden immer Schnittpunkte mit der Ewaldkugel. Es tritt daher stets ein gebeugter Strahl auf, unabhängig von Netzorientierung und Wellenlänge.

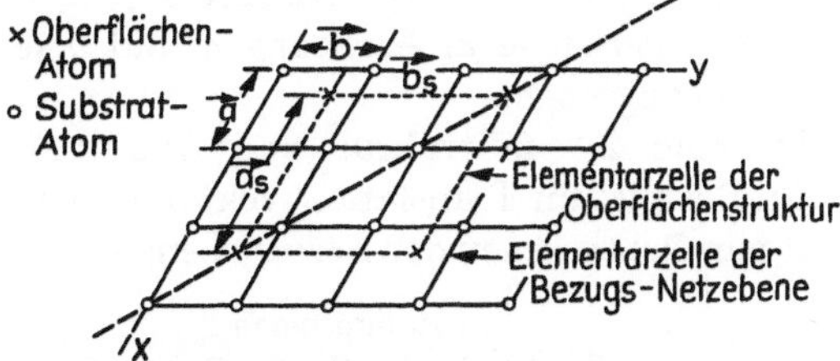

Abb. 2.10. Typ einer 2 × 2-Oberflächenstruktur. Nach [377]

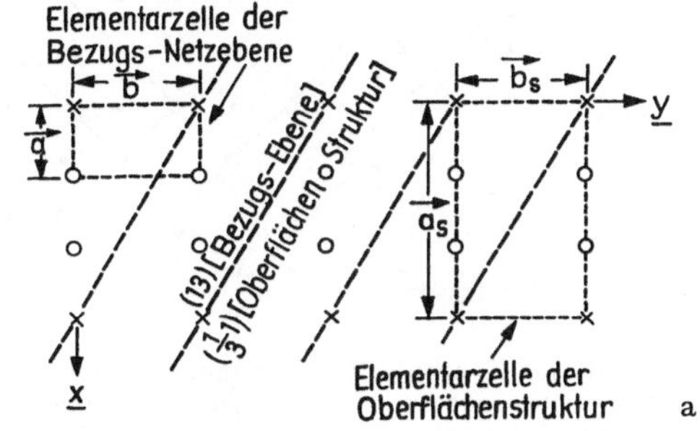

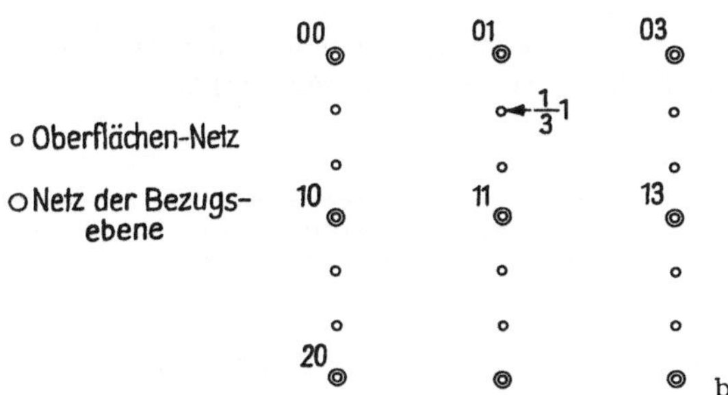

Abb. 2.11. Typ einer 3 × 1-Struktur. a) Im realen Gitter; b) Darstellung im reziproken Gitter. Nach [377]

Abb. 2.9 zeigt einen Schnitt durch ein solches entartetes Gitter zusammen mit der Ewaldkugel für einen beliebig angenommenen Ursprung. Darin bedeuten ψ_0 den Einfallswinkel, ψ den Beugungswinkel, d die Periodenlänge des Gitters, λ die Wellenlänge der Elektronen und m eine ganze Zahl (hier gleich 1). Die Konstruktion nach Abb. 2.9 ist die Grundlage für die Indizierung beobachteter Beugungsbilder.

Die Größe der Einheitszelle der zweidimensionalen Oberfläche wird in der vorgeschlagenen Konvention durch Vielfache der Translationsvektoren in der Bezugsebene angegeben. Dies gilt ohne weiteres, wenn die Translationsvektoren parallel zu denen der Bezugsebene im Inneren des Festkörpers liegen. So bedeutet die Angabe 2×2, daß die Translationsperiode in der Oberfläche in Richtung a und b jeweils zweimal größer ist als in der Bezugsebene.

Abb. 2.10 zeigt eine 2×2-Struktur und Abb. 2.11 eine analoge 3×1-Struktur. Ein Beispiel für Translationsvektoren in der Oberflächenstruktur, die nicht parallel zu denen der Bezugsebene sind, gibt Abb. 2.12.

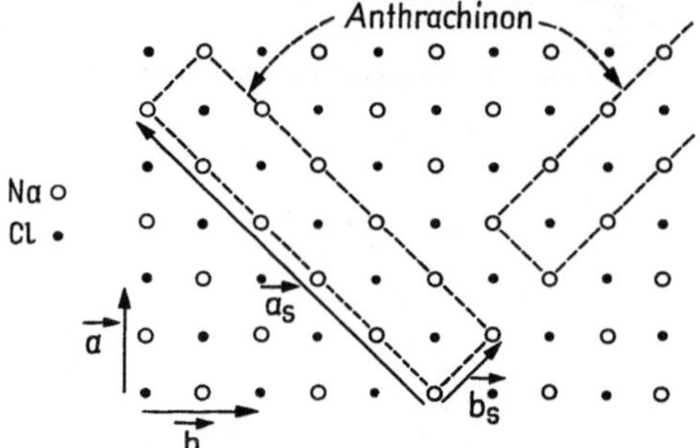

Abb. 2.12. Antrachinon auf Kochsalz 100. Beispiel einer Oberflächenstruktur, deren Translationsvektoren gegen diejenigen des Substratgitters verdreht sind. a, b: Translationsvektoren des Grundgitters; a_s, b_s: Translationsvektoren der Oberflächenstruktur. Kurzbezeichnung : NaCl (100) — ($5 \times 1 — 45°$) — Antrachinon. Nach [377]

Die in den Abbildungen gegebenen Fälle sind in der folgenden Tabelle in Vektorschreibweise zusammengefaßt.

Tabelle 2.2

Abb. Nr.	Geometrischer Raum	Reziproker Raum
2.10	$a_s = 2\mathrm{a}$	$a_s^* = a^*/2$
	$b_s = 2\mathrm{b}$	$b_s^* = b^*/2$
2.11	$a_s = 3\mathrm{a}$	$a_s^* = a^*/3$
	$b_s = b$	$b_s^* = b^*$
2.12	$a_s = 4a + 2b$	$a_s^* = a^*/6 + b^*/6$
	$b_s = -2a + 2b$	$b_s^* = -a^*/6 + b^*/3$

Für die Kennzeichnung der Oberflächenstrukturen schlägt Wood eine symbolische „Kurzschrift" vor, die sich bisher weitgehend durchgesetzt hat. Ein solches Kurzschriftsymbol soll, und zwar in dieser Reihenfolge, enthalten:

1. Bezeichnung des Festkörpers.
2. Indices der Bezugsebene.

3. Maßzahlen für die Größe der Einheitszelle in der Oberfläche.
4. Vermerk über eine evtl. Verdrehung der Oberflächen-Translationsvektoren gegen die der Bezugsebene.
5. Bezeichnung des Adsorbats.

Die Kurzschriftbezeichnung für den in der letzten Abbildung gezeigten Fall soll also lauten:

$$\text{NaCl (100)} - 5 \times 1 - 45°\text{-Antrachinon.}$$

2.3.2. Experimentelle Methoden zur Beugung langsamer Elektronen

Experimente zur Beugung langsamer Elektronen gehen zurück auf eine Arbeit von DAVISON und GERMER [63] 1927. Bereits damals wurde das Auftreten gewisser Beugungswinkel mit der Adsorption von Gasen in Verbindung gebracht. FARNSWORTH [89] hat 1933 Einkristalle von Gold und Silber sowie Aufdampfschichten von Silber auf Gold untersucht. Im Verlauf dieser Arbeit ergab sich, daß für Elektronenenergien bis zu 300 eV mindestens 50% der Intensität im gebeugten Strahl von der obersten Atomlage des Silberkristalles herrühren. Rund 90% der Intensität im gebeugten Strahl rühren von den beiden ersten Atomlagen her. FARNSWORTH konnte weiter zeigen, daß bei Elektronenenergien von 50 eV die erste Monolage sogar mehr als 75% zur Beugung beiträgt. Da zu der damaligen Zeit die allgemeine Experimentiertechnik und speziell die vakuumtechnischen Voraussetzungen zur Herstellung reiner Einkristalloberflächen nicht gegeben waren, hat man lange Jahre die Bedeutung dieser Experimente nicht recht gewürdigt.

Mit der Erfindung der Ultra-Hochvakuumtechnik ließen sich Bedingungen schaffen, die einer reinen und wohldefinierten Kristalloberfläche sehr nahe kommen, und es ist das Verdienst von FARNSWORTH, die Bedeutung der Beugung langsamer Elektronen zur Untersuchung von Oberflächenstrukturen erkannt zu haben.

Die im Laufe der Farnsworthschen Arbeiten entstandene und noch heute verwendete Apparatur [92] besteht im wesentlichen aus folgenden Teilen: der eigentlichen Beugungskammer B, einer Quelle langsamer Elektronen und dem zu untersuchenden Einkristall (Abb. 2.13).

Der Kristall ist mit Federn oder Klemmen auf einen Block Mo aus Molybdän aufgespannt, der seinerseits an einem langen Halter H aus Quarz befestigt ist. Der Halter H mit dem Kristall kann um seine Längsachse gedreht werden und in dieser Achse verschoben werden. Die eigentlichen Beugungsversuche werden in der gestrichelt gezeichneten Stellung vorgenommen, während die Reinigung der Oberfläche außerhalb der Beugungskammer erfolgt. Die Beobachtung wird stets unter senkrechter Incidenz des primären, vom Kollimator kommenden, Elektronenstrahls vorgenommen. Die Quelle besitzt eine Kathode W_1 aus reinem Wolfram, die außerhalb der Achse der Kollimatorblenden angeordnet ist. Damit wird die Verunreinigung der Kristalloberfläche durch von der Kathode verdampfende Substanzen vermieden. Der Primärstrahl hat einen Querschnitt von etwa 1 mm². Bei sorgfältiger Konstruktion der Quelle sind in diesem Querschnitt Ströme bis zu 100 μA möglich. Der an der

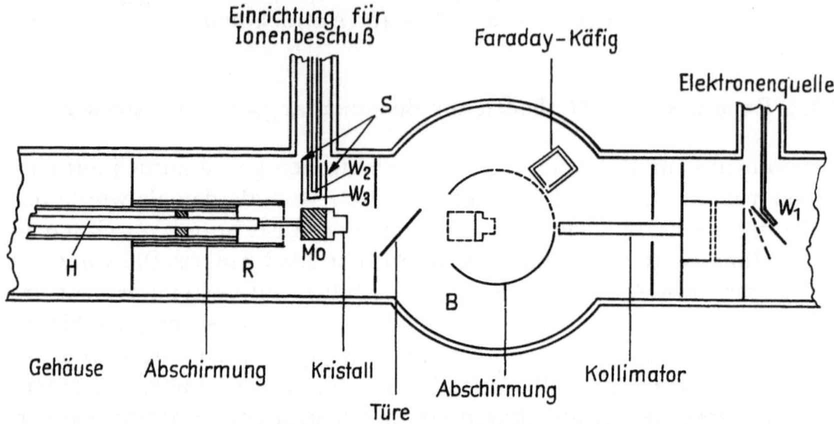

Abb. 2.13. Apparatur von FARNSWORTH zur Beobachtung der Beugung langsamer Elektronen. Intensitätsmessung des gebeugten Strahles erfolgt mit Hilfe eines Faraday-Käfigs in der gestrichelt eingezeichneten Stellung des Kristalles. Alle Reinigungsoperationen werden an dem Kristall in der eingezeichneten Stellung vorgenommen, wobei die Türe den Meßraum vor Verunreinigungen schützt. Nach FARNSWORTH [92]

Kristalloberfläche gebeugte Strahl wird in einem dreiwandigen Faraday-käfig aufgefangen. Dieser Käfig ist um eine senkrecht zu H in der Oberfläche des Kristalls liegende Achse drehbar. Die Ebene der Drehung enthält den Primärstrahl. Die Beugungskammer dient der Abschirmung von Wandaufladungen und kann darüber hinaus zur Messung des diffus gestreuten Elektronenstromes der Größenordnung 10^{-8} Å verwendet werden. Die Herstellung reiner Oberflächen wurde im Kap. 2.2.4 beschrieben. Die dazu notwendigen Arbeitsgänge erfolgen in der Reinigungskammer R. Die Tür zwischen B und R verhindert dabei das Eindringen zerstäubter oder verdampfter Substanzen in die Beugungskammer. W_2 und W_3 sind Kathoden für den Elektronenbeschuß zur Heizung des Molybdänblockes Mo und zur Zündung einer Glimmentladung in Argon.

Für die Messung wird durch Drehen des Kristalls mit dem Kristallhalter eine bestimmte Richtung der Oberflächenstruktur des Kristalles oder auch der Kristallstruktur selbst in die Schwenkebene des Faradaykäfigs gedreht. Bei der jeweils eingestellten Strahlspannung erscheint dann ein Beugungsmaximum in dieser Ebene, das punktweise ausgemessen wird. Zur vollständigen Erfassung des Beugungsbildes wird der Kristall dann in ein anderes Azimuth gedreht und der Meßvorgang wiederholt. Man erkennt sofort einen wesentlichen Vor- und einen wesentlichen Nachteil der Methode. Von Vorteil, besonders für Untersuchungen zu grundlegenden Fragen der Beugungstheorie, ist die Möglichkeit, die gebeugten Intensitäten genau zu vermessen. Andererseits dauert die Ermittlung des vollständigen Beugungsbildes selbst bei weitgehend automatisierter Meßtechnik längere Zeit. Damit wird die Beobachtung von Reaktionen und Umlagerungen sowie von Phasenänderungen in der Oberflächenschicht sehr erschwert.

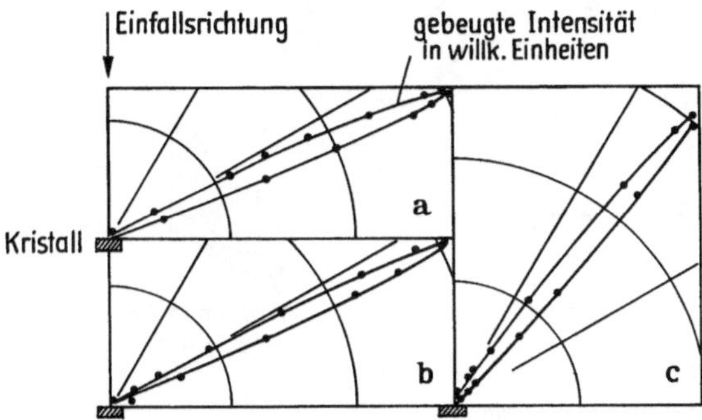

Abb. 2.14. Beugungsversuche langsamer Elektronen an der 100-Fläche von Nickel. Apparatur wie Abb. 2.13. a) 27 eV-Elektronen im (110) Azimuth bei reiner Oberfläche; b) 56 eV-Elektronen im (110) Azimuth bei reiner Oberfläche; c) 11 eV-Elektronen an einer mit Kohlenstoff bedeckten Oberfläche. Dieser gebeugte Strahl fehlt an einer reinen Oberfläche vollständig. Nach FARNSWORTH [92]

Abb. 2.14 zeigt einige von FARNSWORTH und Mitarb. [92] an Nickel gemachte Messungen. Die Kurve *a* zeigt die Beugung von 27 eV-Elektronen auf der reinen (100)-Fläche, mit der (110)-Richtung des Kristalles in der Drehebene des Kollektors. Zum Vergleich mit den anderen Abbildungen muß die radiale Intensitätsskala mit 0,5 multipliziert werden. *b* zeigt die Beugung von 56 eV-Elektronen im (100)-Azimuth der gleichen Oberfläche. *c* zeigt die Beugung von 11 eV-Elektronen im gleichen Azimuth wie *a* (110) an einer mit einer Monoschicht Kohlenstoff bedeckten Oberfläche. Dieser gebeugte Strahl fehlt an einer reinen Oberfläche vollständig. Die Intensitätsskala für *c* muß mit 0,32 multipliziert werden, wenn mit *a* und *b* verglichen werden soll.

Wie vorstehend bereits angedeutet, ist es für Untersuchungen, die auf die Vielfalt der chemischen Erscheinungen an definierten Kristallflächen gerichtet sind, vorteilhaft, das gesamte Beugungsbild gleichzeitig übersehen zu können. Eine geringere Genauigkeit der Intensitätsmessung wird man dafür meist in Kauf nehmen können. Die heutige Kenntnis des Gesamtgebietes ist so gering, daß solchen Übersichtsmethoden wohl noch auf lange Zeit eine dominierende Stellung zukommen wird. Alle bekannt gewordenen Apparate für die genannten Untersuchungen machen die Beugungsbilder unmittelbar auf einem Leuchtschirm sichtbar. Direkte photographische Registrierungen ohne Schirmbild sind zwar denkbar, aber aus vakuumtechnischen Gründen nicht leicht zu realisieren.

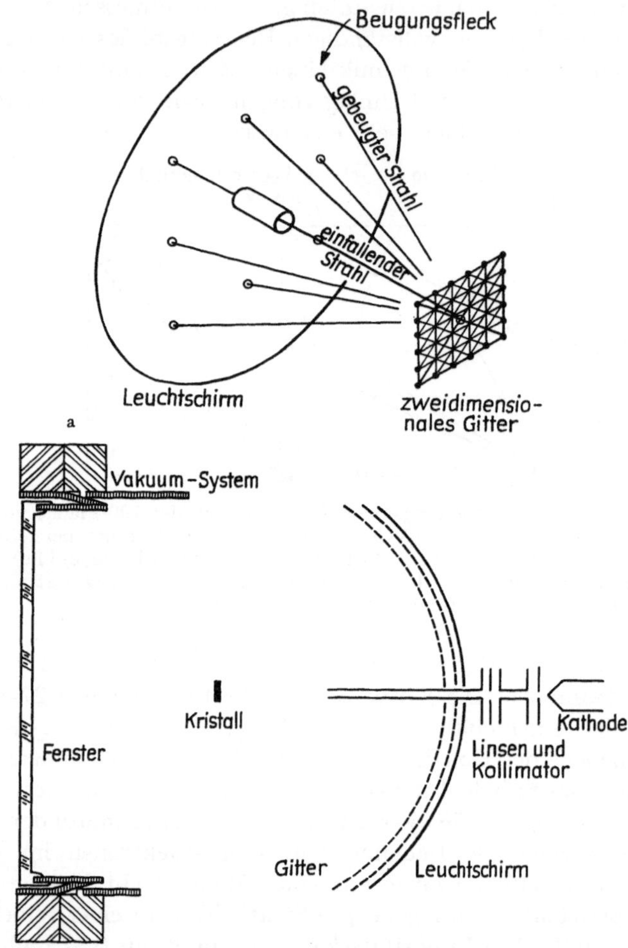

Abb. 2.15 a u. b. Schirmbildverfahren zur Beugung langsamer Elektronen. a) Prinzip; b) Schematischer Schnitt durch die Apparatur. Die beiden Gitter vor dem Leuchtschirm dienen zur Unterdrückung diffus gestreuter Elektronen und zur Nachbeschleunigung. (Varian)

In den Laboratorien der Bell-Telephongesellschaft wurde ein Apparat entwickelt, der inzwischen auch im Handel erhältlich ist. Das Prinzip der Anordnung zeigt Abb. 2.15.

Der von der Quelle rechts im Bild kommende Elektronenstrahl trifft den Kristall in senkrechter Incidenz. Die gebeugten Elektronen laufen in Richtung auf den Leuchtschirm. Auf diesem Wege durchlaufen sie zwei halbkugelige Netze von hoher Transparenz. Das erste dieser Netze hat ein einstellbares, auf den Kristall bezogenes Potential. An diesem Netz werden inelastisch gestreute Elektronen, d. h. solche, deren Geschwindigkeit kleiner als die des Primärstrahls ist, zurückgehalten. Dies ist notwendig, um eine diffuse Aufhellung des Schirmes zu vermeiden. Zwischen dem zweiten Netz und dem Leuchtschirm liegt eine Beschleunigungsspannung von rund 4000 V, um eine hohe Intensität der Beugungsflecken auf dem Schirm zu erzielen.

Auf eine Umlenkung des Elektronenstrahles zwischen Kathode und Kollimator wurde in der Elektronenquelle verzichtet. Als Kathode wird thorierter Wolframdraht verwendet. Offensichtlich schätzt man hier die Gefahr der Verunreinigung der Kristalloberfläche weniger hoch ein als FARNSWORTH u. Mitarb. Die Beobachtung des Schirmbildes erfolgt durch ein Fenster von der Rückseite des Kristalles aus.

Abb. 2.16 vermittelt einen guten Eindruck von der Beobachtungskammer im Betrieb. Wie man aus der Abbildung ersieht, ist der Leucht-

Abb. 2.16. Blick in ein kommerzielles Beugungsgerät (Werkphoto Varian). Im Hintergrund der Leuchtschirm mit einigen Beugungsreflexen. In der Mitte des Leuchtschirmes der Kollimator der Elektronenkanone, vorn Kristallhalter und Kristall

schirm so lichtstark, daß bequem von außen photograhpiert werden kann. Eine annähernde Messung der Intensität der Beugungsflecken ist mit einem optischen Photometer, ebenfalls von außen her, möglich. Besondere Erwähnung verdient die sinnreiche Aufhängung des Kristalles, die Verdrehen, Schwenken und laterales Verschieben des Kristalles während des Versuches ermöglicht. Die Reinigung der Kristalloberfläche erfolgt in der bereits beschriebenen Weise durch Glühen und Beschuß mit Argonionen.

Die meisten der später angeführten Beispiele stammen aus Arbeiten in dieser Anordnung.

TUCKER [345] hat eine Beugungsapparatur beschrieben, bei der die Elektronen in einem Magnetfeld auf Kreisbahnen abgelenkt werden.

Diese Abbildung zeigt einen Schnitt durch die Apparatur in schematischer Darstellung. Das Magnetfeld H steht senkrecht zur Zeichenebene. Von der Elektronenquelle Q kommende Elektronen laufen unter dem Einfluß des Feldes in einem Halbkreis zum Kristall K, wo sie senkrecht

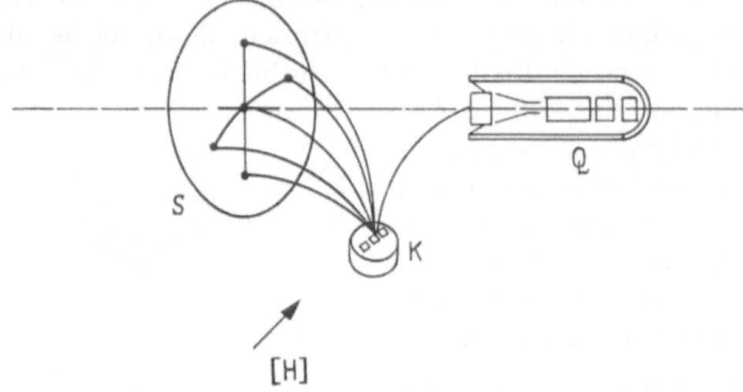

Abb. 2.17. Beugungsapparatur von TUCKER. Die primären und die gebeugten Elektronen werden durch ein Magnetfeld auf Kreisbahnen von konstantem Radius abgebogen. Diffus gestreute Elektronen erreichen den Leuchtschirm nicht. Nach [345]

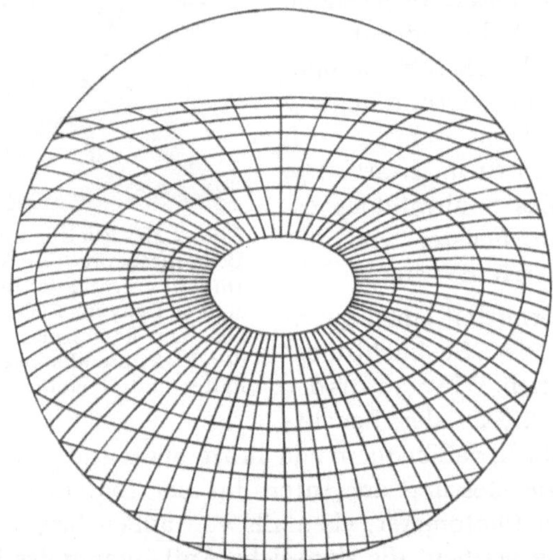

Abb. 2.18. Bildverzerrung in der Apparatur von TUCKER. Die geschlossenen Kurven entsprechen jeweils gleichen Winkeln des gebeugten Strahles gegen die Mittelsenkrechte des Kristalles, die radial verlaufenden Kurven entsprechen dem Azimuth

auftreffen. Die gebeugten Elektronen laufen von dort auf Kreisbahnen, die den Kristall unter verschiedenen Winkeln verlassen, zum Leuchtschirm S. Vor dem Schirm befindet sich auf Erdpotential ein nicht eingezeichnetes engmaschiges Gitter hoher Transparenz. Der Schirm liegt auf hohem positiven Potential, um eine hinreichend hohe Lichtausbeute zu erreichen. Das Beugungsbild wird durch ein Fenster beobachtet.

Diese Apparatur hat zwei Vorteile vor anderen Anordnungen. Einmal ist die Kristalloberfläche stets frei zugänglich. Da inelastisch gestreute Elektronen vom Magnetfeld ausgesondert werden, kann man in der Nähe des spiegelnd reflektierten Primärstrahles bequem beobachten, also in einem Gebiet, welches bei den anderen Apparaturen durch die Elektronenquelle nicht zugänglich ist. Der Nachteil der Anordnung liegt in der Verzerrung des Beugungsbildes durch die Abbildung über verschieden lange Kreisbahnen.

Diese Verzerrung kann jedoch rechnerisch rückgängig gemacht werden. TUCKER hat seinen Apparat beispielsweise zur Untersuchung der Adsorption von CO auf Platin angewendet [346].

2.3.3. Strukturaufklärung mit Hilfe der Beugungsbilder

Alle beobachteten Beugungsbilder haben ganz ausgeprägt den Charakter einer Beugung an zweidimensionalen Gittern. Alle nach der Konstruktion mit der Ewaldkugel erlaubten gebeugten Strahlen sind bei allen Wellenlängen sichtbar. Das gesamte Beugungsbild dreht sich mit der Drehung des Kristalles. Das Beugungsbild einer bestimmten Fläche zieht sich mit steigender Spannung, d. h. sinkender Wellenlänge in Richtung auf den (00)-Strahl zusammen. Bedeuten $\vec{k}_0$ und $\vec{k}$ die Wellenvektoren des einfallenden und des gebeugten Strahles vom Betrage $2\pi/\lambda$, und bedeuten a_x und a_y die Translationsvektoren der Oberflächenstruktur, so wird das Beugungsbild zum großen Teil durch die ersten beiden Laue-Bedingungen:

$$(\vec{k} - \vec{k}_0) \cdot a_x = 2\,\pi\,h; \quad (\vec{k} - \vec{k}_0) \cdot a_y = 2\,\pi\,k \tag{2.1}$$

beschrieben. Die dritte Laue-Bedingung, für die Richtung senkrecht zur Oberfläche des Kristalles, ist stets sehr schwach erfüllt, stört aber die Strukturaufklärung durch Intensitätsvariationen bei Drehungen des Kristalles und Änderungen der Wellenlänge. LANDER und MORRISON [185] teilen die für Beugungsversuche anwendbaren Wellenlängen in drei Bereiche:

1. Der „untere Bereich" erstreckt sich von 0 bis etwa 30 eV. Die Wellenlängen sind hier größer als die Abstände nächster Nachbarn in der Oberflächenstruktur. Dynamische Streueffekte sowie Änderungen des Oberflächenpotentials sowie erlaubte und verbotene Energiezustände des Kristalles spielen eine erhebliche Rolle. Rechenverfahren, die die Beugung eines Strahles an einzelnen Atomen betrachten, sind in diesem Bereich nicht anwendbar.

2. Der „mittlere Bereich" erstreckt sich von etwa 30 bis 300 eV. Die genauen Grenzen des Bereiches hängen etwas vom Material des unter-

suchten Kristalles ab. Näherungsrechnungen nach der kinematischen Theorie sollten möglich sein. Die Behandlung der Beugung nach der dynamischen Theorie ist wegen der sehr hohen Absorption nicht durchführbar.

3. Der „obere Bereich" beginnt bei 200—300 eV und erstreckt sich zu höheren Spannungen. In diesem Bereich steigt die Anzahl der zum Beugungsbild beitragenden Atomlagen stark an, so daß die dritte Laue-Bedingung mehr und mehr hervortritt.

Aus dieser Einteilung geht hervor, daß der „mittlere Bereich" für die Aufklärung von Oberflächenstrukturen am geeignetsten ist. Daher sind auch die meisten experimentellen Untersuchungen in diesem Bereich vorgenommen worden.

Ein allgemeines und eindeutiges Verfahren zur Aufklärung von Oberflächenstrukturen aus den Beugungsbildern liegt bis heute nicht vor. Aus einer Reihe von prinzipiellen Schwierigkeiten (vgl. [185]) scheint ein solches Verfahren auch bei der bisherigen Technik nicht durchführbar zu sein. Man kann jedoch in einigen günstigen Fällen hoffen, die Struktur der Oberfläche mit einem Modell hoher Wahrscheinlichkeit zu beschreiben. Dies ist besonders der Fall, wenn eine oder mehrere der folgenden Voraussetzungen [186] erfüllt sind.

1. Es treten besondere Beugungsflecken auf, die speziell der Oberflächenstruktur zugeordnet werden können. Dies ist der Fall bei den „gebrochenen Ordnungen", die zu Oberflächenzellen führen, die wesentlich größer sind als die Elementarzelle der Unterlage.

2. Schwere adsorbierte Atome an der Oberfläche eines Kristalles aus relativ leichten Atomen können das Beugungsbild überwiegend bestimmen, wie z. B. im Falle von Jod auf Silizium.

3. Die Kombination von Beugungsversuchen mit anderen physikalisch-chemischen Kenntnissen kann einen Fingerzeig für die Wahl eines speziellen Modelles geben. Dies war in verschiedenem Umfang bei den meisten der bisher durchgeführten Analysen der Fall.

LANDER und MORRISON [186] und [184] setzen für die Intensitäten der zu den zweidimensionalen Miller-Indices h und k gehörenden gebeugten Strahlen an:

$$I_{hk} \sim \lambda_n \, |F_{hk}|^2 \cos\Theta; \quad \lambda = (150\ \text{kV})^{1/2}\ \text{Å} . \tag{2.2}$$

Hierin bedeuten λ die Wellenlänge gleich $(150\ \text{eV})^{1/2}$ Å, n einen Exponenten zwischen 2 und 3, der unter anderem näherungsweise die Wellenlängenabhängigkeit der atomaren Streufaktoren berücksichtigt, Θ den Winkel des gebeugten Strahles zum Einfallslot. Auf eine Korrektur von $\cos\Theta$ wird verzichtet [185]. Der Strukturfaktor ist definiert nach:

$$F_{hk} = \sum_j f_j \ldots \exp(-\alpha_j) \cdot \exp\left[2\pi i\left\{hx_j + ky_j + Z_j\left(\frac{1+\cos\Theta}{\lambda}\right)\right\}\right] . \tag{2.3}$$

Hierin bedeuten f_j die atomaren Streufaktoren, auf die wir noch zurückkommen werden. Die Absorptionskorrektur $\exp(-\alpha_j)$ hängt stark von der Wellenlänge ab und ist eine komplizierte Funktion von Z_j, der von einer gegebenen Bezugsfläche ab gerechneten „Tiefe". Für die praktische

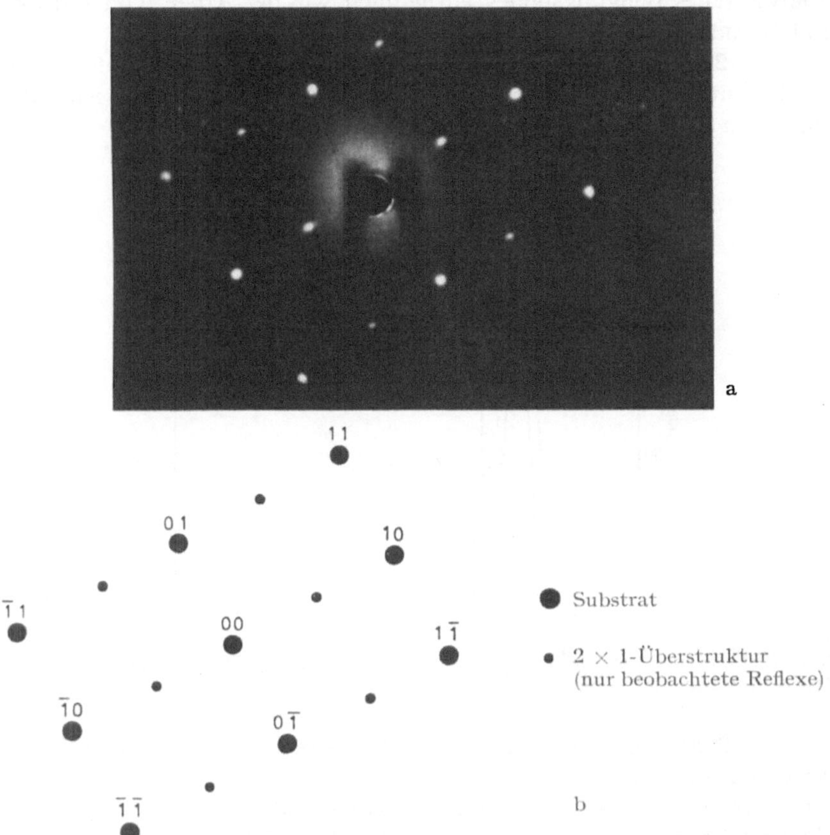

Abb. 2.19. Typisches Beugungsbild mit Überstruktur. (110)-Fläche von Kupfer. Neben den ganzzahligen Ordnungen, die zum Grundgitter gehören, treten $^1/_2$-zahlige Ordnungen auf, die einer 2 × 1 Überstruktur entsprechen. a) Beugungsaufnahme, freundlicherweise von G. Ertl, München, zur Verfügung gestellt. b) Indizierung der Reflexe

Anwendung wird dieser Absorptionskorrektur bei LANDER und MORRISON der Wert 0 oder 1 zugeordnet.

Für die Analyse benötigt man für jeden Beugungsfleck nach Gleichung (2.2) die I_{hk} als Funktion der Wellenlänge. Diese versucht man mit einem empirischen Modell rechnerisch zu beschreiben ("Trial and Error"). Zu diesem Zweck stellt man die gemessenen und berechneten Intensitäten als Funktion von $(1 + \cos\Theta)/\lambda$ dar. Die Behandlung der notwendigen oder vernachlässigbaren Korrekturen an den experimentellen Werten findet man bei [185], ebenso die Berücksichtigung des „Inneren Potentials" des Festkörpers. Eine ausführliche Diskussion des Inneren Potentials haben HERRING und NICHOLS [150] gegeben. Ein Beispiel für die Analyse eines Beugungsbildes entnehmen wir der Arbeit von LANDER und MORRISON [184].

Abb. 2.19 zeigt ein typisches Beugungsbild einer Kupfer-(110)-Fläche mit der zugehörigen Indicierung der Beugungsflecken nach der kubischen Zelle des dreidimensionalen Kristalles.

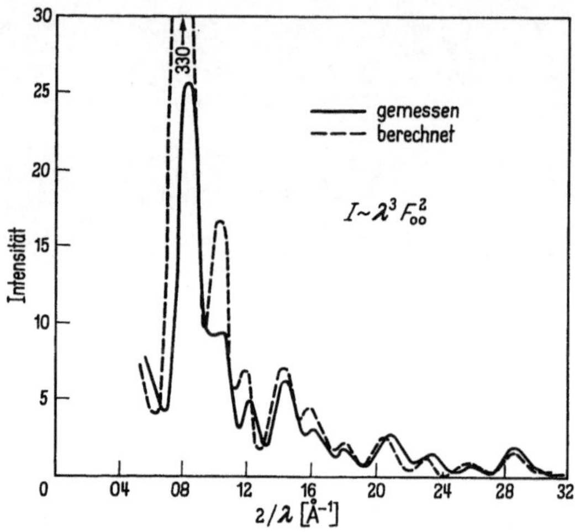

Abb. 2.20. Intensitätsverlauf des (00)-Strahles von Abb. 2.19 in Abhängigkeit von der Wellenlänge der Elektronen. Nach [184]

Abb. 2.20 zeigt den Intensitätsverlauf des (00)-Strahles von Si-100 bei variierter Wellenlänge. Eine solche Kurve muß für jeden gebeugten Strahl vorliegen. Danach rechnen LANDER und MORRISON eine Reihe physikalisch und chemisch plausibler Modelle durch und vergleichen die gerechneten I_{hk}-Kurven mit den gemessenen. Im vorliegenden Falle kommt das Modell (Abb. 2.21) den gemessenen I_{hk}-Kurven befriedigend nahe.

Man erkennt auf diesem Bild deutlich die bereits früher beschriebene Oberflächenstruktur mit einer vielfachen Periodenlänge des Kristalles.

Während bei den einzelnen Oberflächen von Germanium und Silizium eine gute Übereinstimmung der gemessenen und berechneten Intensitätskurven erreicht wird, und die zugrunde gelegten Modelle kristallographisch und chemisch plausibel sind, treten bei anderen Strukturen erhebliche Schwierigkeiten auf. So muß z. B. nach LANDER und MORRISON (loc. cit.) für die Erklärung der Si-(111)-Überstruktur angenommen werden, daß jedes vierte Atom der oberen Lage fehlt. Dieser Umstand hat viel Kritik erregt. Das Hauptargument der Kritiker ist, daß die für eine solche Umordnung der Oberfläche erforderliche Beweglichkeit der Atome schon um 300°C auftreten müßte, während alle anderen Experimente darauf hindeuten, daß eine solche Beweglichkeit der Oberflächenatome erst bei 600—700°C auftritt.

Bei den von ihnen untersuchten Modellen gehen LANDER und MORRISON davon aus, daß die Streufaktoren der leichten Atome des Adsorbats

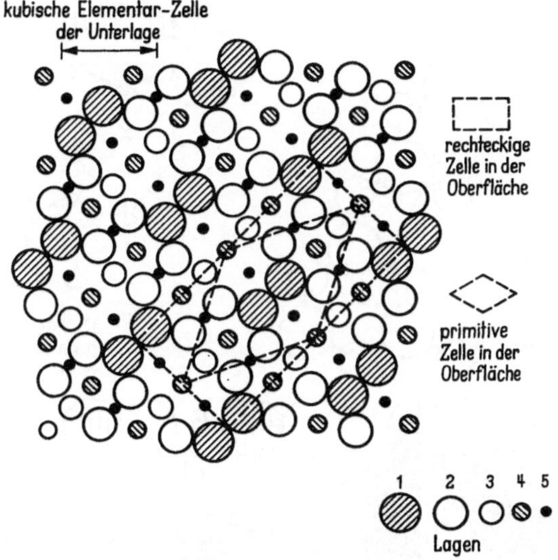

Abb. 2.21. Strukturmodell der Silizium-(100)-Fläche mit einer Überstruktur von der vierfachen Kantenlänge der Grundgitterzelle. Nach [184]

so klein sind, daß sie, verglichen mit denen der schweren Atome des Substrats, vernachlässigt werden können. Diese Annahme ist gleichbedeutend mit der Behauptung, daß die Beugungsbilder z. B. einer Ni-O-Oberfläche nur von den Nickel-Atomen herrühren. Beobachtet man nun an einer solchen Oberfläche eine vom Kristallinneren abweichende Struktur, muß man notwendig schließen, daß sich die Oberflächenatome des „schweren" Substrats unter dem Einfluß der Adsorption zu einer neuen Struktur umgelagert haben.

Diese als "reconstruction" bezeichnete Umlagerung läßt sich, wenn man bei der genannten Annahme bleibt, bei vielen Systemen [z. B. Ni—C, (110); Ni—O, (110); Ni—H, (110)] finden.

Wie in Kap. 1 dargelegt wurde, ist die Chemisorption mit einer Änderung der Ψ-Funktionen des Adsorbats verbunden. Die Verwendung atomarer Streufaktoren zur Deutung der Beugungsbilder setzt aber voraus, daß die Elektronenstruktur, d. h. die Eigenfunktionen der betrachteten Atome, durch die Chemisorption nicht so stark geändert werden, daß der Streuprozeß geändert wird. Nur dann ist nämlich die von LANDER und MORRISON gemachte Annahme, daß leichte Atome (C, H, O) nichts zum Beugungsbild beitragen, gerechtfertigt.

BAUER [11] hat auf den Umstand hingewiesen, daß wegen der partiell ionisierten Bindungen bei der Chemisorption von C, H, O auch diese

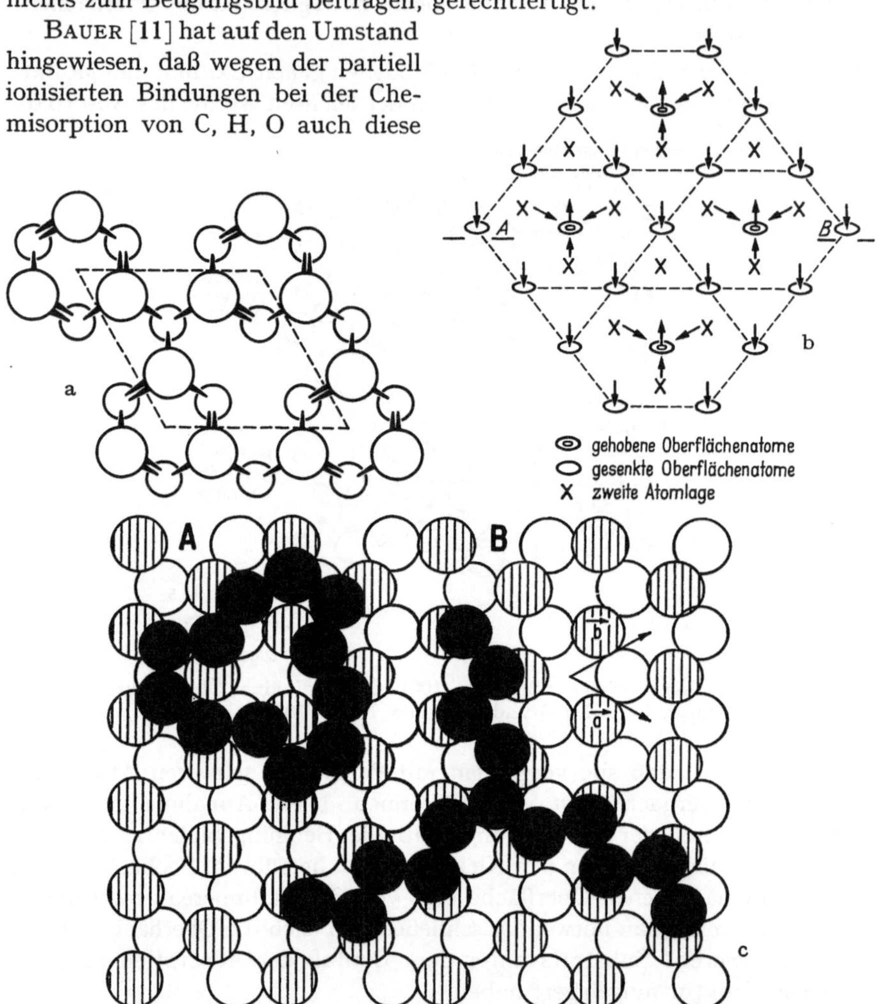

Abb. 2.22. Verschiedene Strukturmodelle zweidimensionaler Netze der (111)-Fläche von Silizium. Alle drei Modelle sind mit den Beugungsbefunden verträglich. a) Nach LANDER und MORRISON [183], hier treten eine Anzahl von Silizium-Atomen aus der Oberfläche heraus und bilden so die Überstruktur (reconstructed surface). b) Nach HANSEN und HANEMANN [142], genügt eine Verschiebung der Atome der obersten Gitterlage, um die gleiche Struktur zu erhalten. c) Nach SEIWATZ [307] ordnen sich die Oberflächenatome zu girlandenförmigen Ketten. Auch diese Ketten liefern das gleiche Beugungsbild wie in a) und b)

leichten Atome durchaus große Streufaktoren haben können. Damit werden die Beobachtungen von umgelagerten Oberflächen ("reconstructed surfaces") prinzipiell zweifelhaft (vgl. GERMER [109]).

Neben diesen Einwänden kann auf Grund des halbempirischen Charakters des Verfahrens von LANDER und MORRISON gegen die abgeleitete Struktur der Einwand erhoben werden, daß auch noch andere Strukturen denkbar sind, die die gleichen Beugungsbilder liefern würden. So haben HANSEN und HANEMANN [142] ein grundsätzlich anderes Oberflächenmodell vorgeschlagen, das eine ebensogute Anpassung von I_{hk} gegen $(1 + \cos \Theta/\lambda)$ ermöglicht. Dieses Modell braucht keine Atome aus der oberen Lage zu entfernen, sondern nimmt nur kleine Verschiebungen der Gleichgewichtslagen an. Durch diese Verschiebung wird die „Sichtbarkeit" tieferliegender Atomschichten geändert und damit das Beugungsbild in der gewünschten Weise beeinflußt.

Ein weiterer Vorschlag, der besonders wegen seiner quantenchemischen Begründung Gewicht erhält, stammt von SEIWATZ [307]. Nach diesem Vorschlag kann man girlandenförmige Ketten von Atomen auf der obersten Atomlage des Gitters zur Beschreibung des Beugungsbildes heranziehen. Für diese Ketten von Atomen sprechen vor allem energetische Gründe, dagegen spricht das Beweglichkeitsargument, wie im Falle LANDER und MORRISON. Da auch das Modell von SEIWATZ den Intensitätsverlauf bei wechselnder Wellenlänge gut beschreibt, scheint im Augenblick eine Entscheidung zwischen den drei vorgeschlagenen Modellen nicht möglich zu sein. Um einen Überblick zu geben, zeigt Abb. 2.22 eine Zusammenstellung der von LANDER und MORRISON [183](a), von HANSEN und HANEMANN [142](b) und SEIWATZ [307](c) vorgeschlagenen Modelle für die (111)-Fläche von Silizium.

Im Anhang findet sich eine Übersichtstabelle neuerer Adsorptions-Untersuchungen an Metallen mit Hilfe der Leed-Methode. Neben den dort zitierten Arbeiten sind die Strukturen reiner Oberflächen von Halbleitern und anderen Nichtmetallen oft von Interesse. Einen Einblick in diese Arbeitsrichtung können folgende Arbeiten vermitteln:

Ge	[186, 336]
Si	[186, 183]
InSb	
InAs	
GaAs	[218]
GaSb	
Diamant	[190]
Graphit	[187]
LiF	[219]

3. Adsorption, Kondensation und Desorption

3.1. Adsorption, Kondensation

3.1.1. Thermodynamik

Adsorption und Kondensation sind, besonders in Metall-Metall-Systemen, eng mit dem Wachstum und der Gleichgewichtseinstellung der Kristallform verbunden. Über Wachstum und Gleichgewichtsformen der Kristalle existiert eine umfangreiche Literatur, für die auf einige neuere zusammenfassende Darstellungen verwiesen sein soll [45, 147, 243].

Gleichgewicht herrscht im thermodynamischen Sinne, wenn die freie Energie des Systems ein Minimum annimmt. Beiträge zur freien Energie liefern im Falle eines Kristalles das Volumen und die Oberfläche.

Für nicht zu kleine Kristalle (größer 10^{-5} cm in jeder Koordinatenrichtung) kann man den Oberflächenbeitrag zur freien Energie vom Volumenanteil trennen und erhält:

$$F^s = \int_A \alpha \, d\sigma \,, \tag{3.1}$$

worin F^s den Oberflächenanteil der freien Energie und α die Oberflächenspannung darstellen. Die Integration ist über ein genügend großes Stück A der Oberfläche zu erstrecken, weil die Schubspannungen in der Oberfläche uneinheitlich sein können, und weil α von der kristallographischen Orientierung der Oberflächennormalen abhängen kann, wenn man sich nicht auf streng einheitliche (physikalisch schwer realisierbare) Oberflächen beschränken will. Gleichung (3.1) gilt streng genommen nur für wirkliche Gleichgewichtsflächen. Je nach der Präparation eines einzelnen Kristalles können jedoch die äußeren Flächen von dem Zustand einer Gleichgewichtsfläche abweichen.

Die Verhältnisse an Flächen, die keine Gleichgewichtsflächen sind, werden durch die Thermodynamik und insbesondere durch Gleichung (3.1) nicht beschrieben.

Fremde Molekeln werden, wegen der allgemeinen thermodynamischen Gleichgewichtsbedingungen, dann und nur dann aus der Umgebung an die Oberfläche angelagert (adsorbiert), wenn durch diese Anlagerung die freie Oberflächenenergie verkleinert wird.

$$F^s_{\text{ads}} - F^s < 0 \tag{3.2}$$

oder, wegen Gleichung (3.1)

$$\int_A \alpha_{\text{ads}} \, d\sigma - \int_A \alpha \, d\sigma < 0 \,. \tag{3.3}$$

Gleichung (3.2) zeigt insbesondere, daß für eine Adsorption nicht unbedingt eine Bindung, d. h. eine Erniedrigung der inneren Energie des Systems notwendig ist. Vielmehr ist denkbar, daß ein Entropiegewinn bei der Anlagerung der Fremdmolekeln allein schon eine Adsorption bewirken kann.

Aus Gleichung (3.1) lassen sich im Prinzip alle thermodynamischen Oberflächeneigenschaften durch einfache Differentiation ableiten. Zum Beispiel erhält man die Oberflächenkonzentration eines Adsorbats durch

$$n_{\mathrm{ads}}^{(s)} = - \frac{\partial \alpha}{\partial \mu_{\mathrm{ads}}}, \qquad (3.4)$$

worin n_{ads}^{s} die genannte Konzentration, α die Oberflächenspannung und μ das chemische Potential des Adsorbates bedeuten.

Auf dem Gebiete der „physikalischen" Adsorption kann man die Oberflächenkonzentration als Funktion des Gasdruckes unmittelbar messen. Befindet sich dabei das System an jedem Meßpunkt im thermodynamischen Gleichgewicht, so bezeichnet man diese Funktion als „Isotherme". Aus den Isothermen lassen sich, wie in Gleichung (3.4) angedeutet, z. B. die Änderung der Oberflächenspannungen durch Adsorption sowie die Adsorptionsenthalpie und die Adsorptionsentropie entnehmen. Neben der Aufnahme von Isothermen ist auch die calorimetrische Bestimmung von Adsorptionswärmen bzw. Enthalpien durchführbar.

In Metall-Metall-Systemen stehen Messungen dieser Art nahezu unüberwindliche experimentelle Schwierigkeiten entgegen. Es ist natürlich möglich die Wärmetönungen zu messen, die bei der Adsorption eines Metalles auf einem Metall auftreten. Jedoch ist die theoretische Bedeutung so gemessener Adsorptionswärmen fraglich, da die tatsächliche Einstellung eines Gleichgewichts eine gewisse Beweglichkeit der Oberflächenmolekeln, d. h. bei Metallen recht hohe Temperatur erfordert und alle bei tieferer Temperatur gebildeten Adsorptionsschichten keine Gleichgewichtsschichten sind. Andererseits liefern Messungen, die nicht im Gleichgewicht ausgeführt sind, Zahlenwerte, die einer theoretischen Behandlung nicht zugänglich sind. Die Messung von Isothermen wäre bei Schwermetall-Alkalimetall-Systemen im Prinzip noch möglich, da die Alkalimetalle bei experimentell bequem erreichbaren Temperaturen bereits hohe Beweglichkeiten auf der Oberfläche besitzen. Die meisten anderen Metalle als Adsorbat würden so hohe Temperaturen erfordern, daß zumindest die Aufrechterhaltung der Reinheit des Systems auf extreme Schwierigkeiten stößt. Bei Metall-Metall-Systemen sind also in der Regel die von der physikalischen Adsorption her geläufigen Zahlenwerte nicht zugänglich. Glücklicherweise besteht die Möglichkeit, wenigstens die Aktivierungsenergie für die Desorption zu messen. In allen Fällen, wo keine Aktivierungsschwelle für die Desorption vorliegt, und das dürfte bei einatomigen Adsorbaten, die auch in einatomarer Form desorbieren, in der Regel der Fall sein, kann man die experimentellen Desorptionsenergien mit der Adsorptionsenthalpie gleichsetzen.

Wegen der für die Desorption erforderlichen hohen Temperaturen sind die adsorbierten Molekeln beweglich, und die Einstellung der Gleichgewichtslage ist immerhin möglich.

Wir werden in den nächsten Abschnitten zunächst die Gleichgewichtsformen der Oberfläche, sodann die für die Einstellung von Gleichgewichten notwendige Oberflächenwanderung, und im Anschluß daran die experimentellen Methoden zur Messung der Aktivierungsenergien für die Desorption behandeln.

Die freie Energie der Kristalloberfläche und alle daraus abgeleiteten Größen sind für verschiedene Kristallflächen verschieden. Die Gleichgewichtsform eines Kristalles wird durch die Gibbssche Beziehung bestimmt, daß im Gleichgewicht das Minimum der freien Oberflächenenergie eingestellt wird.

$$\sum a_i F_i^s = \min.$$

Hierin bedeuten a_i die Größe der i-ten Kristallflächen und F_i^s die freie Energie pro cm² der i-ten Fläche des Kristalles. Die Summation ist über alle möglichen Kristallflächen zu erstrecken. Die Berechnung der Gleichgewichtsform eines Kristalles läuft auf die Aufgabe hinaus, einen Körper vorgegebenen Volumens so zu konstruieren, daß die freie Oberflächenenergie ein Minimum wird. Die erste solche Konstruktion wurde von WULFF 1901 angegeben. Neuere Untersuchungen zu diesem Fragenkreis findet man bei HERRING [148], BENSON und PATTERSON [17] und CABRERA [45].

Trägt man für eine gegebene Zone die Richtungen aller Flächen als Vektor $\vec{p}\,(x, y)$ auf und errichtet in den Endpunkten von $\vec{p}$ ein Lot, dessen Höhe der freien Oberflächenenergie entspricht, so erhält man eine gekrümmte Fläche mit einzelnen Zipfeln, die den Minima der freien Oberflächenenergie entsprechen. Diese Konstruktion ist in der Abb 3.1 für einen fiktiven Kristall dargestellt. Jedes der Minima in der Abbildung entspricht einem Minimum der freien Energie und damit einer thermodynamisch stabilen Oberfläche. Damit ergibt sich eine Unterscheidung zwischen drei Sorten von Oberflächen:

1. Singuläre Oberflächen.

2. Vicinalflächen und

3. Nicht-Singuläre oder diffuse Oberflächen.

Der Name singuläre Oberflächen rührt von den singulären Stellen der Energiefläche in Abb. 3.1 her. Singuläre Oberflächen sind also Flächen, die der thermodynamischen Gleichgewichtsform entsprechen. Die Vicinalflächen sind solche, deren Orientierung unmittelbar in der Nachbarschaft dieser Minima liegt. Ihre Oberflächenenergie ist größer als die der singulären Flächen. Vom atomistischen Standpunkt aus entsprechen

die Vicinalflächen einer Stufenstruktur der Oberflächen, in der verhältnismäßig weit ausgedehnte, niedrig indicierte Flächen von Stufen abgesetzt
sind.

Alle weiteren Orientierungen gehören zu dem nicht singulären Typ
der Oberfläche, bei der die Oberflächenspannung näherungsweise unabhängig von der Orientierung ist.

CABRERA [45] hat eine neuartige Darstellung der Verhältnisse
gegeben, die einer Interpretation besonders der Adsorptionsprozesse

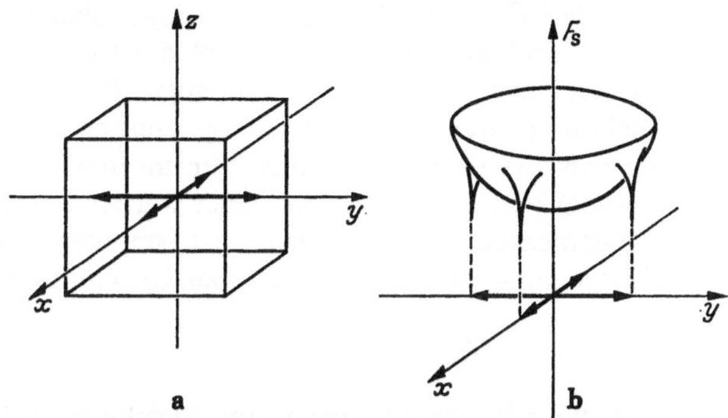

Abb. 3.1. Schematische Darstellung der freien Oberflächenenergie für die Zone um
die z-Achse. a) Die Würfelzone schematisch. b) Die freie Energie als Funktion der
x- und y-Koordinate. Die Spitze der Zipfel entspricht einer Gleichgewichtsoberfläche
(singulare Oberfläche)

besonders angepaßt ist. In dieser Darstellung wird zunächst die Kristalloberfläche durch eine Funktion dargestellt:

$$Z = Z\,(x,y)\,. \tag{3.5}$$

Die Orientierung einer bestimmten Fläche an der Stelle x, y wird gegeben durch die beiden unabhängigen Neigungen der Fläche $\vec{p}$ und $\vec{q}$:

$$\vec{p} = \frac{\partial Z}{\partial x}\;;\quad \vec{q} = -\frac{\partial Z}{\partial y}\,. \tag{3.6}$$

Alle Angaben werden auf eine Bezugsfläche B, für die $Z = 0$ gilt, bezogen. Betrachten wir jetzt ein Oberflächenstück der Größe A und der
Orientierung $\vec{p}$, dann ist seine Projektion auf die Bezugsoberfläche
gegeben durch (3.7) und für die freie Oberflächenenergie als Funktion
von p und q folgt dann (3.8).

$$B = A\,\sqrt{1 + p^2 + q^2}\,, \tag{3.7}$$

$$\alpha\,(p, q)\,A = \beta\,(p, q)\,B\,, \tag{3.8}$$

worin β die Oberflächenspannung zu der Orientierung p, q pro Einheit
der projizierten Fläche bedeutet:

$$\beta = \alpha\,\sqrt{1 + p^2 + q^2}\,. \tag{3.9}$$

In dieser Darstellung erhält der Vektor $\vec{p}$ eine anschauliche physikalische Bedeutung. Ist nämlich h die Höhe von Schichten parallel zur Bezugsoberfläche $Z = 0$, dann ist $\sqrt{p^2 + q^2}/h$ die örtliche Dichte der Stufen in einer Richtung normal zu dem Vektor $\vec{p}$. CABRERA entwickelt dann die Größe β für die Umgebung der singulären Oberfläche $(0, 0)$ und in der Richtung $(p, 0)$ in einer Potenzreihe nach p:

$$\beta = \beta_0 + \beta_1 p + \beta_2 p^2/2 + \cdots \tag{3.10}$$

Hierbei ergibt sich, daß $\beta_1 \cdot h$ die Energie pro Einheitslänge einer isolierten Stufe darstellt und der Ausdruck $\beta_2 p^2/2$ die freie Wechselwirkungsenergie zwischen Paaren von Stufen, die einen mittleren Abstand h/p voneinander haben. Terme höherer Ordnungen entsprechen höheren Wechselwirkungen zwischen einzelnen Stufen. Für unseren Zweck ist nun die Abhängigkeit von β von der Adsorption einer weiteren Komponente von Bedeutung. Betrachten wir zunächst eine singuläre Oberfläche $(\beta_1, \beta_2 \cdots = 0)$. Für eine solche folgt analog zu Gleichung (3.4) Gleichung (3.11)

$$d\beta = - n_1^{(s)} d\mu_{\text{ads}} . \tag{3.11}$$

Für den Fall, daß die mit dem Adsorbat im Gleichgewicht stehende Phase als ideales Gas aufgefaßt werden kann, läßt sich Gleichung (3.11) integrieren. Diese Integration führt zu:

$$\beta\,(p_1^{(2)}) \approx \beta\,(0); \tag{3.12}$$
$$p_1^{(2)} < p_0^{(s)};$$
$$\beta\,(p_1^{(2)}) = \beta\,(0) - n_0^{(s)}\,k\,T\,\ln\,(p_1^{(2)}/p_0^{(s)});$$
$$p_0^{(s)} < p_1^{(2)} .$$

Hierin bedeuten die oberen Indices die Phasen, die unteren Indices die Komponenten, p sind die Partialdrucke, $p_0^{(s)}$ bedeutet einen Referenzdruck für das betrachtete Gleichgewicht. $n_0^{(s)}$ bedeutet die Anzahl der insgesamt auf der Flächeneinheit verfügbaren Gitterplätze. Aus Gleichung (3.12) könnte man zunächst vermuten, daß β negativ werden kann, wenn p_1^2 genügend groß ist. Das kann jedoch, wie CABRERA gezeigt hat, nicht eintreten, da vorher die beiden Phasen aufhören im Gleichgewicht miteinander zu stehen.

Für eine Vicinalfläche läßt sich eine ganz analoge Gleichung für die in Gleichung (3.10) definierte Größe β_1, die jetzt nicht verschwindet, aufstellen. Wir betrachten also die Abhängigkeit der Wechselwirkungsenergie zweier Stufen von der Adsorption einer zusätzlichen Komponente. Die Stufe wird dabei als Trennungslinie zweier zweidimensionaler Phasen aufgefaßt. Auch β_1 ist empfindlich für die Gegenwart einer zweiten Komponente. In Gleichung (3.12) müßte man für die Betrachtung von β_1

anstelle von n_0^s die Größe n_1^s, die Dichte der Stufen, einführen. Der Referenzdruck aus Gleichung (3.12), p_0^s, ist durch einen p_0^s zu ersetzen, der im allgemeinen von p_0^s sehr verschieden sein wird. Das Verhältnis von β_1 zu β_0 muß stark davon abhängen, ob der Referenzdruck p_0^s größer oder kleiner als der Referenzdruck p_0^s ist. Auch für β_1 können negative Werte nicht auftreten.

Gleichung (3.12) und die ihr zugrunde liegenden Gedankengänge haben für die Untersuchung der Adsorptions- und Kondensationserscheinungen eine weitreichende Bedeutung. Zunächst sieht man leicht ein, daß die chemischen Potentiale in Gleichung (3.11) und die Referenzdrucke in Gleichung (3.12), die die Oberflächenspannung und die freie Energie der Oberfläche bestimmen, von Verunreinigungen der Oberfläche beeinflußt werden. Diese Änderung der chemischen Potentiale durch Verunreinigungen auf der Oberfläche hat ihr vollständiges Analogon im thermodynamischen Verhalten von Mischungen. Man denke beispielsweise an die möglichen komplizierten Siedediagramme verschiedener Mischungen. Es sollte im Prinzip möglich sein, die Rolle der Verunreinigungen auch bei der Adsorption mit Hilfe der Thermodynamik der Mischsysteme, z. B. über die Gleichung von DUHEM-MARGULES zu beschreiben. Untersuchungen dieser Art liegen in der Literatur, vermutlich aus Gründen der experimentellen Prüfbarkeit, noch nicht vor. Anschaulich kann man sich den Sachverhalt so vorstellen, daß eine Stufe durch eine Verunreinigung blockiert ist, und die chemischen Eigenschaften der Verunreinigung die Anlagerung weiterer Atome verhindern. In Extremfällen muß man damit rechnen, daß eine verunreinigte Oberfläche völlig andere Adsorptionserscheinungen zeigt als eine reine Oberfläche. Ein solcher Fall tritt in der Arbeit von MELMED [221] (s. S. 98) über den Einfluß adsorbierter Gase auf die Oberflächenwanderung von Kupfer auf Molybdän auf.

Weiterhin läßt sich aus den skizzierten Vorstellungen eine Theorie der Kondensation herleiten [41], auf die wir bei der Besprechung der experimentellen Ergebnisse zurückkommen werden (s. S. 83). Über die Änderung der kritischen Temperaturen durch geringe Mengen adsorbierter Substanzen hat CABRERA [43] berichtet. Schließlich bestimmt der Verlauf der Oberflächenspannung, bzw. der Verlauf von β als Funktion der Koordinaten, die Gleichgewichtsform des Adsorbens.

Nach CABRERA lassen sich die möglichen Gleichgewichtsformen nach Abb. 3.2 klassifizieren, wobei man auch qualitativ erkennen kann, in welchem Umfang die Gleichgewichtstracht eines Kristalles durch Adsorption veränderlich ist.

In der Abbildung ist ein Schnitt durch die β-Fläche in Richtung der q-Koordinate dargestellt. Stabile Orientierungen werden dadurch bestimmt, daß man Tangenten an Punkte der β-Fläche anlegt. Alle Flächen für die β entweder singuläre Stellen oder positive Krümmung hat, sind entweder stabil oder metastabil. Der Fall I der Abb. 3.2 zeigt, daß alle Orientierungen zwischen 0 und q_0 stabil sind. Der Fall II zeigt, daß alle Orientierungen zwischen 0 und q_1' und q_2', q_0 unstabil, zwischen q_1', q_1 und q_2, q_2' metastabil sind und daß nur in dem Bereich von q_1, q_2 stabile Flächen auftreten. Der Fall III zeigt metastabile Orientierungen möglicher Flächen im Bereich q_1', q_2' und nur an der Stelle 0 und q_0 treten stabile Kristallflächen auf. Auch alle weiterhin aus dieser Klassifikation ableitbaren Sonderfälle sind beim Studium metallischer Oberflächen in der Tat beobachtet worden. Für andere Substanzen ist das experimentelle Material nicht vollständig.

Die ausführliche Darstellung der thermodynamischen Theorie der Kristallformen und des Kristallwachstums geht über den Rahmen dieser Arbeit hinaus, der Leser sei hierfür auf den Handbuchartikel von SEEGER [305] und die Monographie von HONIGMANN [158] verwiesen. Die speziellen Verhältnisse an der Oberfläche von Metallen behandelt MOORE [233].

Unmittelbare experimentelle Untersuchungen der Oberflächenspannungsänderung durch Adsorption liegen an Metall-Metall-Systemen nur wenige vor. Diese Untersuchungen [8, 21, 147] zeigen jedoch die grundsätzliche Richtigkeit der hier angestellten Überlegungen.

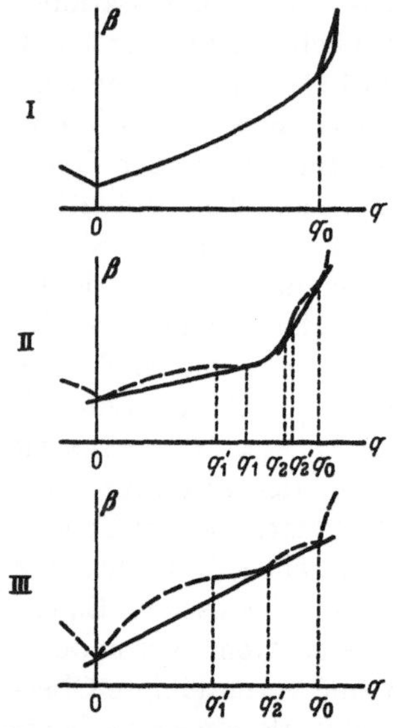

Abb. 3.2. Einige Fälle von Gleichgewichtsformen nach CABRERA [45]. Die Kurven sind Schnitte durch die β-Fläche in Richtung der q-Achse [vgl. Gleichung (3.10)]

Experimentell liegt häufig der Fall vor, daß Proben sich weder im Gleichgewichtszustand befinden, noch in einem Zustand, der wenigstens als Annäherung an den Gleichgewichtszustand betrachtet werden kann. Solche Nichtgleichgewichtsformen von Kristallen können je nach den Herstellungsbedingungen auftreten. Ein interessantes Beispiel von grob gestörten Kristallen, die weit vom thermodynamischen Gleichgewicht entfernt sind, haben BRÜCHE und DEMNY [39] mitgeteilt. Die Autoren haben Goldkristalle mit dem Elektronenmikroskop untersucht, die bei thermischer Zersetzung von Halogenverbindungen des Goldes entstanden. Die Kristalle zeigten eine Lamellenstruktur, die stellenweise aufgerissen war, die Schichten hatten sich verworfen und es traten Stufenhöhen von mehreren 1000 Å auf. An solchen Kristallen kann man keine Kondensationsuntersuchungen anstellen, die einen Einblick in die Thermodynamik des Vorganges und einen Vergleich mit der allein vorhandenen Gleichgewichtstheorie gestatten.

Bei der experimentellen Untersuchung der Adsorptions- und Kondensationserscheinungen von Metallen auf Metallen wird in aller Regel von einem Dampfstrahl ausgegangen, der auf einem Substrat bekannter Temperatur aufgefangen bzw. niedergeschlagen wird. Die Beobachtung des gebildeten Niederschlages kann über sein Gewicht, über seine Radioaktivität oder über seine Austrittsarbeit für Elektronen im Feldelektronen- oder Feldionenmikroskop erfolgen. Beim Auftreffen der Atome muß die kinetische Energie sowie deren Verdampfungswärme von der Oberfläche dissipiert werden. Die Verdampfungswärme eines Atoms an der Oberfläche ist von der Kristallstruktur und der individuellen Lage des Atoms abhängig. Im Experiment treffen die Atome stets statistisch verteilt auf die Oberfläche auf. Bleiben die Atome an derjenigen Stelle der Oberfläche liegen, an der sie aufgetroffen sind, so ist dies im allgemeinen nicht die Lage, die zu einem Minimum der freien Energie und damit zum thermodynamischen Gleichgewicht führt. Die Einstellung eines wirklichen Gleichgewichtes erfordert vielmehr eine gewisse Beweglichkeit der Atome an der Oberfläche, damit die Atome Lagen erreichen können, die einer tieferen freien Energie entsprechen. Die Vorstellung von energetisch verschiedenen Lagen eines Atoms an einer Oberfläche geht auf Arbeiten von KOSSEL [181] und STRANSKI [316] zurück.

Wir werden in den folgenden Abschnitten zunächst die Kondensation für unbewegliche Atome, also einen Nichtgleichgewichtsfall, behandeln und im Anschluß daran die Kondensation mit anschließender oder gleichzeitiger Oberflächendiffusion.

3.1.2. Kondensation als Prozeß im atomaren Maßstab

Die Kondensation und der Energieaustausch von Gasmolekeln mit Festkörperoberflächen sind seit über 50 Jahren wiederholt der Gegenstand theoretischer und experimenteller Bearbeitung gewesen. Eine neue zusammenfassende Darstellung findet sich bei HIRTH und POUND [155]. Die Frage des Energieaustausches oder der Akkomodation hat K. SCHÄFER [290] besonders für größere Molekeln ausführlich dargestellt. Es ist üblich, die Annäherung eines Atoms an eine Festkörperoberfläche und seine Wechselwirkung mit dieser Oberfläche durch drei Wahrscheinlichkeitskoeffizienten zu beschreiben. Der Akkomodationskoeffizient α gibt die Wahrscheinlichkeit an, daß ein auf einer Oberfläche auftreffendes Atom oder Molekül seine Energie an diejenige thermische Energie angleicht, die der Temperatur der Oberfläche entspricht:

$$\alpha = \frac{E_i - E_r}{E_i - E_{is}} \, .\tag{3.13}$$

Hierin bedeuten E_i die thermische Energie des ankommenden Teilchens, E_r die thermische Energie des die Oberfläche verlassenden Teilchens und E_{th} die der Temperatur der Oberfläche entsprechende thermische Energie. Die Energiedifferenz $E_i - E_r$ geht in die thermische Energie des Festkörper über, d. h. sie dient zur Erzeugung von Phononen. Haben die ankommenden Teilchen Energien der Größenordnung von 10 eV und darüber, so kann ein Teil ihrer Energie auch zur Loslösung von Sekundärelektronen verwendet werden.

Der Impulsaustausch wird durch einen Koeffizienten gemessen, der den Bruchteil der Tangentialkomponente des Gesamtimpulses angibt, der von den einfallenden Teilchen in der Zeiteinheit an die Oberfläche abgegeben wird.

$$f = \frac{P_i - P_r}{P_i} \, .\tag{3.14}$$

Hierin bedeuten P die Tangentialkomponente der Impulse, der Index i bezieht sich auf das einfallende, der Index r auf das die Oberfläche verlassende Teilchen. Bei spiegelnder Reflektion eines einfallenden Teilchens an der Oberfläche ist der Einfallswinkel gleich dem Ausfallswinkel. Dabei ist $P_i = P_r$ und somit $f = 0$. Bei diffuser Reflektion des Teilchens an der Oberfläche besteht keinerlei Beziehung zwischen Einfallsrichtung und Ausfallsrichtung eines Teilchens. Als Winkelverteilung ergibt sich das bekannte Cosinus-Gesetz. Die Tangentialkomponente der reflektierten Teilchen verschwindet im Zeitmittel, und damit wird für den Fall der diffusen Reflektion $f = 1$.

Für ein auf einer Oberfläche auftreffendes Teilchen unterscheidet man zwei Grenzfälle:

1. Das Teilchen verläßt nach einer gewissen Zeit τ die Oberfläche wieder. Ist diese Zeit von der Größenordnung einer endlichen Anzahl von Gitterschwingungen, sprechen wir von Reflektion.

2. Ist die Zeit, die das Teilchen auf einer Oberfläche adsorbiert bleibt, viele Größenordnungen höher als im Falle 1., so sprechen wir von Adsorption.

Die Wahrscheinlichkeit, daß ein Teilchen auf einer Oberfläche adsorbiert wird oder, im gängigen Sprachgebrauch, haften bleibt, nennt man den Haftkoeffizienten C oder die Haftwahrscheinlichkeit. $1 - C$ ist die Wahrscheinlichkeit dafür, daß ein ankommendes Teilchen reflektiert wird. Der Haftkoeffizient wird gleichbedeutend mit dem Kondensationskoeffizienten der Literatur, wenn die Verweilzeit des Teilchens auf der Oberfläche unendlich groß wird.

Abb. 3.3a zeigt schematisch die potentielle Energie eines Wolframatoms vor einer Wolframoberfläche nach [379]. Die angegebenen Energiewerte sind nur angenähert gültig, denn eine genauere Analyse des Problems würde die Berücksichtigung des Impulsaustauschkoeffizienten

Gleichung (3.14) für die Tangentialkomponente erforderlich machen, die zur Oberflächenwanderung beiträgt. Eine genaue theoretische Behandlung des Kondensationsprozesses unter Berücksichtigung der Geschwindigkeitsvektoren ist extrem schwierig und bisher nicht durchgeführt worden. Das ankommende Atom hat eine thermische Energie von $1/2\, kT$ und muß, bis es zum Gleichgewicht mit der Oberfläche kommt, eine Gesamtenergie von annähernd 9,1 eV (II) abgeben. Gelingt es, diese Energie in einem einzigen Stoß an das Gitter des Festkörpers zu übertragen, so wird das Atom an der Stelle haften bleiben, an der es aufgetroffen ist. Gibt das Atom dagegen weniger als 5,1 eV im ersten Stoß ab, so bleibt es mindestens in Richtungen parallel zur Oberfläche frei.

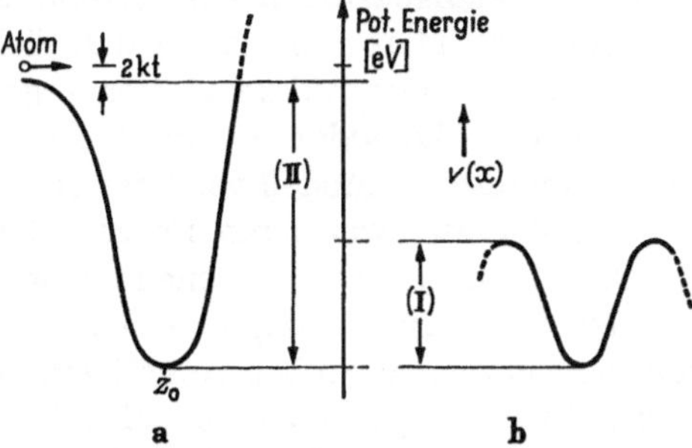

Abb. 3.3. Potentialverhältnisse an der Oberfläche (schematisch). a) Senkrecht zur Oberfläche. b) In der Oberflächenebene. Nach [379]. (*I*) Aktivierungsenergie für Oberflächendiffusion. (*II*) Verdampfungswärme

Abb. 3.3b zeigt die Potentialverhältnisse in einer Richtung innerhalb der Oberfläche. Die beim Stoß verbleibende Energie kann ausreichen, sich über einen oder viele der Potentialberge in der Oberfläche zu bewegen. Auf einer realen Oberfläche sind die Berge und Täler des Potentialgebirges in Abb. 3.3b natürlich nicht gleich hoch, sondern können je nach Aufbau und Ausbildung der Oberfläche sehr verschiedene Werte annehmen. Das Gleichgewicht des Systems wird erreicht, wenn die freie Energie ein Minimum annimmt. Dieses wird, wenn keine Komplikationen durch die Entropie auftreten, im allgemeinen mit einem Zustand zusammenfallen, bei dem die ankommenden Moleküle in die tiefsten auf der Oberfläche erhältlichen Potentialmulden gewandert sind. Man erkennt unmittelbar, daß zur Erreichung des thermodynamischen Gleichgewichts für eine einem Kondensationsprozeß ausgesetzte Oberfläche eine Oberflächenwanderung der statistisch ankommenden Atome erforderlich ist.

Für den Vorgang der Kondensation bzw. der Adsorption ist es also von ausschlagender Bedeutung, ein wie großer Teil der Adsorptionsenergie und der kinetischen Energie des ankommenden Atoms in einem oder in mehreren Stößen auf die Oberfläche bzw. den Festkörper übertragen werden kann.

Während die älteren Theorien des Akkomodationskoeffizienten von einem völlig starren Festkörper ausgingen, sind gerade in letzter Zeit verschiedentlich Berechnungen des Akkomodationskoeffizienten auf der Grundlage der kinetischen Gittertheorie (Kap. 1) durchgeführt worden. Eindimensionale Gittermodelle, wie sie von ZWANZIG [383] und CABRERA [44] durchgerechnet wurden, führen jedoch zu großen Fehlern, wie GOODMAN [123] bei der Berechnung der thermischen Akkomodations-Koeffizienten in n-dimensionalen Gittern nachweisen konnte. Die älteren Theorien ergaben stets $\alpha = 1$, wenn die Masse des ankommenden Moleküls größer als die des Gitteratomes war (der Fall der sehr viel größeren Masse des ankommenden Atoms wird hier nicht betrachtet). Nach ZWANZIG [383] beruht dies auf Vielfachstößen der ankommenden Molekeln mit dem Gitter. GOODMAN [123] hat nun gezeigt, daß Vielfachstöße zwar in einfachen Modellen vollständige Akkomodation ergeben, jedoch im dreidimensionalen schlechte Akkomodation. Durch die Annahme relativ weicher Federn im Goodmanschen Modell wird die Stoßzeit ausgedehnt und die Frequenz des mit dieser weicheren Feder entstehenden Oberflächenoszillators in Gebiete verschoben, in denen nur wenige Phononenfrequenzen zur Wechselwirkung zur Verfügung stehen. In dem Goodmanschen Modell würde sich, um einen groben Anhaltspunkt zu geben, das betroffene Atom in der Oberfläche so benehmen, als wäre es an eine feste Unterlage mit einer Feder gebunden, deren Federkonstante einem Wert von 0,74 der Bindungsstärke entspräche. Eine kritische Untersuchung dieser neueren sowie auch einiger älterer Vorstellungen findet sich bei GILBEY [110]. GILBEY kommt zu dem Ergebnis, daß die alte quantenmechanische Theorie von LENNARD-JONES und DEVONSHIRE durchaus richtige Werte für den Akkomodationskoeffizienten ergeben kann, selbst dann, wenn für die Akkomodation die simultane Erzeugung mehrerer Phononen verlangt werden muß. GILBEY weist weiterhin darauf hin, daß auch Rayleigh-Wellen an der Oberfläche des Festkörpers einen großen Anteil an der Energieübertragung haben können. Dieser Anteil kann bis zu einem Faktor drei im Akkomodationskoeffizienten ausmachen.

Die bekannteste und am häufigsten angewandte experimentelle Methode zur Bestimmung des Akkomodationskoeffizienten ist die Messung der Wärmeleitfähigkeit. Diese Methode hat jedoch einige schwerwiegende Nachteile, die es praktisch unmöglich machen aus solchen Messungen auf atomare Vorgänge zu schließen. Die Messung der Wärmeleitfähigkeit erfordert einen verhältnismäßig hohen Gasdruck (10^{-1} bis 10^{-4} mm Hg). Der Akkomodationskoeffizient reagiert extrem empfindlich auf kleinste Verunreinigungen der Oberfläche (vgl. die zusammenfassende Darstellung in [229]). Dies kann man nach den oben zitierten neueren Theorien des Akkomodationskoeffizienten verstehen, wenn man sich vor Augen hält, daß der wesentliche Anteil der Energieübertragung durch Phononwechselwirkung mit den Oberflächenschwingungen des Festkörpers zustande kommt. Finden sich auf dem Festkörper Molekeln einer Verunreinigung, so entstehen dort, wie früher gezeigt wurde, lokalisierte Eigenschwingungen, die die Wechselwirkungsverhältnisse erheblich verändern können. Selbst wenn es bei der Wärmeleitfähigkeitsmethode gelingt, die Oberfläche und das Meßgas so rein darzustellen, daß während der Meßzeit keine nennenswerten Verunreinigungen auftreten, so beziehen sich diese Messungen trotzdem nur auf eine Oberfläche, die bereits mit gleichartigen Teilchen bedeckt ist.

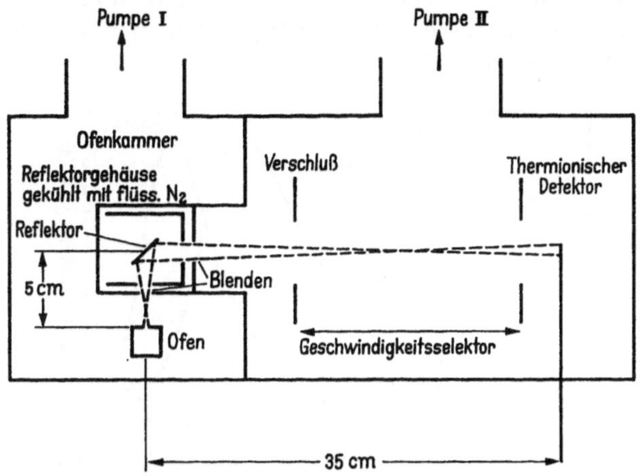

Abb. 3.4. Apparatur zum Reflektionsversuch von MARKUS und MAC FEE [202]. Beschreibung im Text

Aus diesem Grunde sind Molekularstrahlexperimente, bei denen nur wenige Teilchen auf eine saubere Oberfläche geschossen werden, sehr viel besser geeignet, die Wechselwirkung im atomaren Stoß zu untersuchen. Trotz der erheblichen experimentellen Schwierigkeiten solcher Experimente liegen einige Messungen an Metall-Metall-Systemen vor.

Abb. 3.4 zeigt die von MARKUS und MACFEE [202] verwendete Apparatur. Von dem links unten eingezeichneten Molekülstrahlofen geht ein Strahl von K-, Cs- oder Rb-Atomen aus. Aus diesem Strahl wird ein Teil so ausgeblendet, daß er einen Reflektor aus dem zu untersuchenden Material trifft. Dieser Reflektor kann unabhängig von dem Ofen geheizt werden. Die an der untersuchten Fläche reflektierten Moleküle treten durch ein weiteres Blenden-System und treffen einen Detektor. Zwischen dem Reflektor und dem Detektor befindet sich ein sog. Geschwindigkeitsselektor. Dieser besteht aus zwei gezahnten Scheiben, die von zwei getrennten Wechselstrom-Motoren angetrieben werden. Dieser Antrieb kann durch Veränderung der Phase des einen Motors so gestaltet werden, daß Schlitze an den beiden Scheiben mit einer gewissen Zeitverzögerung nacheinander die Flugbahn freigeben. Dadurch wird erreicht, daß immer nur Moleküle einer bestimmten vorgegebenen Geschwindigkeit eine freie Flugbahn vom Reflektor zum Detektor vorfinden.

Die durch die Geschwindigkeitsselektion eintretenden erheblichen Verluste an der Gesamtintensität des reflektierten Strahles machen einen sehr empfindlichen Detektor zum Nachweis notwendig. Für nicht radioaktives Material ist bisher nur der thermionische Oberflächendetektor oder Langmuir-Taylor-Detektor geeignet. Dessen Anwendung wiederum beschränkt die Versuchsanordnung auf Molekülstrahlen der Alkali-Metalle, da nur diese mit der nötigen hohen Wahrscheinlichkeit ionisiert werden (vgl. Kap. 5).

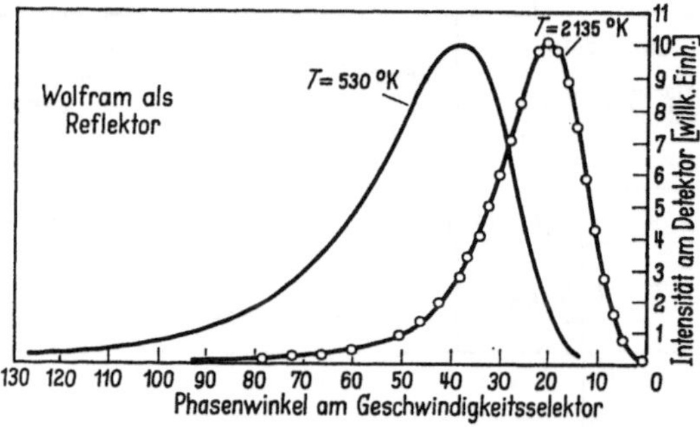

Abb. 3.5. Geschwindigkeitsverteilung von an Wolfram reflektierten Kalium-Atomen. Der Phasenwinkel am Geschwindigkeitsselektor ist ein Maß für die Geschwindigkeit der Atome. Für die Temperatur $T = 2135^\circ$ K sind die Meßpunkte zusammen mit einer theoretisch berechneten Maxwell-Verteilung dargestellt. Die Atome akkomodieren auch bei dieser Temperatur vollständig. Nach [202]

Das Meßverfahren besteht nun darin, jeweils bei vorgegebenen Ofen- und Reflektortemperaturen die Intensität des hinter dem Geschwindigkeitsselektor ankommenden Molekülstrahles als Funktion der Molekülgeschwindigkeit zu messen. Bei dieser Messung erhält man, vollständige Akkomodation vorausgesetzt, eine Maxwell-Kurve, die der Temperatur des Reflektors entspricht. Ist die Akkomodation unvollständig, so wird sich eine Maxwell-Kurve ergeben, die zu einer Temperatur gehört, die zwischen der des Reflektors und des Ofens liegt.

Abb. 3.5 zeigt die Ergebnisse zweier Meßreihen für verschiedene Reflektortemperaturen, und zwar 530 und 2135° K. Bei der Kurve zu der höheren Reflektortemperatur sind die Meßpunkte zusammen mit einer berechneten Maxwellkurve eingetragen. Man erkennt, daß die Intensität als Funktion des Phasenwinkels der beiden Schlitze des Selektors, die der Geschwindigkeit des Molekülstrahls entspricht, in überraschender Genauigkeit tatsächlich durch eine Maxwell-Kurve dargestellt wird. Das bedeutet aber, daß für Kalium auf Wolfram der Akkomodationskoeffizient mit hoher Genauigkeit gleich 1 zu setzen ist, selbst noch bei Temperaturen von 2135° K.

Alle neueren Untersuchungen, und auch ältere, die unter sauberen Verhältnissen durchgeführt wurden, scheinen anzudeuten, daß in Metall-Metall-Systemen der Akkomodationskoeffizient in einem weiten Temperaturbereich praktisch gleich 1 ist, d. h. daß Metallatome auf einer Metalloberfläche vollständig akkomodieren. Die ist offenbar nicht mehr der Fall, sobald nichtmetallische Partner an dem Stoß beteiligt sind. Es ist bekannt, daß die Akkomodation von Gasen und Edelgasen an

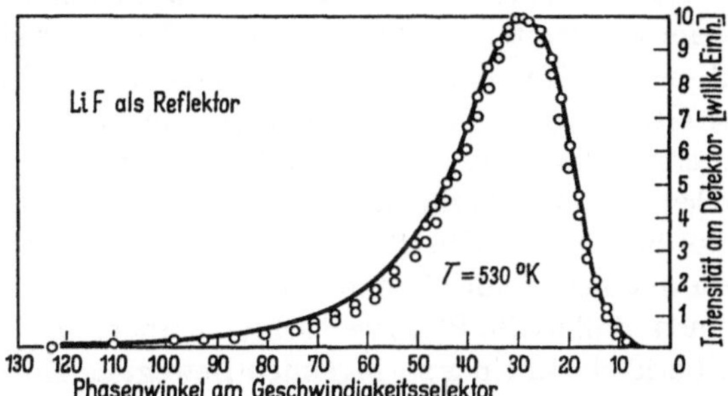

Abb. 3.6. Geschwindigkeitsverteilung von an Lithiumfluorid reflektierten Kalium-Atomen. Die Geschwindigkeitsverteilung weicht von einer Maxwell-Verteilung merklich ab, der Akkomodationskoeffizient ist kleiner 1. Nach [202]

Metallen extrem kleine Werte annimmt und wir wollen uns hier mit einem weiteren Beispiel aus der Arbeit von MARKUS und MACFEE begnügen.

Abb. 3.6 zeigt die gleichen Versuche wie Abb. 3.5 für einen LiF-Reflektor. Hier sind Abweichungen von der Maxwellverteilung weit außerhalb der experimentellen Fehler sichtbar. Das bedeutet, daß der Akkomodationskoeffizient kleiner als 1 ist. Im Kapitel über die Herstellung reiner Oberflächen wurde bereits darauf hingewiesen, daß aus Metallen, die zwecks Reinigung geglüht werden, Verunreinigungen an die Oberfläche diffundieren können (vgl. $Pt-SiO_2$). Solche Verunreinigungen müssen nach dem Beispiel in Abb. 3.6 den Akkomodationskoeffizienten herabsetzen. Theoretisch ist dieser Effekt, wenigstens qualitativ, wiederum durch Änderungen im Spektrum der Oberflächenschwingungen, und damit erhöhter oder verringerter Wechselwirkung verständlich.

Nach den im Zusammenhang mit den Potentialkurven der Abb. 3.3 angestellten Überlegungen ist zu erwarten, daß Akkomodationskoeffizient und Haftwahrscheinlichkeit eng zusammenhängen. Ist die Akkomodation groß, so ist die Wahrscheinlichkeit, daß eine Molekel beim Auftreffen auf die Oberfläche in einem einzigen Stoß genügend Energie dissipieren kann, und damit auch die Haftwahrscheinlichkeit ebenfalls groß.

Die Haftwahrscheinlichkeit C, in der Literatur auch als Kondensationskoeffizient oder Adsorptionskoeffizient bezeichnet, wird nach Abb. 3.3 immer dann größer als 0 sein, wenn ein ankommendes Teilchen beim ersten Stoß soviel Energie an das Gitter abgeben kann, daß seine Energie nach dem Stoß kleiner ist als die Desorptionsenergie. Wie lange das Teilchen dann an der Oberfläche verweilen kann, hängt von der Größe der thermischen Energie ab, die vom Gitter wieder auf das Teilchen übertragen wird, also von der Temperatur der Unterlage. Ist nun, wie in Metall-Metall-Systemen, die Akkomodation sehr hoch, so daß beim ersten Stoß ein großer Teil der Gesamtenergie dissipiert wird, dann muß bei tiefen Temperaturen der Oberfläche ein ankommendes Teilchen praktisch an der Stelle seines Auftretens „sitzen bleiben". Ist die Akkomodation schlecht, so daß nur ein Teil der für die Kondensation zu dissipierenden Energie an das Gitter abgegeben werden kann, so kann das Teilchen, wenn seine Restenergie nach dem ersten Stoß noch zur Überwindung der Potentialschwellen für die Oberflächenwanderung ausreicht, einen oder einige weitere Sprünge an der Oberfläche ausführen. Bei höheren Temperaturen kann ein in einer Mulde sitzendes Teilchen aus dem Gitter soviel Energie bekommen, daß es die Platzwechselhemmungen überwinden und sich längs der Oberfläche in einer springenden Bewegung entfernen kann. Ist die Temperatur hoch genug für Platzwechselvorgänge, so werden immer einzelne der adsorbierten Teilchen wegen der Maxwellschen Geschwindigkeitsverteilung auch genügend Energie mitbekommen, das Desorptionspotential zu überwinden, d. h. die Oberfläche zu verlassen. Man kann also erwarten, daß die Haftwahrscheinlichkeit kleiner wird, wenn die Temperatur des Substrates auf einen Wert steigt, bei dem auch Platzwechselvorgänge beobachtet werden können. Da für die Erreichung eines Gleichgewichtszustandes (im thermodynamischen Sinne) aber bei statistisch auftreffenden Molekeln Platzwechselprozesse notwendig sind, kann man weiter sagen, daß Versuche, bei denen die Haftwahrscheinlichkeit gleich oder sehr nahe 1 ist, nicht zu Gleichgewichtsoberflächen im Sinne der Thermodynamik führen. Wenn keine Meßwerte der Aktivierungsenergie für die Oberflächenwanderung vorliegen, hat es sich bewährt, dafür rund ein Drittel der Desorptionsenergie anzusetzen. Nach dieser bewährten Abschätzung ist es also physikalisch nicht realisierbar Gleichgewichtsoberflächen durch Kondensation unter Versuchsbedingungen herzustellen, bei denen hohe Haftwahrscheinlichkeiten auftreten (vgl. Kap. 2.2.6).

Bevor wir auf die Temperaturabhängigkeit der Haftwahrscheinlichkeit und auf die Kondensation zu Gleichgewichtsflächen näher eingehen, wollen wir zunächst den Spezialfall betrachten, daß die Temperatur des Substrates so tief ist, daß kein Platzwechsel auftritt.

GURNEY, HUTCHINSON und YOUNG [131] haben die Kondensation von Wolframatomen auf feldverdampften Wolframemittern im Feldionenmikroskop bei tiefen Temperaturen untersucht. Der Grundgedanke dieser Untersuchung war, größere organische Molekeln durch Belegung mit einer ganz dünnen Schicht von Wolframatomen abzubilden, so daß spätere Untersuchungen auch unter Bedingungen möglich wären, in denen das eigentliche organische Molekül selbst zerstört wird (vgl. [1]). Die Bilder zeigen zunächst die Entstehung eines unregelmäßigen Haufwerkes bei unvollständiger Bedeckung der ersten Schicht. Unter Schicht wird hier die Höhe der Molekeln über dem Substrat verstanden. Durch Feldverdampfung konnten im weiteren Verlauf der Versuche die obersten Lagen dieses Haufwerkes wieder entfernt werden, so daß sich ein ziemlich zuverlässiges Bild der Anordnung der kondensierten Atome in der ersten Schicht ergibt. Die Bilder zeigen weiter, daß häufig Zusammenballungen von Atomen des Kondensats zu kleinen Gruppen auftreten, die mehrere Schichten hoch sind. Hier bieten sich interessante Parallelen zu der statistischen Theorie der BET-Isothermen von HILL [152].

YOUNG und SCHUBERT [379] haben eine Monte-Carlo-Berechnung (vgl. auch [49]) des Kondensationsvorganges unter Benutzung der eben zitierten experimentellen Arbeit vorgenommen. Der Monte-Carlo-Rechnung wurde ein rechtwinkliges Gitter von 400 Atomplätzen zugrunde gelegt. Die Verteilung der ankommenden Atome über die Plätze des Gitters wurde als statistisch angenommen. Trifft ein Atom auf einen schon besetzten „Platz", so wird es in zufälliger Weise auf einen benachbarten Platz abgelenkt. Ist auch dieser besetzt, wird es zu einem der in der Nachbarschaft befindlichen, noch freien Plätze abgelenkt. Die einzelnen Prozesse werden von den aufeinander folgenden Zahlen einer Zufallstabelle gesteuert. Sind genügend Atome in der ersten Schicht vorhanden, so kann es vorkommen, daß, bei wenigstens drei nächsten Nachbarn in der ersten Schicht, ein Atom in einer zweiten Lage eingebaut wird usw. Zwei verschiedene Modelle wurden durchgerechnet:

1. Das Atom trifft auf die Oberfläche und wird auf dem ersten ihm „begegnenden" Platz bleibend festgehalten.

2. Ein auftreffendes Atom kann zwei zufällige Platzwechselsprünge ausführen. Die folgende Tabelle zeigt die Ergebnisse beider Berechnungen.

Während im Fall I in der dritten Schicht immerhin neun Atome auftreten, so treten im Fall II, bei dem noch zwei Sprünge gestattet waren, keine Atome in der dritten Schicht auf. Im Experiment waren an einer ausgesuchten Stelle des FIM-Bildes, deren Größe und Eigenschaften etwa den Voraussetzungen der Monte-Carlo-Rechnung entsprachen, immerhin elf Atome in der dritten Schicht gefunden worden. Darüber hinaus zeigt die Tabelle, daß im Fall I, ohne Platzwechselsprünge, 28% der Atome in der ersten Schicht zu einer vollständigen Bedeckung der ersten Schicht fehlen. Im Experiment zeigte sich, daß wenigstens ein Viertel der ersten Schicht nicht von Atomen bedeckt wurde.

Tabelle 3.1. *Ergebnisse einer Monte-Carlo-Rechnung*

Anzahl der niedergeschlagenen Atome	Fall I — Atome werden in der ersten Potentialmulde gebunden			Fall II — Atome machen zwei zufallsbedingte Sprünge nach Erreichen der ersten Potentialmulde		
	in der 1. Lage	in der 2. Lage	in der 3. Lage	in der 1. Lage	in der 2. Lage	in der 3. Lage
40	40	0	0	40	0	0
80	80	0	0	80	0	0
120	117	3	0	120	0	0
160	153	7	0	159	1	0
200	186	14	0	199	1	0
240	217	22	1	236	4	0
280	243	36	1	267	13	0
320	267	52	1	296	24	0
360	285	71	4	321	39	0
400	309	85	6	346	54	0
440	327	104	9	363	77	0
480				381	99	0
492				383	109	0

Der Vergleich von Experiment und Monte-Carlo-Rechnung ist daher eine starke Stütze für die Annahme, daß unter den gegebenen Bedingungen (Aufdampfen bei der Temperatur der flüssigen Luft, saubere Oberfläche) die ankommenden Atome tatsächlich bleibend in der ersten Potentialmulde gebunden wurden. Dies bedeutet, daß sie tatsächlich in der Lage sind, über 9 eV in einem einzigen Stoß zu dissipieren.

Die genannten Autoren führen weiter eine Berechnung des gleichen Vorganges nach einer allgemeinen statistischen Methode durch, auf die hier einzugehen kein Raum ist. Sie weisen weiterhin darauf hin, daß ihre Ergebnisse durch die Vorstellungen gut beschrieben werden, die MAC-CARROL und EHRLICH [210, 211] entwickelt haben. In diesem Modell wird die Wechselwirkung zwischen einem ankommenden Teilchen und dem ersten Teilchen des Gitters durch eine harmonische Potentialmulde dargestellt. Die Tiefe der Mulde entspricht der Kondensationswärme und die Breite wird so gewählt, daß sich dieselbe Federkonstante wie für die Wechselwirkung zwischen nächsten Gitternachbarn ergibt.

Es ist seit langer Zeit aus der Arbeit mit dünnen Aufdampffilmen bekannt, daß die Kondensation bei tiefen Temperaturen ungeordnete Schichten ergibt, die sich erst bei höherer Temperatur, d. h. mit dem Einsetzen des Platzwechsels, zunehmend ordnen (vgl. Kap. 2.2.5). Der Vorteil der hier geschilderten Methode liegt im Gewinn detaillierter Informationen über Anordnungen in atomarem Maßstab auf einer völlig reinen Einkristalloberfläche.

Wir können uns nunmehr der Frage der Temperaturabhängigkeit der Haftwahrscheinlichkeit und des Kondensationskoeffizienten zuwenden. Burton, Cabrera und Frank [41] haben ein Modell der Kondensation beim gleichzeitigen Auftreten von Oberflächenwanderung mitgeteilt. Darin besteht die Oberfläche aus einer Folge von Stufen (vgl. die Definition der Vicinalflächen im vorhergehenden Abschnitt). Die aus dem Gasraum auf die Oberfläche auftreffenden Atome werden zunächst mit der Wahrscheinlichkeit 1 adsorbiert. Sie können dann zu einer der Stufen diffundieren, wo sie in das Kristallgitter eingelagert werden, oder bei genügend hoher Temperatur schon auf dem Wege zu einem Einbaupunkt wieder von der Oberfläche verdampfen. Ein an einer Stufe einmal eingebautes Atom wird nicht mehr desorbiert. Für die mathematische Behandlung des Problems schließen wir uns einer von Schwoebel [304] gegebenen Kurzfassung an.

Der gesamte Fluß auf die Oberfläche ergibt sich als Differenz der Zahl der pro cm² und Zeiteinheit auftreffenden Atome $\dot{n}_a$ und der von der gleichen Fläche in der gleichen Zeit verdampfenden Atome $\dot{n}_d$:

$$j = \dot{n}_a - \dot{n}_d = \dot{n}_a - q_d \cdot c(x) \ . \tag{3.15}$$

Hierin bedeutet j den Gesamtfluß, q_d die Desorptionswahrscheinlichkeit und $c(x)$ die Konzentration der adsorbierten Atome pro Flächeneinheit, wobei x die Entfernung von einem Punkt, der genau zwischen zwei benachbarten Stufen liegt, ist. Dieser Gesamtstrom muß nach den Voraussetzungen des Modelles dem Strom der über die Oberfläche diffundierenden Molekeln gleich sein. Daraus folgt:

$$\dot{n}_a - q_d \cdot c(x) = - D_s \nabla^2 \cdot c(x) \ . \tag{3.16}$$

Hier bedeutet D_s den Oberflächendiffusionskoeffizienten.

Diese Differentialgleichung ist mit den Randbedingungen

$$c(x) = c(-x) \ ; \quad c(x = 1/2\ s) = c^* \tag{3.17}$$

integrierbar (vgl. [53]). s ist der Abstand zwischen den angenommenen Stufen und c^* die Konzentration der adsorbierten Molekeln am Rande einer Stufe. Die Integration ergibt:

$$c(x) = \frac{\dot{n}_a}{q_d} - \left(\frac{\dot{n}_a}{q_d} - c\right) \frac{\cosh x \sqrt{q_d/D_s}}{\cosh 1/2 \cdot s \sqrt{q_d/D_s}} \ . \tag{3.18}$$

Da nun $c(x)$ bekannt ist, kann man die Wachstumsgeschwindigkeit des Kristalles, G (Atome/cm² sec) anschreiben:

$$G = \frac{2\ D_s}{s} \left(\frac{dc(x)}{dx}\right)_{x=1/2\ s} \ . \tag{3.19}$$

Der effektive Kondensationskoeffizient, den wir zur Unterscheidung von der bisher verwendeten Haftwahrscheinlichkeit mit α_{eff} bezeichnen wollen, ergibt sich als Quotient der Wachstumsgeschwindigkeit und der Auftreffgeschwindigkeit der Atome:

$$\alpha_{\text{eff}} = \frac{G}{\dot{n}_a} = B^{-1} \tanh B \tag{3.20}$$

$$\text{mit } B = 1/2 \, s \, \sqrt{q_d/D_s} \quad \text{für} \quad c^* \ll \frac{n_a}{q_d} \, .$$

Die dimensionslose Größe B enthält alle das Experiment charakterisierenden Bestimmungsgrößen: die Entfernung der Stufen, die Desorptionswahrscheinlichkeit und den Diffusionskoeffizienten. Um B mit dem Potentialbild von Abb. 3.3 in Zusammenhang zu bringen nehmen wir an, daß die Desorption als Prozeß erster Ordnung verläuft. Diese Annahme ist zumindest für Metall-Metall-Systeme sicher zuverlässig. Damit ergibt sich für q_d:

$$q_d = \nu_d \exp\left(-E_d/kT\right) , \tag{3.21}$$

worin ν_d einen Häufigkeitsfaktor und E_d die Aktivierungsenergie für die Desorption bzw. die Desorptionsenergie selbst darstellt.

Auf die gleiche Weise ergibt sich für den Oberflächendiffusionskoeffizienten:

$$D_s = \nu_s \, a_s^2 \exp\left(-E_s/kT\right) \tag{3.22}$$

mit einem Häufigkeitsfaktor ν_s, der mittleren Sprungweite a_s und der Aktivierungsenergie für die Oberflächenwanderung E_s.

Nimmt man an, daß die beiden Häufigkeitsfaktoren ν_d und ν_s gleichgesetzt werden können, so ergibt sich durch Einsetzen von (3.21) und (3.22) in (3.20) für B die Gleichung:

$$B = \frac{s}{2\,a_s} \exp\left(-\frac{E_d - E_s}{2\,kT}\right) . \tag{3.23}$$

Gleichung (3.20) und (3.21) zeigen, daß der effektive Kondensationskoeffizient α_{eff} eine Funktion der Temperatur und der Differenz von Desorptionsenergie und Platzwechselenergie ist. Die Gleichsetzung der beiden Häufigkeitsfaktoren muß als Näherung betrachtet werden, da diese Häufigkeitsfaktoren neben einer gemeinsamen Grundfrequenz in Größenordnung der Frequenz der Gitterschwingungen beide einen Faktor $\exp \Delta S/R$ enthalten. Die Größe ΔS, die Aktivierungsentropie für die Desorption bzw. für den Platzwechsel, muß aber keineswegs dieselbe sein. Dies kann man leicht erkennen, wenn man bedenkt, daß für die Desorption vorwiegend Richtungen normal zur Oberfläche in Frage kommen, während für den Platzwechsel Bewegungsrichtungen des Atoms unter kleineren Winkeln zur Oberfläche ebenfalls in Betracht kommen.

Die für die Prüfung der Theorie notwendigen Daten, wie Aktivierungsenergie für die Desorption und die Oberflächenwanderung, der Abstand der Stufen auf der Oberfläche und die mittlere Sprungweite, sind alle zusammen nicht mit der nötigen Genauigkeit bekannt. Man ist daher gezwungen, gemessene Kurven des Temperaturverlaufes von α_{eff} durch geeignete Abschätzung der genannten Parameter mit Gleichung (3.20) bzw. (3.23) anzunähern und aus dem qualitativen Verlauf und der Güte der erreichbaren Näherung Rückschlüsse auf die Gültigkeit der geschilderten Theorie zu ziehen. Neben der Kondensation in Stufen tritt vor allen Dingen bei niedrigen Temperaturen noch der Vorgang der Keimbildung auf. Den Zusammenhang zwischen Keimbildung und Kondensation in Stufen kann man quantitativ verstehen, wenn man sich das Adsorbat als zweidimensionales Gas an der Oberfläche des Adsorbens vorstellt. In

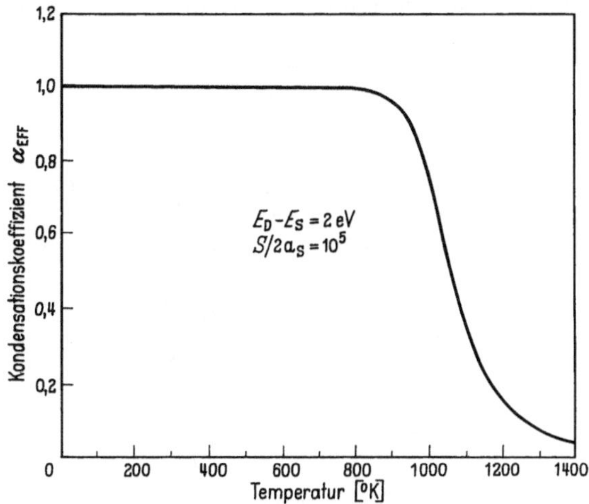

Abb. 3.7. Der Temperaturverlauf des Kondensationskoeffizienten, berechnet nach Gleichung (3.20). Nach [304]

diesem Falle kann man eine freie Weglänge für die Molekeln des Adsorbates einführen. Ist diese fiktive freie Weglänge groß gegen den Abstand der Stufen, so ist die Wechselwirkung zwischen den Molekeln des Adsorbates gering und die Kondensation wird überwiegend an den Stufen auftreten. Ist dagegen die mittlere freie Weglänge des Adsorbates sehr klein gegen den Stufenabstand, so werden die adsorbierten Atome vorwiegend untereinander in Wechselwirkung treten. In diesem Falle kommt es zu Keimbildung und zu einem Wachstum unabhängig von den Stufen der Oberfläche. Das Wachstum des Kristall-Substrates wird daher oberhalb einer kritischen Temperatur auftreten, die von der Auftreffgeschwindigkeit der Adsorbat-Molekeln aus dem Gasraum abhängt. Unterhalb dieser Temperatur ist es wahrscheinlicher, daß sich die Molekeln zu Kondensationskernen zusammenlagern. Den Temperaturverlauf des Kondensationskoeffizienten nach (3.20) mit (3.23) zeigt Abb. 3.7, nach [304].

Die experimentellen Meßverfahren beruhen alle darauf, eine bekannte Anzahl von Atomen auf die Oberfläche auftreffen zu lassen und dann mit irgendeiner Methode nachzuprüfen, wie viele davon auf der Oberfläche haften geblieben sind. Die übersichtlichste experimentelle Methode bedient sich dabei einer Mikrowaage. Zahlreiche Konstruktionen geeigneter und im Ultrahoch-Vakuum brauchbarer Waagen sind bekannt geworden. Ihre Besprechung im einzelnen würde hier zu weit führen. Ein typisches Beispiel einer Versuchsanordnung mit einer Mikrowaage zeigt Abb. 3.8.

Im oberen Teil der Abbildung erkennt man die eigentliche Waage, der rechte Schenkel der Apparatur enthält einen Eisenkristall, um

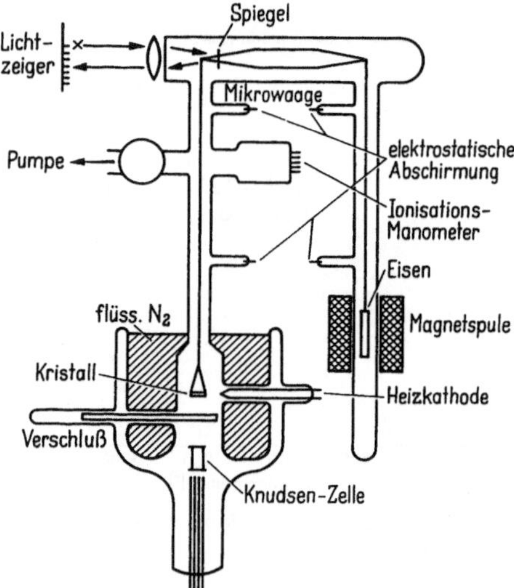

Abb. 3.8. Mikrowaage nach SCHWOEBEL [304] zur Messung von Kondensationsprozessen im Ultra-Hoch-Vakuum

Rückstellkräfte von außen an die Waage bringen zu können. Gemessen wird nach einer Null-Methode. Im linken Schenkel der Waage befindet sich die zu untersuchende Probe, in diesem Falle ein Gold-Einkristall. Dieser Einkristall kann durch Elektronenbeschuß aus dem seitlich erkennbaren Iridiumfaden geheizt werden, er befindet sich in einer Umgebung, die mit flüssiger Luft ständig gekühlt wird. Unterhalb der Probe befindet sich eine Knudsenzelle, d. h. ein Ofen mit einer Öffnung, die klein ist gegen die mittlere freie Weglänge der austretenden Goldatome. Die Ummantelung mit flüssiger Luft sorgt dafür, daß nur Atome auf den Kristall auftreffen, die unmittelbar aus der Knudsenzelle kommen und daher eine wohldefinierte Temperatur haben. Während des Anheizens der Knudsenzelle wird der Kristall durch einen Schieber abgedeckt, der von links in die Apparatur hineinragt. Einige Meßreihen für Gold auf Gold zeigt nach [304] die Abb. 3.9 zusammen mit dem nach Gleichung (3.20) angepaßten Temperaturverlauf des Kondensationskoeffizienten. Die für die Anpassung verwendeten Daten sind in der Abbildung angegeben. Wenn es sich auch hier um ein spezielles Beispiel handelt, so sind diese Daten doch repräsentativ für praktisch alle bekannt gewordenen Untersuchungen.

Insbesonders zeigt die Größenordnung von s/a, 2,46 · 10^5, gute Übereinstimmung mit anderen Versuchen über das Wachstum von Metallkristallen aus der Gasphase [95, 213, 306]. Aus den Vergleichen des

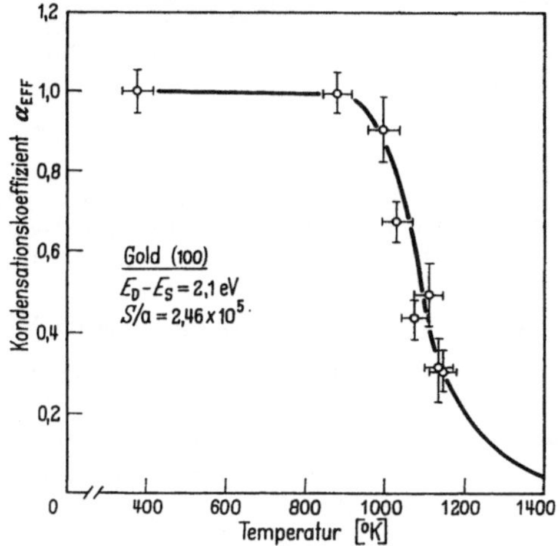

Abb. 3.9. Die Kondensation von Gold auf Gold (100), verglichen mit der theoretischen Kurve nach Gleichung (3.20). Nach [304]

s/a-Verhältnisses mit elektronenmikroskopischen Aufnahmen der wachsenden Oberfläche kommt SCHWOEBEL [304] zu dem Schluß, daß sehr wahrscheinlich einatomare Stufen zwar auf der Oberfläche vorhanden sind, aber keine wesentliche Rolle bei der Kondensation spielen, sondern daß vielmehr größere Stufen das Hauptwachstum übernehmen. Solche größeren Stufen treten vorzugsweise bei Nichtgleichgewichtsstrukturen auf, wie sie z. B. von AMELINCKS [3] und BRÜCHE und DEMNY [39] näher untersucht wurden.

Neben der Wägung während des Kristallwachstums sind die sog. Tracer-Methoden, d. h. die Anwendung radioaktiver Isotope, wegen ihrer hohen Empfindlichkeit zur Messung des Haftkoeffizienten geeignet.

Bei diesen Methoden wird ein radioaktives Isotop auf die zu untersuchende Oberfläche aufgedampft. Durch Messung der Aktivität des Ofens vor und nach dem Versuch, sowie Messung der auf dem zu untersuchenden Kristall niedergeschlagenen Aktivität erhält man unmittelbar den Haftkoeffizienten. Wegen der hohen Empfindlichkeit des radioaktiven Nachweises lassen sich Haftkoeffizienten bei Belegungsdichten weit unter einer Monoschicht untersuchen. Die meisten radioaktiven Metall-Isotope lassen sich in Form von Präparaten mit einer bestimmten Konzentration des radioaktiven Isotops erhalten. Bei diesen Versuchen wird neben dem erwünschten Isotop natürlich noch eine Anzahl von Atomen der nichtaktiven Begleiter auf die Oberfläche aufgedampft. Bei diesen Experimenten bedampft man zunächst eine Oberfläche mit einem

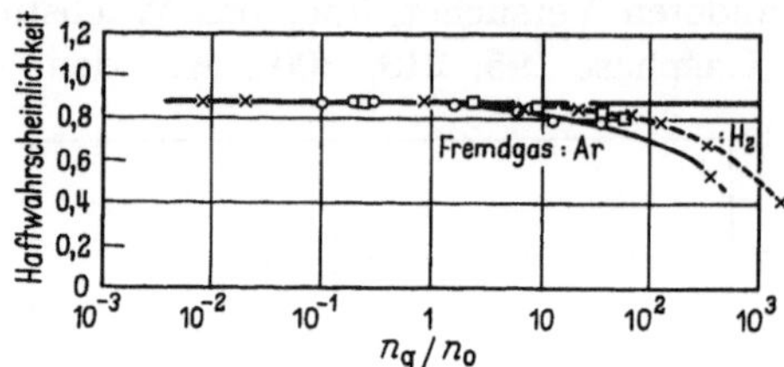

Abb. 3.10. Kondensation von Thallium auf Thallium, 220°C. Als Abszisse ist das Verhältnis der Zahl der aus dem Gas auftreffenden Fremdmoleküle zur Zahl der aus dem Molekülstrahl kommenden Thallium-Atome aufgetragen. Nach GEIL [107]

nichtaktiven Präparat und anschließend diese frisch hergestellte Oberfläche aus einem zweiten Ofen mit dem aktiven Präparat. Nach dieser Methode hat z. B. GEIL [107] die Kondensation von Thallium auf Thallium untersucht. Die Ergebnisse lassen sich durch Gleichung (3.20) befriedigend darstellen, wobei der Kondensationskoeffizient bis etwa 150°C praktisch 1 ist, und bei 350°C auf weniger als 0,1 abgesunken ist. Interessant bei diesen Versuchen war vor allem, daß der Kondensationskoeffizient bei Anwesenheit von Helium und Wasserstoff merklich zurückging.

Abb. 3.10 zeigt diese Versuche nach [107]. Als Ordinate ist wieder der Haftkoeffizient (hier bei einer konstanten Temperatur von etwa 220°C gemessen) aufgetragen, und als Abszisse das Verhältnis der Fremdgasmoleküle zu der Zahl der Moleküle im Dampfstrahl.

Nach einer ähnliche Technik hat DEVIENNE [66, 67] die Abhängigkeit des Kondensationskoeffizienten von der Dicke der Aufdampfschicht untersucht. Die Ergebnisse zeigt die nachfolgende Tabelle.

Der Kondensationskoeffizient hat einen starken Gang mit der Schichtdicke. Dies kann ein Hinweis sein, daß die bereits besprochene Energieakkomodation von der Schichtdicke abhängt. Dieses wäre qualitativ verständlich, da mit wachsender Schichtdicke die Dichte der zur Wechselwirkung beim Stoß zur Verfügung stehenden Phononen anwachsen müßte. Diese Deutung wird jedoch etwas zweifelhaft durch den Umstand, daß der Kondensationskoeffizient weit unter 1 bleibt, was vermutlich auf Verunreinigungen durch nicht genügend saubere Versuchsanordnung

Tabelle 3.2. *Änderung des Kondensationskoeffizienten mit der Schichtdicke* (nach DEVIENNE [66])

Film	Unterlage	Film-Dicke (Å)	Kondensations-Koeffizient
Sb	Cu	1,9	0,401
		2,2	0,417
		4,9	0,456
		39,6	0,608
		437,8	0,772
Cd	Cu	0,8	0,037
		4,9	0,257
		6	0,240
		42,4	0,602

zurückzuführen ist. VON GOELER und LÜSCHER [115] haben eine Apparatur beschrieben, die die Bestimmung der Haftkoeffizienten und Desorptionsenergien bei Drucken von $2 \cdot 10^{-9}$ Torr gestattet. Das Vakuumsystem besteht aus zwei Teilen mit getrennter Pumpanlage. In einem Teil befindet sich der Ofen, im anderen die zu bedampfende Metallfläche. Beide Teile sind durch eine etwa 10 cm lange Capillare von 1 mm innerem Durchmesser getrennt. Dieser hohe Strömungswiderstand gestattet im System die oben genannten Drucke aufrechtzuerhalten, selbst wenn im Ofenteil des Systems der Druck bis auf 10^{-7} Torr ansteigt. Untersucht wurde Gold^{198} (Halbwertszeit 64,6 Std), das durch Reaktorbestrahlung aus sehr reinem Gold^{197} gewonnen wurde. Das Verhältnis der aktiven Goldatome zu den inaktiven war in der Größenordnung $1/10^3$. Zwischen 10^{-5} und 10^{-3} Torr Gold-Partialdruck im Ofen wurden Atomstrahldichten bis zu $10^{11}/cm^2$ sec erzielt. Aufgedampft wurde auf durch Glühen gereinigtes, polykristallines Molybdänblech. Die Autoren fanden bei Zimmertemperatur eine Haftwahrscheinlichkeit von $0,99 \pm 0,01$.

Eine Reihe von weiteren Versuchen galten der Frage, in welchem Umfang die Haftwahrscheinlichkeit von Verunreinigungen der Oberfläche beeinflußt wird. Aufdampfen 15 min oder 24 Std nach der Reinigung des Bleches ergab die gleichen Werte für die Haftwahrscheinlichkeit. Ein vorübergehender Druckanstieg auf $4 \cdot 10^{-8}$ Torr änderte die Haftwahrscheinlichkeit ebenfalls nicht. Stieg, nach Abschalten der Diffusionspumpe, der Druck auf 10^{-3} Torr an, so war anschließend bei 10^{-8} Torr die Haftwahrscheinlichkeit auf 0,95 abgesunken und erreichte nach erneutem Glühen des Molybdänbleches ihren alten Wert. Diese geringe Empfindlichkeit scheint nicht für alle Metalle vorzuliegen. PTUSCHINSKI [265] fand bei ähnlichen Versuchen mit Silber ein Absinken der Haftwahrscheinlichkeit auf 0,9 bereits bei einem Umgebungsdruck von 10^{-6} Torr.

Eine experimentell besonders interessante Methode wurde von
Frauenfelder [99], Peacock [261] sowie von Goeler und Peacock
[116] beschrieben. Cadmium[107] geht durch K-Einfang zu mehr als 99%
in einen angeregten Silberkern des Isotops[107] über. Dieser geht mit einer
Halbwertszeit von 44,3 sec unter γ-Strahlung in den Grundzustand über.
Beim K-Einfang übernimmt ein Neutrino die freiwerdende Energie und
der Kern erhält einen Rückstoß mit einer Energie von etwa 9 eV. Eine
dünne Aufdampfschicht von Cd[107] emittiert daher einen dauernden
Strom von Silber-Rückstoßkernen. Sie ist daher eine sehr saubere
Molekularstrahlquelle für Silberatome, die obendrein den Vorteil hat,

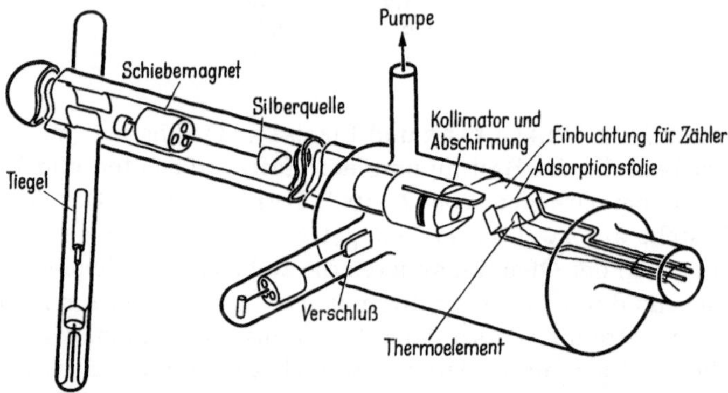

Abb. 3.11. Apparatur zur Messung der Haftwahrscheinlichkeit von Silber. Die
Silberquelle ist ein Niederschlag von Cadmium[107], in der durch K-Einfang Silber-
Rückstoßkerne gebildet und emittiert werden. Der Zähler wird außerhalb der
Glashülle untergebracht. Nach [261]

auch bei Zimmertemperatur zu arbeiten. Der Nachweis der emittierten
Kerne erfolgt über deren γ-Strahlung. Abb. 3.11 zeigt die bei diesen
Versuchen verwendete Apparatur. Sie ist, mit Ausnahme weniger
Metallteile, ganz aus Glas gefertigt und erreicht ein Grenzvakuum von
10^{-11} Torr. In dem links erkennbaren Ansatz befindet sich eine gerollte
Pt-Folie, auf der das im Cyclotron hergestellte Cd[107] niedergeschlagen
ist. Diese Folie kann von außen durch Hochfrequenz geheizt werden,
so daß das Cd[107] auf den im waagerechten Teil der Apparatur erkennbaren
Träger, der ganz nach links geschoben ist, aufdampft. Die Oberfläche
dieses Trägers wird damit zu einer Quelle von Silberatomen. Durch
Verschieben dieser Silberquelle in den Strahlbegrenzer nach rechts kann
man nach Öffnen des aus Tantal-Blech gefertigten Verschlusses einen
Silberstrahl auf das rechts eingezeichnete Mo- oder Ni-Blech schicken.
Die γ-Strahlung wird mit einem Scintillationszähler, ohne Unterbrechung
des Vakuums, von außen gemessen. Sowohl für Ag auf Mo, als auch für
Ag auf Ni wurden bei Zimmertemperatur Haftkoeffizienten von 1 gefunden. Die Summe aus der Rückstoßenergie der Kerne und der Desorp-

tionsenergie beträgt in beiden Fällen etwa 11 eV. Angaben über die Platzwechselenergie liegen nicht vor. Jedoch kann man aus diesen Experimenten schließen, daß von den 9 eV Rückstoßenergie der Kerne wegen der niedrigen Desorptionsenergie mindestens 7 eV im ersten Stoß der Ag-Kerne mit der Oberfläche dissipiert werden. Dieser Wert ist in guter Übereinstimmung mit der hohen Energiedissipation, die aus den oben geschilderten Versuchen mit W auf W festgestellt wurde.

Experimentelle Untersuchungen von Kondensationswärmen und Desorptionsenergien in Metall-Metall-Systemen gestatten die Prüfung der im ersten Kapitel behandelten Theorien über die Adsorptionsbindung. GODWIN und LÜSCHER [114] haben einen Vergleich ihrer Messungen der Desorptionsenergien von Gold und Kupfer auf reinem Wolfram mit der Theorie von LEVINE und GYFTOPOULOS durchgeführt. Die Ergebnisse dieser Autoren lassen sich in der Tat mit der genannten Theorie beschreiben.

3.2. Platzwechsel und Oberflächendiffusion

In den vorstehenden Abschnitten wurde wiederholt darauf hingewiesen, daß für die Anlagerung eines adsorbierten Atoms an eine endgültige Gleichgewichtslage ein Platzwechsel dieses Atoms längs der Oberfläche in der Regel erforderlich ist. Beschränkt man sich zunächst für die theoretische Behandlung dieses Platzwechsels auf ein aus festen Kugeln hergestelltes Festkörpermodell, so erkennt man (z. B. in dem Atlas von NICHOLAS [234]), daß die Kristalloberflächen im atomaren Maßstab keineswegs glatt sind. Vielmehr treten Mulden, Sättel und Rillen auf, und es darf von vornherein angenommen werden, daß die Wahrscheinlichkeit für einen Platzwechsel der adsorbierten Molekeln von der Richtung und der Struktur der Oberfläche abhängt. Ein solcher Platzwechsel ist ein Beispiel eines aktivierten Prozesses. Nach der Eyringschen Theorie der absoluten Reaktionsgeschwindigkeiten ergibt sich für die Reaktionsgeschwindigkeit, in unserem Falle also für die Platzwechselwahrscheinlichkeit, folgender Ausdruck:

$$v = v_0 \cdot e^{\frac{\Delta S^{\ddagger}}{R}} \cdot e^{-\frac{\Delta E^{\ddagger}}{RT}} . \tag{3.24}$$

Hierin bedeuten v_0 die Frequenz, mit der das Teilchen gegen einen Potentialwall anläuft, $\Delta S^{\ddagger}$ die Aktivierungsentropie und $\Delta E^{\ddagger}$ die Aktivierungsenergie für den Platzwechsel. Zur näheren Angabe der Aktivierungsgrößen ist die Kenntnis des aktivierten Komplexes, seiner Entropie und seiner Energie, erforderlich. Es ist üblich, sich den aktivierten Komplex beispielsweise als eine Sattellage der wandernden Partikel vorzustellen. In einer Sattellage hat die wandernde Partikel entweder eine andere

Zahl von Nachbarn, oder aber mindestens andere Abstände von diesen als z. B. in einer Muldenlage. In der Literatur beschränkt sich die Betrachtung der Platzwechselvorgänge auf Untersuchungen über die Platzwechselenergie. Dieses Verfahren ist solange sinnvoll, als tatsächlich angenommen werden kann, daß die Platzwechselentropie für alle in Frage kommenden Platzwechsel bzw. Wanderungsrichtungen die gleiche ist. Diese Annahme ist zweifellos physikalisch nicht realistisch. Zur Verdeutlichung des Sachverhaltes diene Abb. 3.12 nach DRECHSLER [72]. Hier ist eine sog. Muldenlage einer Sattellage auf der (001)-Fläche eines kubisch raumzentrierten Kristalles für eine adsorbierte Molekel gegenübergestellt. Das Radienverhältnis entspricht mit 1,6 dem Falle von Ba auf

a   b

Abb. 3.12. Muldenlage (a) und Sattellage (b) für Barium auf der Wolfram-(001)-Fläche. Nach DRECHSLER [72]

W. In der Muldenlage (a) berührt das Ba-Atom vier W-Atome unmittelbar. In der Sattellage (b) dagegen nur zwei. Die Bindung im Falle (a) ist sicher stärker als im Falle (b). Geht die adsorbierte Molekel von einer Muldenlage in eine andere Muldenlage auf der gleichen Fläche über, so muß sie auf diesem Wege eine Sattellage überwinden. Es liegt nahe, diese Sattellage als den aktivierten Komplex im Sinne der Theorie der absoluten Reaktionsgeschwindigkeiten aufzufassen. Die Aktivierungsenergie ergibt sich dann als Differenz der Bindungsenergie in einer Mulden- und in einer Sattellage. Die Aktivierungsentropie läßt sich nicht so leicht angeben. Man muß sich vielmehr vorstellen, daß zu jeder bestimmten Adsorptionslage ein bestimmtes Schwingungsspektrum der Festkörperoberfläche gehört. Das zu einer Sattellage gehörende Schwingungsspektrum ist zweifellos auch von dem Schwingungsspektrum der Muldenlage verschieden. Damit gehört zu jeder der beiden Lagen eine gewisse Entropie, und die Differenz dieser Entropien wäre die Aktivierungsentropie. Mulden- und Sattellagen nach diesem Modell gibt es natürlich auf allen denkbaren Kristallflächen, selbst auf einer hexagonal dichtest gepackten Fläche. Aus dem Vergleich der Abbildungen und einer hexagonal dichtesten Fläche erkennt man unschwer, daß die Aktivierungsentropien für diese beiden Flächentypen verschieden sein müssen. Die einzige Möglichkeit, eine flächenunabhängige Aktivierungsentropie zu definieren, bietet das zweidimensionale Gas. Dabei ist der Ausgangspunkt wiederum eine der in der Abb. 3.12 angedeuteten Lagen. Der aktivierte Zwischenzustand, über den der Platzwechsel verläuft, wäre jedoch ein zweidimensionales Gas in einem genügend großen Abstand von der Oberfläche, so daß die atomare Feinstruktur der Oberfläche keinen Einfluß mehr auf die Bewegung der Molekel hätte. In diesem Falle sind aber keine flächenabhängigen oder richtungsabhängigen Platzwechselwahrscheinlichkeiten zu erwarten. Das Experiment, auf das wir später zu sprechen kommen, zeigt aber, daß die tatsächlich beobachteten Platzwechsel sowohl flächen- als auch richtungsabhängig sind. Das zweidimensionale Gas läßt sich also für diese Betrachtungen nicht verwenden. Es muß nach diesen Überlegungen erstaunen, daß Modellrechnungen von Platzwechselenergien tatsächlich Ergebnissen für die Platzwechselgeschwindigkeiten und Vorzugsrichtungen auf der Oberfläche liefern, die zumindest in ihren relativen Werten gut mit experimentellen Messungen übereinstimmen. Will man nicht annehmen, daß diese Übereinstimmungen rein zufällig sind, und dazu besteht nach den später noch zu besprechenden zahlreichen Experimenten eigentlich kein Anlaß, so muß man annehmen, daß sich die tatsächlich vorhandenen Platzwechselenergien und die Platzwechselentropien in Gleichung (3.24) teilweise kompensieren.

DRECHSLER [72] hat für verschiedene Adsorbate auf Wolfram ohne Berücksichtigung der Entropie ausführliche Berechnungen über die Platzwechselenergien durchgeführt. Er ging dabei von der Annahme aus, daß das Attraktionspotential zwischen dem Adsorbat und seinen nächsten Substrat-Nachbarn umgekehrt proportional zur sechsten Potenz ihres Abstandes ist. Die Bindungsenergie ergibt sich dann aus einer Summation über alle Nachbarn, die zu einem bestimmten Abstand gehören, und Division dieser Zahl durch die sechste Potenz dieses Abstandes. Der so gewonnene Ausdruck wird der Bindungsenergie auf den jeweiligen Flächen und in der jeweiligen Lage proportional gesetzt. Die Proportionalitätskonstante wird aus dem geometrischen Mittel der Verdampfungswärme des Substrats und des Adsorbates ermittelt (vgl. Kap. 1.2.2). Die Ergebnisse dieser Rechnung zeigt auszugsweise die folgende Tabelle, bei der bis zu fünf nächste Nachbarn berücksichtigt wurden*.

Aus der weiteren Betrachtung des Kugelmodelles ergibt sich auch die Existenz von Vorzugsrichtungen für die Oberflächendiffusion. Man erkennt dies qualitativ aus Abb. 3.12a. Hier kann das dargestellte

---

* Die in letzter Zeit erfolgte Anwendung von *Morse*- und *Mie*-Potentialen bringt zahlenmäßig sehr viel bessere Näherungen, aber keine wesentlich vertiefte Einsicht.

Tabelle 3. 3. *Anzahl und Abstände von auf W-Flächen adsorbierten Ba-Atomen bis zu fünf-nächsten Nachbarn sowie diesbezügliche relative und absolute van der Waalssche Bindungs-energien (auch für W auf W) in Mulden- und Sattelagen*

Lage des Ba-Atomes	Erst-nächster Nachbar		Zweit-nächster Nachbar		Dritt-nächster Nachbar		Viert-nächster Nachbar		Fünft-nächster Nachbar		$\dfrac{Q}{C}\sum\limits_{k=1}^{k=1}\dfrac{n_k}{d_k^6}$ in Å^{-6} 10^3	Q_{ad} Ba-W in eV	für W auf W Q_{ad} in eV
	n_1	d_1 Å	n_2	d_2 Å	n_3	d_3 Å	n_4	d_4 Å	n_5	d^5 Å			
100-Mulde	4	3,62	1	4,43	4	5,44	—	—	—	—	2,066	2,23	7,82
100-Sattel	2	3,62	4	4,80	2	5,10	—	—	—	—	1,331	1,58	4,41
011-Mulde	3	3,62	1	4,26	2	4,81	2	5,30	1	5,34	1,756	1,96	5,93
011-Sattel	2	3,62	2	4,26	4	4,81	—	—	—	—	1,547	1,77	4,58
111-Mulde	3	3,62	3	4,31	1	4,37	—	—	—	—	1,954	2,14	9,05
111-Sattel	2	3,62	1	4,04	1	4,92	2	4,96	2	5,17	1,431	1,67	4,78
112-Mulde	4	3,62	1	3,81	1	4,42	1	5,10	4	5,4	2,460	2,59	7,64
112-Sattel	2	3,62	1	4,24	1	4,53	4	4,54	—	—	1,635	1,86	5,87
112-Quer-sattel	2	3,62	2	5,18	2	5,3	—	—	—	—	1,084	1,36	3,84
123-Mulde	4	3,62	1	3,81	1	4,42	1	4,94	1	5,10	2,574	2,70	7,72
123-Sattel	2	3,62	1	4,24	1	4,53	4	4,54	1	5,04	1,696	1,91	5,87
123-Quer-sattel	2	3,62	2	5,18	2	5,30	—	—	—	—	1,084	1,36	3,84
012-Mulde	4	3,62	1	3,64	1	4,52	2	4,92	—	—	2,471	2,60	8,40
012-Sattel	2	3,62	2	3,92	4	4,80	1	4,95	2	5,1	1,956	2,14	4,68
012-Quer-sattel	2	3,62	1	4,75	—	—	—	—	—	—	0,977	1,26	4,22
122-Mulde	3	3,62	3	4,31	1	4,37	2	4,90	—	—	2,100	2,27	9,24
122-Sattel	2	3,62	1	3,99	1	4,19	1	4,43	1	4,65	1,855	2,05	5,40
122-Quer-sattel	2	3,62	1	4,04	1	5,26	1	5,30	—	—	1,214	1,48	4,18

Barium-Atom mit der gleichen Leichtigkeit nach rechts oder nach vorn diffundieren, während eine Diffusion unter 45° zur Voraussetzung hätte, daß das Atom sich sehr viel weiter von der Oberfläche entfernen bzw. sehr viel höher an einem Potentialberg aufsteigen müßte, um in die nächste Mulde zu gelangen. Die Vorhersage der Existenz einer Richtungs-abhängigkeit für die Oberflächendiffusion ist eine wesentlich wichtigere Folge des Kugelmodelles, als die mehr oder weniger zweifelhafte Berech-nung der tatsachlich auftretenden Platzwechselenergien. Gelingt es nämlich, für ein spezielles System eine solche richtungsabhängige Diffusion festzustellen, so ist damit gezeigt, daß das in der älteren Literatur weitverbreitete Modell des zweidimensionalen Gases zumindest auf dieses System nicht anwendbar ist. DRECHSLER hat dieses Problem z. T. nach Messungen von MÜLLER [238] ausführlich untersucht [73, 74].

Das Feldelektronenmikroskop ermöglicht, bei genügender Geduld, die unmittelbare visuelle Beobachtung von Platzwechselvorgängen.

Allerdings kann dabei die Richtung einer Bewegung nur daraus erschlossen werden, daß an einer Stelle ein Streuscheibchen verschwindet, während praktisch gleichzeitig an einer benachbarten Stelle ein neues auftaucht. DRECHSLER [73] berichtet über solche Beobachtungen bei etwa 1/50 monoatomarer Bedeckung der Wolframspitze mit Barium. Die Temperatur bei diesen Versuchen war 400°, und der von einzelnen

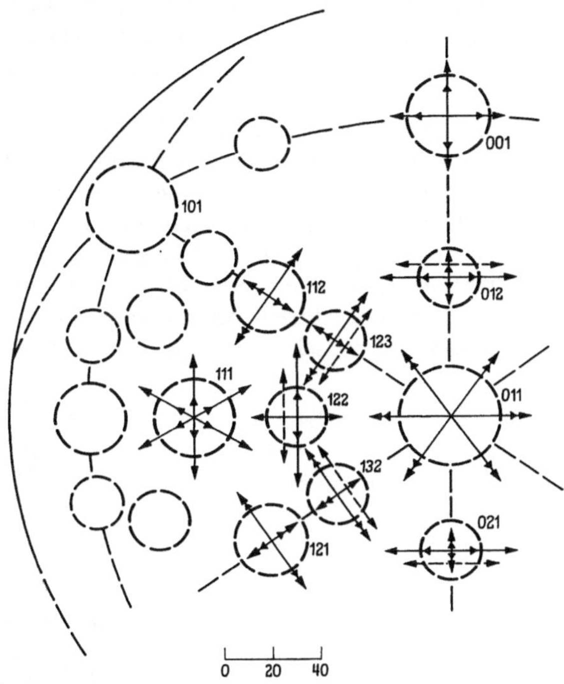

Abb. 3.13. Senkrechte Projektion der Flächen eines Halbkugel-Kristalles (ähnlich Wolfram in Feldelektronenmikroskop) mit Angabe der richtungsabhängigen Platzwechselwahrscheinlichkeiten einzeln adsorbierter Barium-Atome bei 500° K (dicke Pfeile) und Wolfram-Atome bei 1500° K (dünne Pfeile). Die Länge der Pfeile in dem angegebenen Maßstab liefert, vermehrt um die Zahl 24, den Logarithmus der Wahrscheinlichkeit eines Platzwechsels je Sekunde. Für Barium auf Wolfram experimentell beobachtete Vorzugsrichtungen sind durch gestrichelte Pfeile dargestellt. Nach DRECHSLER [73]

Atomen zurückgelegte Weg in einem einzigen Platzwechselvorgang war in der Größenordnung von 20–200 Å. Solche Versuche lassen sich nicht nur für Ba auf W, sondern z. B. für Ta auf W und WO_2 auf W durchführen. Auch Stöße wandernder Teilchen mit ruhenden Teilchen lassen sich gelegentlich unmittelbar beobachten. Das Interessante an dieser qualitativen Untersuchung ist, daß in der überwiegenden Mehrzahl der Fälle die beobachtete Wanderungsrichtung mit derjenigen übereinstimmt, die man aus Unebenheiten der Kristallflächen im Kugelmodell erwarten muß.

95

Abb. 3.13 zeigt eine senkrechte Projektion eines halbkugelförmigen W-Kristalles in vereinfachter Darstellung. Die ausgezogenen Pfeile entsprechen, bis auf einen additiven Zusatz, dem Quotienten von Platzwechselenergie und absoluter Temperatur, wie sie von DRECHSLER aus dem Kugelmodell abgeleitet wurden. Die gestrichelten Pfeile sind die experimentell im Elektronenmikroskop beobachteten Vorzugsrichtungen in beliebigem Maßstab. Man sieht, daß überall da, wo Beobachtungen vorliegen, die Vorzugsrichtung der tatsächlich stattfindenden Oberflächendiffusion in der Tat mit der aus dem Kugelmodell berechneten übereinstimmt.

E. W. MÜLLER hat auf eine Wolframspitze bei $1000-1500°\,\mathrm{K}$ Wolfram aufgedampft und die Wirkung der Oberflächenwanderung beobachtet. Durch die Anlagerung der wandernden Atome an bestimmte Flächen bilden sich dabei Wachstumsringe um die Flächen (011), (001) und (112). Bei Vorliegen einer gerichteten Oberflächenwanderung dürfen diese Wachstumsringe nicht in allen Fällen symmetrisch erscheinen, sondern müssen in der Vorzugsrichtung stärker ausgeprägt sein als in anderen Richtungen. DRECHSLER hat in sehr überzeugender Weise die theore-

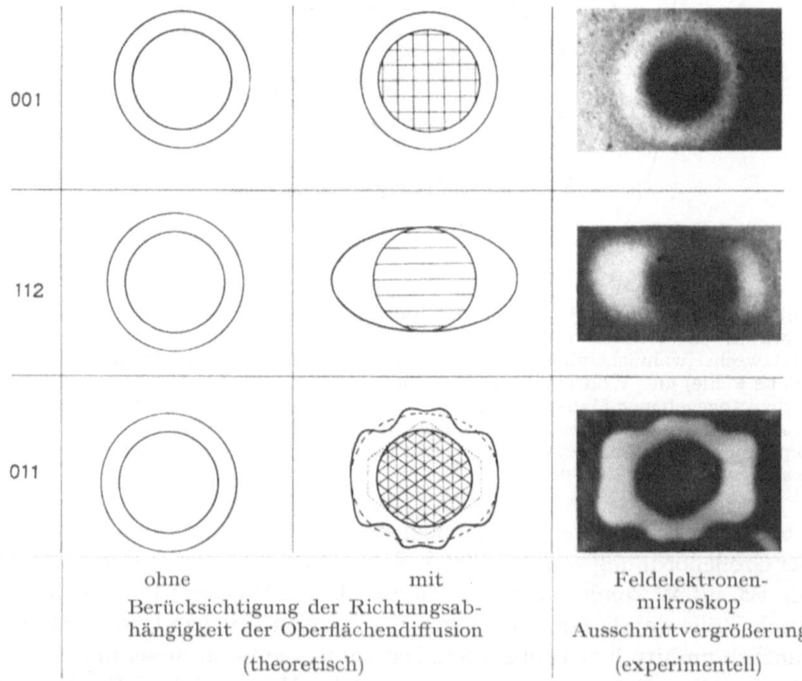

Abb. 3.14. Nachweis einer gerichteten Oberflächendiffusion für Wolfram auf den Wolfram-Flächen (001), (112) und (011). Die Breite der Ringe ist ein Maß für die Zahl der zum Flächenrand diffundierten Atome. Nach DRECHSLER [73]

tischen Erwartungen über Vorzugsrichtungen im Platzwechsel auf W-Einkristallflächen mit Ausschnittsvergrößerungen aus Schirmbildern des Feldelektronenmikroskopes zusammengestellt. Die Ergebnisse dieser Arbeit zeigt die Abb. 3.14 für die W-Flächen (001), (112) und (011). Diese Abbildung spricht für sich selbst. Auch die älteren Beobachtungen von AHEARN und BECKER [2], die die Oberflächenwanderung von Th auf W untersuchten, werden durch die Drechslerschen Überlegungen richtig wiedergegeben.

Die bisher angestellten Überlegungen gelten, wie im Kugelmodell grundsätzlich nicht anders möglich, für verschwindend kleinen Bedeckungsgrad der Oberfläche. In diesem Falle spielt die Wechselwirkung zwischen Adsorbatmolekeln eine untergeordnete Rolle. Mit steigendem Bedeckungsgrad jedoch kann diese Wechselwirkung zunehmen und auch Einfluß auf den Diffusionsmechanismus gewinnen. SCHMIDT und GOMER [297] stellen folgenden Mechanismus für höhere Bedeckungsgrade zur Debatte: Mit steigendem Bedeckungsgrad wird die Wahrscheinlichkeit, daß eine Molekel nur in den Mulden der Oberfläche wandern kann, immer kleiner. Immer häufiger muß es vorkommen, daß eine Molekel, um zu diffundieren, auf die erste adsorbierte Lage hinaufspringen muß, auf der sie schnell weiterdiffundiert und schließlich in einer Leerstelle der ersten adsorbierten Schicht wieder zur Ruhe kommt. Dieser Mechanismus ist analog zu verstehen zu der Diffusion in Flüssigkeiten und Festkörpern über einen Leerstellenmechanismus. Zwischen diesen Mechanismen sind alle Übergänge möglich. Beide Mechanismen sind jedoch durch verschiedene Aktivierungsenergien und Diffusionslängen gekennzeichnet. Durch das Auftreten der beiden Mechanismen muß man im Experiment erwarten, daß beobachtete Aktivierungsenergien und Prä-Exponentialfaktoren vom Bedeckungsgrad abhängen. SWANSON et al. [325] haben weiterhin bei Versuchen im FEM gezeigt, daß Aktivierungsenergien und Häufigkeitsfaktoren von der Feldstärke über der Oberfläche abhängen (Ca auf W und Mo). POPP und RISSMANN [267] haben an einem polykristallinem W-Band ähnliche Ergebnisse für K gefunden. Die am häufigsten angewendete experimentelle Methode zur Messung von Oberflächendiffusionskoeffizienten im Feldelektronenmikroskop geht auf DRECHSLER und E. W. MÜLLER [71] zurück. Dabei dampft man auf eine reine W-Spitze aus einer seitlichen Quelle eine gewisse Menge des zu untersuchenden Stoffes auf. Die Spitze befindet sich dabei auf einer Temperatur weit unterhalb derjenigen, bei der die Diffusion beobachtet werden soll. Die Spitze bedeckt sich dann nur auf der der Dampfquelle zugewendeten Seite mit dem aufgedampften Material. Die Begrenzung zu der unbedeckt gebliebenen Seite der Spitze ist im allgemeinen scharf ausgebildet. Sie ist im Feldelektronenmikroskop als scharfe Linie erkennbar, weil, wie z. B. im Falle von Ba auf W, die Austrittsarbeit

zwischen unbedeckter und stark bedeckter Oberfläche ein Minimum, und
damit die Elektronenemission ein Maximum an der Grenzlinie durch-
läuft. Der Verlauf dieser Grenzlinie kann z. B. durch Kreide auf dem
Leuchtschirm markiert werden. Nun wird die Spitze für eine gemessene
Zeit auf die Versuchstemperatur erwärmt, dann wieder abgekühlt und
das nun entstandene Emissionsbild beobachtet. Hätte die Oberflächendiffusion keine Vorzugsrichtung, dann müßte sich die Linie maximaler
Emission angenähert parallel zu ihrer früheren Lage verschoben haben.
Dies ist in der Regel nicht der Fall, für Ba auf W ist die Diffusion auf den
Flächen (122), (011), (123), (012) und (111) richtungsabhängig bevorzugt,
während sie vergleichsweise auf (001) und deren Vicinalen behindert ist.

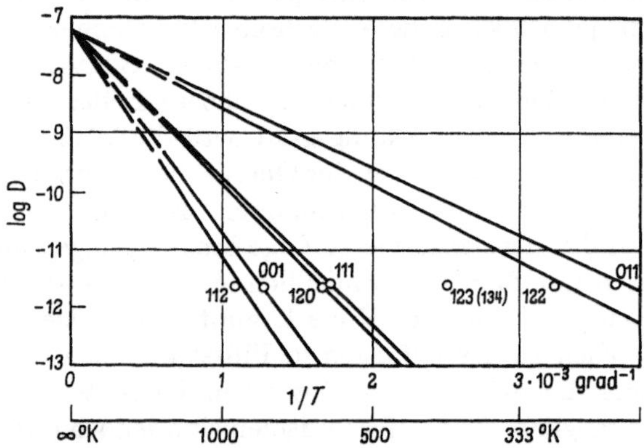

Abb. 3.15. Der Diffusionskoeffizient von Barium auf Wolfram als Funktion der
Temperatur. Gemessen durch Beobachtung im Feldelektronenmikroskop. Nach
DRECHSLER [74]

Für die Bestimmung des Diffusionskoeffizienten mißt man nun, bei bekannter Vergrößerung des Feldelektronenmikroskopes, den bei einer bestimmten Temperatur und einer bestimmten Zeit zurückgelegten Weg der Grenzlinie. Auswertung erfolgt nach dem 2. Fickschen Gesetz. Die Lösung der
Diffusionsgleichung ist z. B. bei CRANK [53] beschrieben. Die so erhaltenen Diffusionskoeffizienten werden unter Zugrundelegung der Gleichung (3.22) nach der Aktivierungsenergie für die Diffusion und nach
dem Prä-Exponentialfaktor ausgewertet.

Abb. 3.15 zeigt den Diffusionskoeffizienten für Ba auf W als Funktion
der Temperatur für eine Anzahl verschiedener W-Flächen.

Abb. 3.16 zeigt den Verlauf einer mittleren Aktivierungsenergie für
die Diffusion als Funktion des Bedeckungsgrades nach SCHMIDT und
GOMER für K auf Pt. EHRLICH und HUDDA [80] haben in letzter Zeit die
Oberflächendiffusion von Wolfram im FEM untersucht. MELMED [221]
hat den Einfluß von adsorbierten Gasen auf die Keimbildung und Ober-

flächenwanderung von Kupfer auf Wolfram untersucht. Dabei ergab sich, daß im Feldelektronenmikroskop selbst noch bei 10^{-8} Torr Partialdruck der Restgase Unterschiede zur Keimbildungsdichte bei $4 \cdot 10^{-10}$ Torr zu beobachten waren. Der Einfluß von zusätzlich adsorbiertem Sauerstoff und Stickstoff auf die Beweglichkeit von Kupfer auf Wolfram besteht in einer Erhöhung der Aktivierungsenergie für den Platzwechsel

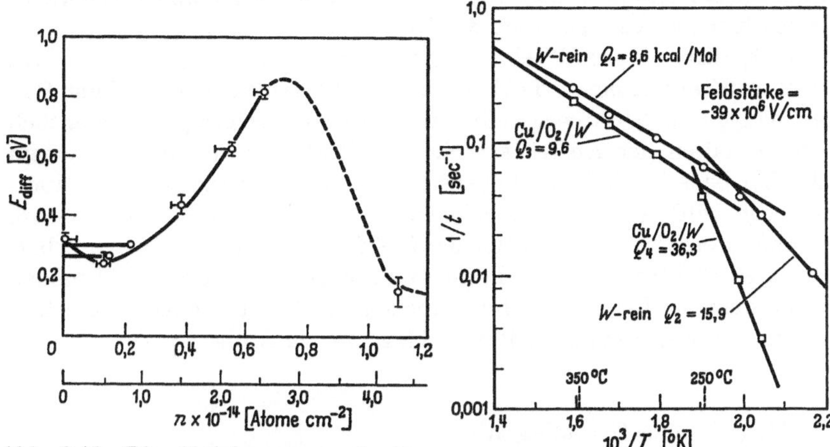

Abb. 3.16. Die Aktivierungsenergie für die Diffusion für Kalium auf Wolfram, gemessen mit dem Feldelektronenmikroskop. Nach [297]

Abb. 3.17. Platzwechselhäufigkeit für Kupfer auf reinem und auf sauerstoffbedecktem Wolfram. Nach [221]

und hängt von den relativen Mengen des Gases und des Kupfers ab, sowie von der Natur der einzelnen Kristallflächen. Typische Ergebnisse dieser Versuche sind in Abb. 3.17 dargestellt.

4. Adsorption und Elektronenaustrittsarbeit

Die Elektronenaustrittsarbeit ist eine Eigenschaft der Festkörperoberfläche. Der Kristallbau und die an der Berandung angelagerten Molekeln, die Bindung der Elektronen an die Gitterbausteine und die elektrostatischen Wechselwirkungen der Elektronenladung mit elektrischen Feldern bestimmen alle zusammen den Betrag der Energie, der aufgewendet werden muß, um ein Elektron aus dem Festkörper ins Unendliche zu entfernen. Man kann also, wenigstens im Prinzip, aus dem Studium der Elektronenaustrittsarbeit Aufschlüsse über alle charakteristischen Größen erhalten. Die Analyse der Versuchsergebnisse ist aber nicht immer einfach. Im Rahmen dieses Buches ist die Elektronenaustrittsarbeit vor allem zum Studium von Adsorptionsschichten interessant. Dieser Gesichtspunkt bestimmt die Wahl der zu behandelnden Theorien und experimentellen Methoden. Die wellenmechanische Behandlung des Elektronenaustritts aus reinen Metalloberflächen und einige Fragen, die mit der Struktur der Oberfläche zusammenhängen (wie z. B. der anomale Schottky-Effekt und die Schachbrett-Theorien), können hier nur kurz gestreift werden.

Auch dem dergestalt eingeengten Gebiet kommt neben der rein wissenschaftlichen eine erhebliche praktische Bedeutung zu. Zum Beispiel hängen die Wirkungsgrade von Energiekonvertern ganz wesentlich vom Verhalten der Austrittsarbeit der Elektroden ab, die mit einem Adsorbat bedeckt sind. Die Lebensdauer von Ionenantrieben für Raumfahrzeuge wird zu einem erheblichen Teil von der Ionisationsausbeute bestimmt, diese ist eine Funktion der Elektronenaustrittsarbeit adsorbatbedeckter Elektroden. Auch in der Massenspektrometrie der Aktiniden ist für manche Typen von Ionenquellen die Elektronenaustrittsarbeit eine für deren Anwendbarkeit ausschlaggebende Größe.

4.1. Theoretische Grundlagen

Unabhängig von speziellen Modellen gestattet die Thermodynamik, die Elektronenaustrittsarbeit und verwandte Größen zu definieren und die grundlegenden Eigenschaften abzuleiten. Eine gute Darstellung findet man bei EBERHAGEN [77], wo auch die ältere Literatur zitiert ist.

Für zwei im thermodynamischen Gleichgewicht stehende Phasen 1 und 2 gilt stets:

$$\mu_1 = \mu_2, \text{ mit } \mu_i = \left(\frac{\partial F}{\partial n_i} \right)_{T, V, n_k \neq n_i} \tag{4.1}$$

worin F die freie Energie und n_i die Teilchenzahl in der i-ten Phase bedeutet. Es ist üblich, den Buchstaden μ für das „chemische Potential", d. h. für den Fall neutraler Teilchen in elektrisch neutraler Umgebung zu reservieren. Daher muß man beim Auftreten von Ladungsträgern und elektrischen Feldern in Gleichung (4.1) anstelle von μ das sog. „elektrochemische Potential" η verwenden, das sich additiv aus dem chemischen Potential μ und dem Beitrag der elektrischen Potentiale zusammensetzt. So erhält man beispielsweise:

$$\eta = \mu - e\,\varphi . \tag{4.2}$$

Hierin ist φ als Mittelwert des inneren elektrischen Potentials über ein hinreichend großes Volumenelement eines Metalles zu verstehen. Die potentielle Energie der betrachteten Phase ändert sich dann bei Hinzutreten eines Elektrons um den Betrag $-e\,\varphi$. Für die Elektronen in zwei aneinander angrenzenden Metallen muß also gelten:

$$\eta_1 = \eta_2 \quad \text{bzw.} \quad \mu_1 - e\,\varphi_1 = \mu_2 - e\,\varphi_2\,. \tag{4.3}$$

Besitzt eine der beiden Phasen eine Oberfläche, an der zusätzlich zum inneren elektrischen Potential φ weitere elektrische Potentiale „haften" (Dipolschichten, Bildkräfte usw.), so faßt man alle diese Potentiale im „Oberflächenpotential" χ zusammen. Die bisher eingeführten Potentiale sind unabhängig von der makroskopischen Ladung der Phasen. Bringt man, z. B. durch Anschluß einer Batterie, zusätzliche Ladungen auf die Phasen, so berücksichtigt man dies durch die Einführung eines „äußeren elektrischen Potentials" U.

Für ein Metall gilt:

$$\varphi = U + \chi \tag{4.4}$$

und im elektrisch neutralen Falle $(U = 0)$:

$$\varphi = \chi\,.$$

Elektronen, die eine Phase verlassen sollen, müssen neben dem Oberflächenpotential auch ihr chemisches Potential unter Arbeitsleistung überwinden. Die Elektronenaustrittsarbeit Φ ergibt sich also zu:

$$\Phi = \mu - e\,\chi\,. \tag{4.5}$$

Wegen des Vorzeichens der Elektronenladung steht hier ein negatives Vorzeichen. Hier treten an einer experimentell verhältnismäßig leicht zugänglichen Größe Φ die Eigenschaften des Festkörperinneren (μ) und die Eigenschaften der Oberfläche (χ) additiv und daher leicht trennbar auf. Beziehen wir das Symbol $\varDelta$ jetzt auf Änderungen im Verlaufe eines Adsorptionsprozesses, so gilt:

$$\varDelta\Phi = -\,\varDelta\,e\,\chi\,, \tag{4.6}$$

weil die Eigenschaften des Festkörperinneren durch die sich an der Oberfläche abspielenden Prozesse nicht geändert werden.

Die Beobachtung von Austrittsarbeits-Änderungen ist also unmittelbar eine Beobachtung der Änderungen von Oberflächeneigenschaften. Dies gilt sowohl für den zeitlichen Ablauf von Adsorptionsprozessen, als auch für die gleichzeitig bestehenden Unterschiede zwischen verschiedenen von einem Festkörper exponierten Kristallflächen. Bei diesen können wegen der verschiedenen Gitterstruktur sowohl μ als auch χ unterschiedlich sein.

Experimentell erhaltene $\varDelta\chi$-Werte für einen Adsorptionsprozeß haben unmittelbar nur für thermodynamische Fragestellungen Bedeutung. Wie stets bei thermodynamischen Größen treten Schwierigkeiten und Unbestimmtheiten bei der modellmäßigen Interpretation auf. Dementsprechend ist die Zahl der in der Literatur zu findenden Modelle erheblich größer als die Zahl der brauchbaren Ergebnisse.

Die einfachsten Ansätze zu einer modellmäßigen Interpretation gehen davon aus, den Molekeln des Adsorbates ein induziertes oder permanentes Dipolmoment zuzuordnen. Man stellt sich sodann alle diese Dipolmomente über die ganze Oberfläche gleichmäßig „verschmiert" vor und gewinnt:

$$\Delta \Phi = - e \Delta \chi = \pm 4 \pi N_s M \cdot \Theta \qquad (4.7)$$

und kann damit eine der drei Größen N_s, die Teilchendichte; M das Dipolmoment pro Molekel; oder Θ, den Bedeckungsgrad berechnen. Diese Methoden waren im Anfang unserer Kenntnis recht wertvoll. Mit fortschreitender Einsicht in die Probleme treten jedoch die offenbaren Mängel dieser Denkweise in den Vordergrund. So sagen z. B. CROWELL und NORBERG [58]:

„Obwohl aufgedampfte Filme wahrscheinlich rein sind, sind sie doch in jedem Falle porös und exponieren eine Vielzahl von Adsorptionsplätzen (sites) verschiedener Adsorptionseigenschaften. Daher sind Übereinstimmungen mit (4.7) rein zufällig und überhaupt jede Interpretation fragwürdig. Es ist vielmehr notwendig, Adsorption und $\Delta \Phi$ an einem Gebiet möglichst einheitlicher "sites", d. h. an einem Einkristall zu untersuchen."

Dieselbe Überlegung gilt natürlich auch für polykristallines Material. In beiden Fällen bewirkt bereits die Meßmethode eine mit Gewichten versehene Mittelbildung. Je nachdem, ob man zur Messung Elektronen- oder Ionenemission anwendet, sind bei dieser Mittelbildung Flächen niedriger oder hoher Austrittsarbeit bevorzugt. Andere Meßmethoden, z. B. der Mignoletsche Schwingkondensator, liefern algebraische Mittelwerte. Diese Mittelwertbildungen sind unter den Stichworten „Schachbretteffekt" oder "Patch-effects" wiederholt bearbeitet worden [s. z. B. 141, 149]. Sie haben heute vorwiegend Bedeutung für die Betrachtung technischer Emitter, sonst wohl nur als Notbehelf, wenn keine einheitlichen Oberflächen erhältlich sind. Besondere Vorsicht ist beim Arbeiten mit Aufdampffilmen von Legierungen anzuwenden, da hier unter gewissen Umständen ein einzelner Legierungsbestandteil ausschließlich die Oberfläche bilden kann, obwohl die Bruttozusammensetzung der aufgedampften Legierung in einem weiten Bereich variiert (SACHTLER [287]).

Statt die adsorbierten Ladungsträger bzw. Dipole unter Verzicht auf die atomare Struktur homogen über die Oberfläche verteilt anzunehmen, kann man auf der Basis von Gleichung (4.7) auch die atomare Struktur berücksichtigen. Einen Überblick über diese Art der Behandlung findet man bei DE BOER [26]. Eine neuere Behandlung dieser klassischen Modelle, die allerdings weniger den hier interessierenden Fall der Adsorption von Metallen auf Metallen betrifft, haben MacDonald und Barlow [212] durchgeführt.

Allen diesen Behandlungsversuchen ist folgendes gemeinsam: Man stellt sich eine Anzahl von Ladungsträgern oder Trägern von Dipolmomenten mit einer definierten Geometrie über die Oberfläche verteilt vor. Nun wird durch geeignete Summation der Felder jeder einzelnen Partikel das effektive Feld an einer bestimmten Stelle der Oberfläche berechnet. Diese Felder können polarisierende oder depolarisierende Wirkung auf eine gerade betrachtete Partikel ausüben. Dieses Verfahren scheint auf Topping [338] 1927 zurückzugehen. Die ursprüngliche Rechnung von Topping führt für die Änderung der Austrittsarbeit zu einem Ausdruck der Form:

$$\Delta \Phi = C_1 \Theta/(1 + C_2 \Theta^{3/2}) \,, \tag{4.8}$$

worin C_1 im wesentlichen das Dipolmoment pro Partikel enthält und C_2 die Polarisierbarkeit. Man kann auch versuchen C_1 und C_2 als justierbare Parameter aufzufassen, um gemessene Φ-Θ-Kurven zu beschreiben. Dies haben Schmidt und Gomer [297] für ihre Messungen im System K-W versucht. Das Ergebnis dieser Berechnungen zeigt Abb. 4.1.

In Kurve A wurde die Anpassung so gewählt, daß die Steigung bei $\Theta = 0$ und der Betrag der Austrittsarbeit bei $\Theta = 0,6$ übereinstimmte. In Kurve B wurde die Anpassung nach Steigung und Betrag für $\Theta = 0,8$ vorgenommen. Man sieht leicht, daß diese Art Theorie nicht geeignet ist, den Verlauf der Austrittsarbeitsänderung mit dem Bedeckungsgrad über größere Intervalle darzustellen.

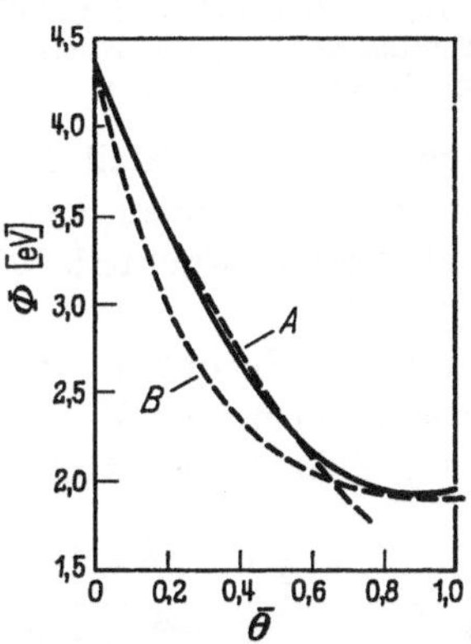

Abb. 4.1. Elektronenaustrittsarbeit für Kalium-bedecktes Wolfram. Gemessene Werte sind ausgezogen dargestellt. Die gestrichelten Kurven A und B sind Versuche, den experimentellen Befund durch die klassische Gleichung (4.8) darzustellen. Nach [297]

Speziell für den Fall der Adsorption in metallischen Systemen haben Gadzuk und Carabateas [104] das Verhältnis von Ionen- und Elektronenaustrittsarbeitsänderungen berechnet. Dieses Verhältnis, auch der Eindringkoeffizient genannt (engl. penetration coefficient),

$$f = \frac{\Delta \Phi_i}{\Delta \Phi_e} \tag{4.9}$$

ist von De Boer (loc. cit.) eingeführt worden und hat folgende physikalische Bedeutung: Eine Schicht aus adsorbierten, diskreten Dipolen erzeugt an der Oberfläche ein Feld, welches je nach dem Vorzeichen der Ionen thermisch emittierte Elektronen bei ihrem Austritt aus der Oberfleche abbremst oder beschleunigt. Dieses Feld variiert mit dem Bedeckungsgrad und verursacht die beobachtete Änderung der Austrittsarbeit. Bringt man statt eines Elektrons ein Ion aus dem Unendlichen an die Oberfläche, so durchläuft dieses Ion nur einen Bruchteil der Dipolschicht, bevor es an der Oberfläche zur Ruhe kommt. Dieser vom Ion

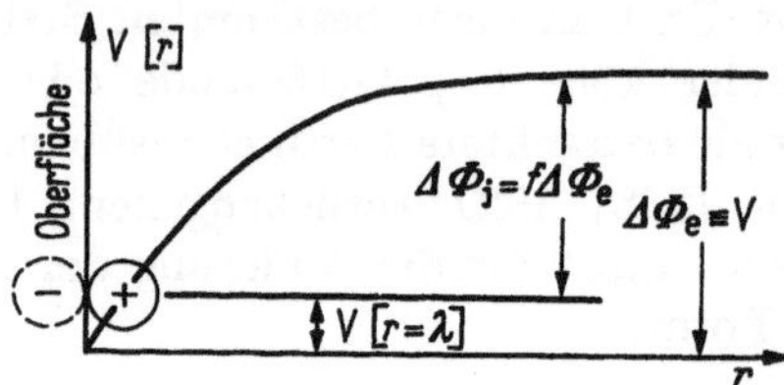

Abb. 4.2. Potentialverhältnisse für ein adsorbiertes Ion. $V(r)$ bedeutet das Potential der Bildkraft als Funktion des Abstandes von der Oberfläche; Φ_e die Elektronenaustrittsarbeit; Φ_j die Austrittsarbeit für das Ion; f ist der Eindringkoeffizient. Nach [104]

durchlaufene Bruchteil des Dipolfeldes bedingt die Änderung der Austrittsarbeit der Ionen. Der in Gleichung (4.9) eingeführte Koeffizient ist gerade dieser Bruchteil. Die Verhältnisse sind nach [104] in Abb. 4.2 dargestellt.

Für die Rechnung wird zunächst das Potential an der Stelle eines ankommenden Ions, $V_{(r)}$, durch Superposition der Potentiale aller adsorbierten Teilchen ermittelt.

$$V(r) = q \sum_i \sum_j P_{ij}(Q) \left(\frac{1}{r_{ij+}} - \frac{1}{r_{ij-}} \right) ;$$
$$r_{ij+}^2 = (r - \lambda)^2 + r_{ij}^2 ;$$
$$r_{ij-}^2 = (r + \lambda)^2 + r_{ij'}^2 .$$

(4.10)

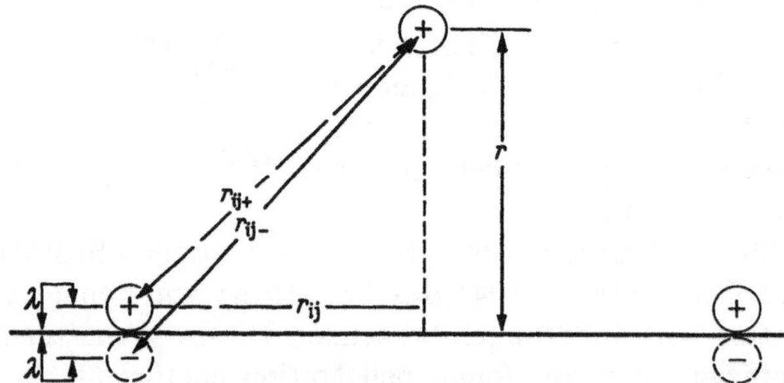

Abb. 4.3. Zur Berechnung des Eindringkoeffizienten nach [104], vgl. Gleichung 4.10

Hierin bedeuten q die Elementarladung, $P_{ij}(Q)$ die Wahrscheinlichkeit, bei einer gegebenen Bedeckung Θ an einer durch i und j gekennzeichneten Stelle der Oberfläche ein Ion anzutreffen und schließlich r den Abstand zwischen dem Ladungsschwerpunkt eines adsorbierten Ions zur Spiegelebene. Die Bezeichnungen der Abstände r gehen aus Abb. 4.3 hervor.

Die Gleichung (4.9) läßt sich für zwei Grenzfälle, nämlich den ideal lokalisierten und den frei beweglichen Film, exakt auswerten. Für den lokalisierten Fall ergibt sich:

$$V_{loc} = \left(\frac{q\lambda^2 \Theta^{3/2}}{4 d^3}\right) \sum_{-\infty}^{+\infty} \sum_{-\infty}^{+\infty} \frac{1}{(i^2 + j^2)^{3/2}} = 2 q\lambda^2 \sum_{-\infty}^{+\infty} \sum_{-\infty}^{+\infty} \frac{1}{r_{ij}^3} \qquad (4.11)$$

worin d die Gitterkonstante der Oberfläche darstellt. Für den ideal beweglichen Fall hat bereits LANGMUIR die Lösung angegeben:

$$V_\infty = 2 \pi M N_s \Theta_i; \quad M = 2 q\lambda. \qquad (4.12)$$

Diese Gleichung ist bis auf den Faktor 2 identisch mit Gleichung (4.7), wenn man für $M = 2 q\lambda$ einsetzt. Für den Eindringungskoeffizienten erhält man aus Gleichung (4.12):

$$f = \frac{[V_\infty - V(r = \lambda)]}{V_\infty} \qquad (4.13)$$

und schließlich für die beiden Spezialfälle:

a) $\quad f = 1 - 2{,}25 \, \lambda\Theta^{1/2}/\pi d \qquad$ (lokalisiert) ,

b) $\quad f = 1 - 2{,}25 \, \lambda/\pi d$. $\qquad$ (beweglich) .

$\qquad\qquad\qquad\qquad\qquad\qquad\qquad\qquad (4.14)$

Im allgemeinen wird man erwarten, daß tatsächlich gemessene Werte zwischen diese Grenzen fallen. Die Ergebnisse dieser Theorie lassen sich für den Fall der Adsorption von Caesium auf Wolfram mit den Messungen von TAYLOR und LANGMUIR [333] vergleichen (Abb. 4.4).

Der Vergleich wurde mit folgenden Zahlenwerten durchgeführt: $\lambda = 1{,}65$ Å, $d = 3{,}15$ Å. Man erkennt in der Abbildung, daß die experimentellen Werte entsprechend der Temperatur der experimentellen Messung von 800°K wie zu erwarten zwischen den beiden Grenzfällen

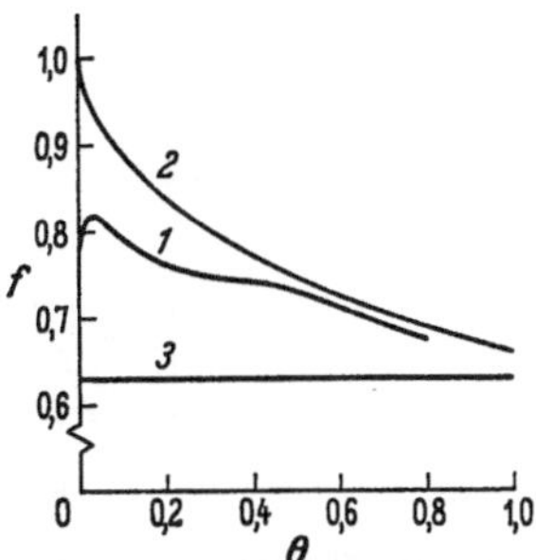

Abb. 4.4. Der Eindringkoeffizient als Funktion des Bedeckungsgrades. (1) Messungen von TAYLOR und LANGMUIR [333]; (2) Rechnung für den Fall der lokalisierten Adsorption [vgl. Gleichung (4.14)]; (3) Rechnung für den Fall der nicht-lokalisierten Adsorption [Gleichung (4.14b)]. Nach [104]

liegen. Eine von GADZUK und CARABATEAS vorgenommene weitere Auswertung zur Bestimmung der Temperaturabhängigkeit liefert eine etwas bessere Anpassung, auf die wir hier jedoch nicht näher eingehen wollen.

Neben diesen klassischen Berechnungsversuchen, die aus prinzipiellen Gründen in ihrer Aussagefähigkeit beschränkt sind, bestehen eine Reihe von Theorien auf quantenmechanischer Grundlage, denen eine grundsätzliche Bedeutung zukommt. Die Berechnung der Elektronenaustrittsarbeit reiner Metalloberflächen ist von BARDEEN [10] und JURETSCHKE [174] eingeleitet worden. Eine interessante Fortsetzung dieser wellenmechanischen Theorien unter Verwendung der von BOHM und PINES [29] herrührenden Plasmatheorie der Metallelektronen haben LOUCKS und

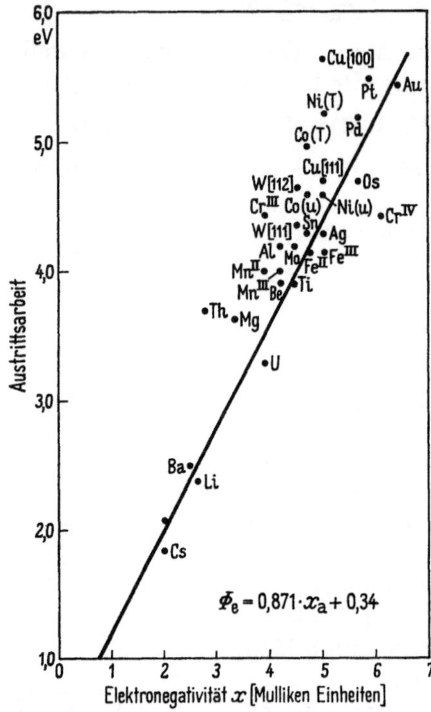

Abb. 4.5. Die Korrelation von Elektronenaustrittsarbeit und Elektronegativität. Zusammengestellt mit den Elektronegativitäten von [125] und den Austrittsarbeitswerten der Tabelle im Anhang. Es bedeuten: römische Zahlen: verschiedene Wertigkeitsstufen; Zahlen in eckigen Klammern: Kristallflächen; (u): Werte an ungetemperten Filmen; (T): Werte an getemperten Filmen. Man beachte, daß die Korrelation für ungetemperte Filme am besten ist. Die ausgezogene Gerade stellt Gleichung (4.15) dar

CUTLER [199] gegeben. Die letztere Arbeit liefert qualitative Aussagen über die Abschirmung eines Elektrons durch die anderen Elektronen und ergibt ein geringfügiges Minimum für die Energie der Elektronen dicht vor der Oberfläche des Metalles. Die dort angegebenen Hamilton-Operatoren sollten in der Zukunft bei Berechnungen von elektronischen Wechselwirkungen zwischen Adsorbat und Adsorbens, wie sie z. B. von GADZUK (s. Abschnitt 1.2.3) durchgeführt wurden, Anwendung finden.

Leider ist die vollständige quantenmechanische Theorie nicht soweit entwickelt, daß sie heute schon die Berechnung von Adsorptionssystemen gestattete. Man kann jedoch unter Anwendung der mehr heuristischen Vorstellung der Quantenchemie, wie sie auf PAULING zurückgeht, recht weitgehende Aussagen gewinnen. Diese Theorien gehen von dem, theoretisch leider nicht vollständig klaren Begriff der Elektronegativität aus. GORDI und THOMAS [125] haben die Paulingsche Elektronegativitätsskala auf alle Elemente erweitert. Sie haben dabei eine Korrelation zwischen der Austrittsarbeit und der Elektronegativität gefunden.

In der Abbildung 4.5 wurden die Werte für die Elektronegativität aus GORDY und THOMAS [125] auf Mulliken-Einheiten umgerechnet und für die Austrittsarbeiten die in der Tabelle im Anhang gegebenen Werte eingesetzt. Als Gerade ist die Korrelationsfunktion (s. unten Gleichung 4.15) eingezeichnet. Man sieht in der Abbildung, daß die Austrittsarbeiten reiner, ungetemperter Aufdampffilme die Korrelation am besten erfüllen. [Vgl. z. B. Kobalt und Nickel getempert (T) und ungetempert (u).] Große Abweichungen von der Korrelation treten auf, wenn man verschiedene Einkristallflächen des gleichen Metalles betrachtet, wie z. B. zwischen Cu (100) und (111), sowie bei Wolfram zwischen (112) und (111). Die verschieden gute Korrelation der Austrittsarbeitswerte je nach der Oberflächenstruktur deutet darauf hin, daß die für die quantenchemische Denkweise typische Mittelwertbildung ihr experimentelles Gegenstück in der ungeordneten Struktur aufgedampfter und nicht getemperter Filme findet.

Auf der Basis der linearen Korrelation haben GYFTOPOLOUS und LEVINE [133] die Austrittsarbeitsänderungen von Metallen behandelt, auf denen metallische Filme adsorbiert werden. Die von den Autoren verwendete Korrelation zwischen Austrittsarbeit und Elektronegativität lautet:

$$\Phi_e = 0{,}817\, x_a + 0{,}34 \text{ (eV)} .\tag{4.15}$$

Hierin bedeutet x_a die absolute Elektronegativität. Diese Gleichung gestattet eine einfache Interpretation. Die Elektronegativität ist die für die Entfernung eines Elektrons von einem Atom oder Molekül erforderliche Energie. Die betrachteten Atome befinden sich jedoch in einem Gitter, in dem sie weniger fest an die Atome der Oberfläche gebunden sind. Nach der Korrelationsformel scheinen nur etwa 80% dieser Energie erforderlich zu sein, um die Elektronen vom Gitter zu lösen. Die Energie zur Überwindung der Bildkräfte des Elektrons ist näherungsweise für alle Metalle gleich und wird mit 0,34 eV angesetzt. Wie die Abb. 4.5 zeigt, ist Gleichung (4.15) ein Näherungsausdruck, der sich jedoch für praktische Rechnungen als sehr nützlich erweist. An einer Oberfläche, die aus Atomen des Substrates und des Adsorbates gemischt zusammengesetzt ist, werden die Elektronegativitäten sowie etwa hinzukommende Dipolfelder eine Funktion des Mischungsverhältnisses, d. h. des Bedeckungsgrades Θ sein. Die austretenden Elektronen müssen eine Schwelle überwinden, deren Höhe eine Funktion $e(\Theta)$ der Elektronegativität der gemischten Oberfläche ist, sowie eine Funktion $d(\Theta)$, deren Höhe von den an der Oberfläche vorhandenen Dipolfeldern des Adsorbates bestimmt wird:

$$\Phi = e(\Theta) + d(\Theta) \,. \tag{4.16}$$

Auf den Zusammenhang von (4.16) mit (4.5) sei hingewiesen. Die Aufgabe ist nun, für $e(\Theta)$ und $d(\Theta)$ explizite Funktionen zu ermitteln.

GYFTOPOLOUS und LEVINE behandeln diese Aufgabe durch die Aufstellung gewisser Grenzbedingungen für diese Funktionen und wählen dann das einfachste Polynom, das diese Bedingungen erfüllt. Diese Wahl ist nicht frei von Willkür und ist auch stark kritisiert worden [212, 272]. Trotz dieser Kritiken scheint dem Verfasser dieses Verfahren bemerkenswert zu sein, besonders, da es seine Rechtfertigung nicht nur in der guten Darstellung experimenteller Sachverhalte, sondern im Gegensatz zu allen anderen Theorien, auch im Wegfall willkürlich justierbarer Parameter findet.

Für den Bedeckungsgrad 0 muß das Adsorbens die effektive Austrittsarbeit des reinen Metalles besitzen. Weiterhin ist bekannt, daß die Adsorption weniger Fremdatome diese Austrittsarbeit nicht wesentlich ändert [78]. Daraus ergeben sich folgende Randbedingungen:

$$e(0) = \Phi_m; \quad \left.\frac{de(\Theta)}{d\Theta}\right|_{\Theta\,=\,0} = 0; \quad (m \,\widehat{-}\, \text{Metall, Adsorbens}) \,. \tag{4.17}$$

Für den Grenzfall der vollständigen Bedeckung muß die Austrittsarbeit der des reinen Adsorbates gleich werden und es ist bekannt, daß eine geringfügige Änderung des Bedeckungsgrades in diesem Gebiet die Austrittsarbeit ebenfalls nicht ändert. Das ergibt die weiteren Bedingungen:

$$e(1) = \Phi_f; \quad \left.\frac{de(\Theta)}{d\Theta}\right|_{\Theta\,=\,1} = 0; \quad (f\text{: Film, Adsorbat}) \,. \tag{4.18}$$

Die unbekannte Funktion $e(\Theta)$ muß unabhängig von ihrer wahren Gestalt diese Randbedingungen erfüllen und die Autoren setzen als Näherung für diese Funktion ein möglichst einfaches Polynom an, welches diesen Bedingungen genügt:

$$e(\Theta) = \Phi_m - (\Phi_m - \Phi_f)(3\,\Theta^2 - 2\,\Theta^3) = \Phi_f + (\Phi_m - \Phi_f)\,G(\Theta)$$
$$\text{mit: } G(\Theta) = 1 - 3\,\Theta^2 + 2\,\Theta^3 \,. \tag{4.19}$$

Das Polynom $G(\Theta)$ ist in Tab. 4.1 für einige Θ-Werte tabelliert.

Die oben erwähnten Kritiken basieren einmal auf der willkürlichen und theoretisch nicht näher zu begründenden Form des Polynoms G, sowie auf der Festlegung der Randbedingung (4.17) für den Bedeckungsgrad 1. Experimentell erhält man bei $\Theta = 1$ keineswegs die Austrittsarbeit des reinen Adsorbates, dieser Sollwert wird vielmehr erst bei Bedeckungsgraden von mindestens 3 bis 5 erreicht (vgl. z. B. [173] S. 120). Es läßt sich aber übersehen, wie man Gleichung (4.18) abwandeln muß, um einer anderen Formulierung der Randbedingung (4.17) zu genügen.

Für die weitere Rechnung muß ein spezielles Modell für die geometrischen Verhältnisse zwischen den Molekeln des Adsorbates und des Adsorbens eingeführt werden. Dieses Modell enthält implizit die Annahme, daß die adsorbierten Partikel mit der Unterlage eine strukturmäßig wohldefinierte Verbindung eingehen. Im Falle des Caesiums auf Wolfram nehmen die Autoren einen Komplex aus einem Caesium- und vier Wolfram-Atomen an. Unabhängig von der Frage, ob die speziell gewählten Komplexe der Wirklichkeit entsprechen, ist die diesen Annahmen zugrunde liegende Vorstellung nach den Ergebnissen der Elektronenbeugung an Oberflächenschichten sicher gerechtfertigt.

Für $d(\Theta)$, Gleichung (4.15) wird jetzt ein Depolarisationsausdruck analog zu Gleichung 4.10 entwickelt. Das Endergebnis dieser Theorie führt dann zu:

Tabelle 4.1

$$f(\Theta) = 1 - 3\Theta^2 + 2\Theta^3$$

Θ	G
0,00	1,000000
0,05	0,992750
0,10	0,972000
0,15	0,939250
0,20	0,896000
0,25	0,843750
0,30	0,784000
0,35	0,718250
0,40	0,648000
0,45	0,574750
0,50	0,500000
0,55	0,425250
0,60	0,352000
0,65	0,281750
0,70	0,216000
0,75	0,156250
0,80	0,104000
0,85	0,060750
0,90	0,028000
0,95	0,007250
1,00	0

$$\frac{\Delta\Phi}{\Phi_m - \Phi_f} = 1 - G(\Theta)\left[1 - \frac{C_1\Theta}{1 + C_2\Theta^{3/2}}\right]. \qquad (4.20)$$

Hierin bedeuten: $G(\Theta)$ das Polynom aus Gleichung (4.19)

$$C_1 = \frac{0{,}765 \cdot 10^{18} \cdot \sigma_f \cdot \cos\beta}{1 + \dfrac{\alpha}{4\pi\,\varepsilon_0\,R^3}}$$

und

$$C_2 = \frac{9\,\alpha\,\sigma_f^{3/2}}{4\pi\,\varepsilon_0};$$

in diesen Ausdrücken bedeuten Φ_f und Φ_m die Elektronenaustrittsarbeiten des reinen Film-Materials und des reinen Metalles, σ_f die Zahl pro Flächeneinheit in der Monoschicht zur Verfügung stehenden Adsorptionsplätze, α die Polarisierbarkeit des adsorbierten Molekeln, R die Summe der kovalenten Radien von Adsorbat und Adsorbens, $\cos\beta$

schließlich einen geometrischen Korrekturfaktor, der sich aus der Flächendichte des Substrates σ_m und R berechnet:

$$\cos \beta = \left(1 - \frac{1}{2\,\sigma_m\,R^2}\right)^{1/2}.$$

Betrachtet man die Gleichung (4.20), so erkennt man sofort, daß der zweite Term in der Klammer mit der Form der Topping-Gleichung (4.8) übereinstimmt und somit den Einfluß der Polarisation in klassischer

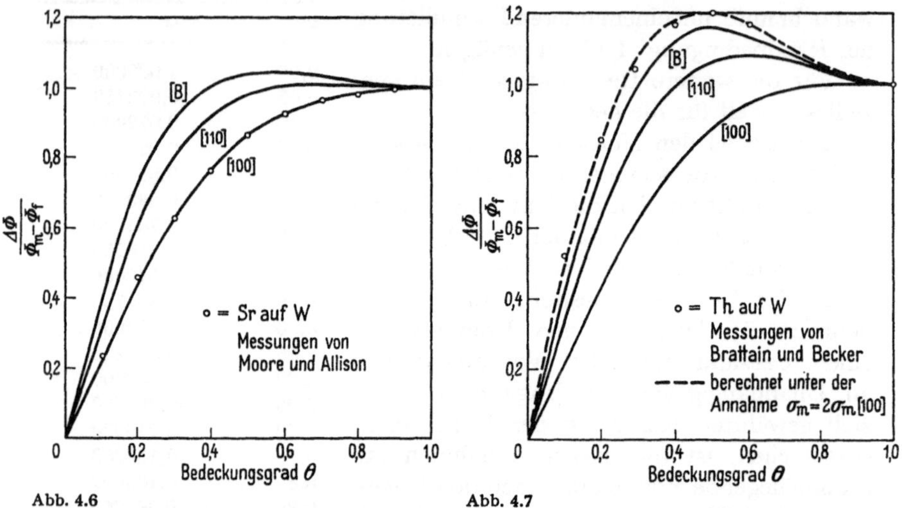

Abb. 4.6   Abb. 4.7

Abb. 4.6. Die Elektronenaustrittsarbeit als Funktion des Bedeckungsgrades nach der Theorie von LEVINE und GYFTOPOULOS. Vergleich der Rechnungen für eine stark gestörte Oberfläche (*B*), für die (100)- und die (110)-Fläche mit Messungen von MOORE und ALLISON [236]. Nach [133]

Abb. 4.7. Die Elektronenaustrittsarbeit als Funktion des Bedeckungsgrades nach der Theorie von LEVINE und GYFTOPOULOS. Messungen von BRATTAIN und BECKER [36]. Bezeichnungen s. Abb. 4.6. Nach [133]

Weise berücksichtigt. Der Unterschied zu früheren Theorien besteht im Auftreten des Anpassungspolynoms $G(\Theta)$, welches unabhängig von seiner speziellen Form den im wesentlichen quantenmechanischen Einfluß der Elektronegativitätsbarriere berücksichtigt. Da die Funktion G ein für alle Mal tabellierbar ist (vgl. Gl. 4.19), also keine Beziehungen zu einem speziellen System enthält, kann man die Brauchbarkeit dieses Teiles der Theorie sehr gut daran prüfen, ob gemessene $\Delta\Phi$-Kurven über einen großen Bereich des Bedeckungsgrades wiedergegeben werden. Dies haben die Autoren an den Systemen Cs-W, Sr-W und Th-W getan.

Abb. 4.6 zeigt diesen Vergleich an Messungen von MOORE und ALLISON [236] für Strontium auf Wolfram und Abb. 4.7 an Messungen von BRATTAIN und BECKER [36] an Thorium auf Wolfram. Die Übereinstimmung ist hervorragend, besonders wenn man bedenkt, daß keine auf Adsorptionsversuchen beruhenden justierbaren Parameter in die Rechnung eingehen. Die Autoren zitieren weiterhin, daß nach unveröffentlichten Messungen von H. F. WEBSTER auch Experimente mit Caesium und Rubidium an Wolfram, Mo, Ta, Nb, Ni und Re durch ihre Theorie ebenfalls richtig beschrieben werden. Wir werden im nächsten Abschnitt einen weiteren Vergleich der Theorie mit den Messungen von GOMER und SCHMIDT vornehmen.

4.2. Experimentelle Verfahren und Ergebnisse

4.2.1. Photoelektrische Messungen

Neben der thermischen Elektronenemission ist die Beobachtung des photoelektrischen Effektes die älteste Methode zum Studium der Elektronenaustrittsarbeit und ihrer Änderung durch Adsorbate. Eine besondere Rolle spielen dabei wegen ihrer hohen Polarisierbarkeit die Alkalimetalle, also gerade die hier interessierenden Metall-Metall-Systeme. Eine zusammenfassende Darstellung mit älterer Literatur findet sich bei GÖRLICH [117]. Der Artikel von SIMON und SUHRMANN [309] kann zur Einführung in das Gebiet nicht empfohlen werden.

Für den sog. äußeren lichtelektrischen Effekt der Metalle sind der Mechanismus der Lichtabsorption durch die Elektronen, der Ort der Anregung und die Wechselwirkung der Elektronen mit anderen Elektronen und dem Gitter von Bedeutung. Angeregte Elektronen können das Metall nur verlassen, wenn ihre Energie im Augenblick des Austretens aus dem Metall gleich oder größer ist als die Austrittsarbeit. Ein völlig freies Elektron kann wegen des Impulssatzes kein Licht absorbieren. Zur Anregung ist daher eine Wechselwirkung mit einem oder mehreren Stoßpartnern erforderlich, d. h. die Lichtabsorption ist daher entweder ein Volumen- oder ein Oberflächenprozeß. Beim Oberflächenprozeß befinden sich die angeregten Elektronen bereits an der Metalloberfläche. Sie unterliegen daher keiner Wechselwirkung mit dem Gitter im Inneren des Festkörpers. Beim Volumeneffekt werden die Elektronen im Metallinneren angeregt und können auf ihrem Weg zur Metalloberfläche ihre Energie wieder verlieren. Die Tiefe, aus der angeregte Elektronen einer bestimmten Energie gerade noch soviel Energie behalten, daß sie das Metall verlassen können, ist die „Austrittstiefe". Sie hängt von der Reichweite der Elektronen im Metall ab. Diese Reichweite darf nicht mit der freien Weglänge verwechselt werden, wie man sie aus Messungen des elektrischen Widerstandes ermitteln kann. Bei der elektrischen Leitfähigkeit handelt es sich um einen Impulstransport, beim Photoeffekt um die Diffusion energiereicher (heißer) Elektronen.

Die Frage, ob es sich bei der Photoemission von Metallen um einen Volumen- oder einen Oberflächenprozeß handelt, ist viel diskutiert worden. Es ist das Verdienst von H. MAYER und seinen Schülern [81, 209, 223, 335], diese Frage durch sauberste Experimente eindeutig für das überwiegende Vorliegen eines Volumeneffektes entschieden zu haben.

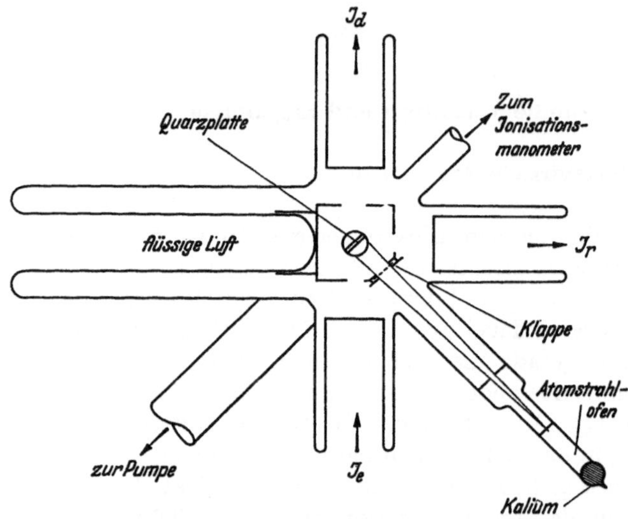

Abb. 4.8. Horizontalschnitt durch die Apparatur von THOMAS zur Untersuchung des photoelektrischen Effektes an dünnen Kalium-Schichten. Das Licht tritt unter einem Einfallswinkel von 45° auf die Quarzplatte. Reflektierte Intensität und durchgelassene Intensität können durch zwei weitere Fenster beobachtet werden. Die Intensitätsmessung des Atomstrahles erfolgt mit einer Wolfram-Folie, die in den Strahlengang gebracht werden kann. Nach [335]

So hat THOMAS [335] die Entwicklung der Photoemission an sehr reinen Kalium-Aufdampfschichten von Bruchteilen einer Monolage bis zu mehreren hundert Atomschichten untersucht.

Abb. 4.8 zeigt einen Schnitt durch die verwendete Apparatur. Das Kalium wurde auf eine mit Kontakten versehene Quarzplatte unter einwandfreien Ultrahochvakuumbedingungen aufgedampft. Während des Aufdampfens wurde die elektrische Leitfähigkeit sowie die optische Reflektion und Durchlässigkeit und der Photostrom bzw. die Quantenausbeute des Photoeffektes fortlaufend gemessen. Das wesentliche Ergebnis dieser Messungen zeigt Abb. 4.9, in der die Abhängigkeit der lichtelektrischen Emission von der Schichtdicke für verschiedene Wellenlängen dargestellt ist.

Aus diesen Messungen ergibt sich, daß die Austrittstiefe der Photo-elektronen eine Funktion ihrer Maximalenergie ist. Den Verlauf dieser Funktion zeigt Abb. 4.10.

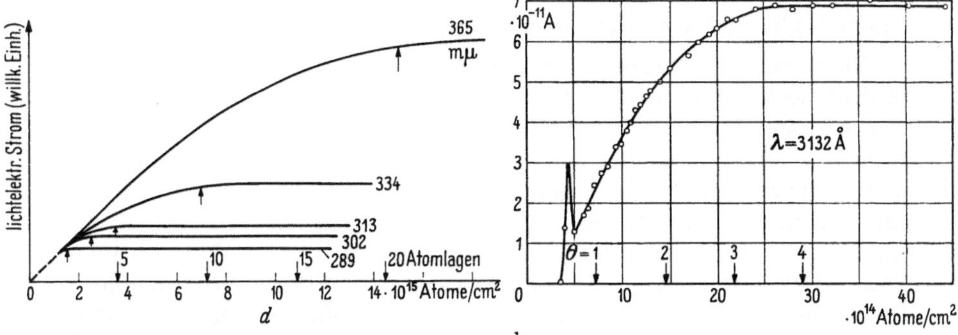

Abb. 4.9. Zur Schichtdickenabhängigkeit der Photoelektronen-Emission sauberer Kalium-Schichten auf Quarzunterlagen. a) Messungen von 289—365 mμ. Aus [335]. b) Verlauf des lichtelektrischen Stromes beim Aufbau der ersten Schichten. Bei sehr niederen Bedeckungsgraden emittieren die Kalium-Atome bereits Elektronen, laden sich aber durch die fehlende metallische Leitfähigkeit stark positiv auf. Die Zacke bei Θ rund 0,5 entspricht dem Einsetzen der metallischen Leitfähigkeit [209]

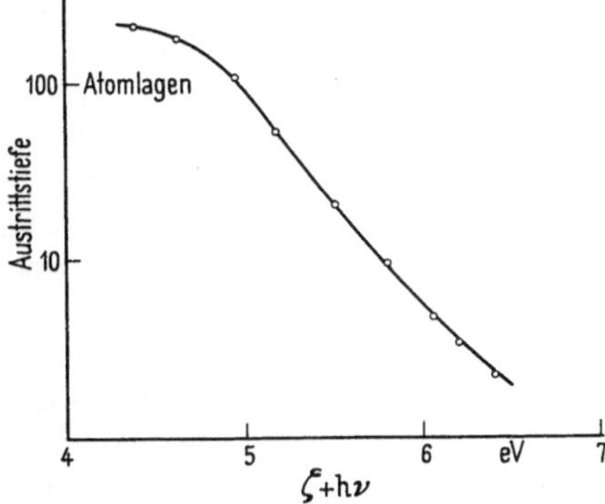

Abb. 4.10. Austrittstiefe der Photoelektronen in Kalium in Abhängigkeit von ihrer Maximalenergie im Metall (Abscisse). Nach [335]

Die Folgerung ist klar: In dem untersuchten Spektralbereich von 2800 Å bis zur langwelligen Grenze ist der Photoeffekt ein Volumen-prozeß.

MAYER und THOMAS [209] haben sodann die spektrale Verteilung der Quantenausbeute für Kalium näher untersucht. In diesem Zusammen-hang interessiert dabei besonders das Auftreten der bekannten „selek-tiven Effekte" (vgl. z. B. [25]). Bei diesen muß man zwischen sehr dünnen und sehr dicken Schichten unterscheiden. Nach den Ergebnissen dieser Arbeit läßt sich der selektive Effekt dicker Schichten ebenfalls nur unter Annahme eines Volumeneffektes erklären. Für die von SUHRMANN und THEISSING [317] durchgeführten Messungen, die dort angeblich gute Übereinstimmung mit den theoretischen Kurven für einen Oberflächeneffekt zeigen, hat MAKINSON [203] gezeigt, daß diese Übereinstimmung bei richtiger Rechnung verschwindet.

Die selektive Lichtabsorption dünner Schichten läßt sich, solange die Schicht noch zusammenhängt, am besten als eine Absorption an Elektronen beschreiben, die sich in Richtung der Schichtnormalen schon wie Atomelektronen, tangential zur Schicht noch wie Metallelektronen verhalten. MAYER und THOMAS kommen für den Fall unzusammenhängender Schichten zu der Ansicht, daß in diesem Falle die Absorption als Anregung oder Photoionisation adsorbierter Atome nach GUDDEN und POHL [130], DE BOER [27] und VENEMANNS [25] beschrieben wird. Diese Ansicht wird durch den später zu beschreibenden Nachweis der Photoionisation adsorbierter Molekeln durch den Verfasser weiterhin gestützt.

Neuere Arbeiten, besonders von BERGLUND und SPICER [18], haben das Vorliegen eines Volumeneffektes glänzend bestätigt. Diese Autoren haben auf der Basis der von QUINN [269] und vielen anderen entwickelten Streutheorie die Energieverteilung der Photoelektronen an Cu und Ag beobachtet. Diese Metalle waren zur Verkleinerung der Austrittsarbeit mit einer ,,optimalen'' Cs-Schicht bedeckt. Optimal bedeutet eine Schichtdicke maximaler Austrittsarbeitserniedrigung. Diese Technik gestattete den Photoprozeß für Photonen zu untersuchen, die bis zu 10 eV energiereicher waren als der Grenzwellenlänge entspricht. In diesem Bereich spiegelt die Energieverteilung der Photoelektronen ausschließlich die Bänderstruktur des Festkörpers wieder. Dieses Verfahren gestattet die Ausmessung dieser Bänderstruktur und liefert vorzügliche Übereinstimmung mit den theoretischen Werten für Cu und Ag. Diese Effekte sind ganz zweifellos Volumeneffekte, und es konnte gezeigt werden, daß die Rolle des Adsorbates ausschließlich in einer Erniedrigung der Austrittsarbeit besteht.

Die Ermittlung der Austrittsarbeit aus der Wellenlängenabhängigkeit der Quantenausbeute des Photoeffektes erfolgt allgemein nach den von FOWLER [97] auf Grund der Sommerfeldschen Metalltheorie [315] abgeleiteten Formeln. Für die praktische Anwendung hat SUHRMANN [309] ein graphisches Verfahren unter Verwendung der Gleichung (4.21) angegeben.

$$\lg \frac{I}{T^2} = F(\delta) + \lg M\,.\tag{4.21}$$

Hierin bedeutet I die Quantenausbeute, die bei mehreren Wellenlängen gemessen werden muß, T die absolute Temperatur, $F(\delta)$ eine tabellierte

Funktion von:

$$\delta = \frac{h\nu - e\Phi}{kT}$$

und M eine Mengenkonstante. Man trägt $\log \frac{I}{T}$ für eine Anzahl beliebigr
Werte als Funktion von δ auf durchsichtigem Millimeterpapier auf und
verschiebt dieses Deckblatt bis zur Deckung mit der gemessenen Kurve.
Dann liefert die Verschiebung der Achsen Mengenkonstante und Austrittsarbeit. Ein einfacheres Verfahren besteht bei festgehaltener Temperatur im Auftragen der Wurzel aus der Quantenausbeute gegen die
Energie der Photonen.

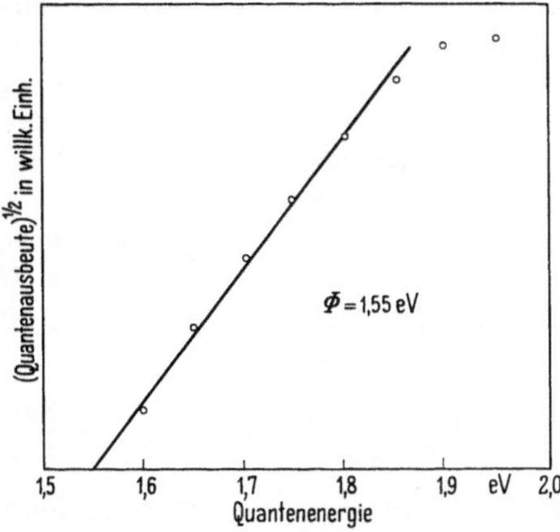

Abb. 4.11. Quantenausbeute und Quantenenergie der photoelektrischen Elektronenemission für Caesium auf Kupfer. Die Belegung beträgt weniger als eine Monolage.
1,55 eV sind der niedrigste Wert, der mit diesem System erreicht werden kann.
Nach [18]

Abb. 4.11 zeigt dies nach BERGLUND und SPICER (loc. cit.) für die
oben erwähnte optimale Cs-Schicht auf Cu. Man erkennt an der Abbildung, daß in der Nähe der Grenzenergie die auf dem Sommerfeldmodell
beruhende Fowler-Gleichung gut erfüllt ist.

Die Abweichungen bei höheren Photonenenergien zeigen bereits den
Einfluß der Bänderstrukturen.

Die Austrittsarbeit und deren Änderung durch adsorbierte Molekeln
hat große technische Bedeutung. Ein altbekanntes Beispiel ist die sog.
Oxydkathode. In der neueren Technologie ist es vor allem der Energie-
konverter (Kap. 5.3), dessen Ausbeute und Wirtschaftlichkeit wesentlich
von der Austrittsarbeit der Kollektorelektrode bestimmt wird. Diese
Elektrode befindet sich bei allen bekannten Konstruktionen in einer
Atmosphäre von Caesium-Dampf, ihre Austrittsarbeit wird durch die
Adsorption der Dampfmolekeln bestimmt.

4.2.2. Beobachtungen mit dem Feldelektronenmikroskop

Die Emission von Elektronen aus einer kalten Metalloberfläche unter dem Einfluß sehr hoher elektrischer Felder, kurz Feldemission genannt, wird meist in dem von E. W. MÜLLER erdachten Feldelektronenmikroskop (FEM) zur Beobachtung und Messung der Austrittsarbeiten herangezogen. Prinzip und Aufbau des FEM dürfen als bekannt vorausgesetzt werden (s. z. B. [118, 120, 240]).

Die überwiegende Mehrzahl der bekannt gewordenen experimentellen Arbeiten beschäftigt sich mit der Oberflächendiffusion und der Desorption. Hierbei ist die explizite Bestimmung von Austrittsarbeiten nicht erforderlich. Man beobachtet vielmehr die Leuchtschirmbilder qualitativ. Änderungen der Leuchtdichte eines bestimmten Gebietes des Schirmbildes können auf Änderungen des örtlichen Radius oder auf Änderungen der Austrittsarbeit zurückgehen (vgl. Kap. 3). Hier werden nur die Untersuchungen besprochen, die die Austrittsarbeit in Metall-Metall-Systemen explizit anzugeben gestatten.

Der Zusammenhang zwischen Feldemission und Austrittsarbeit wird durch die Fowler-Nordheim-Gleichung [96] hergestellt. Für eine Emittertemperatur von 0° K und unter Einschluß einer Bildkraftkorrektur nach [118] und [120] lautet diese Gleichung:

$$i = 6{,}2 \cdot 10^6 \, \frac{(\mu/\Phi)^{1/2}}{v(z)\,(\Phi + \mu)} \, F^2 \exp\!\left(-6{,}8 \cdot 10^7 \, \frac{\Phi^{3/2} \, v(z)}{F}\right) . \qquad (4.22)$$

Hierin bedeuten: Φ die Austrittsarbeit in eV, F die Feldstärke in V/cm, μ die Fermi-Energie und $v(z) = (l-z)^{1/2}$ mit $z = 3{,}8 \cdot 10^{-4} \, F^{1/2}/\Phi$ die Bildkraftkorrektur, i den Emissionsstrom.

Solange die Temperatur des Emitters hinreichend weit unter derjenigen Temperatur bleibt, bei der die thermische Emission des Metalles merklich wird, sind die Abweichungen von 4.22 verschwindend klein. Das Übergangsgebiet zwischen feld- und thermischer Emission haben DYKE und DOLAN [76] näher untersucht.

Für die praktische Anwendung wird Gleichung 4.22 meist in der Form

$$i = A v^2 \exp\left[-\left(b\,\frac{\Phi^{3/2}}{V}\right) v(z)\right] \qquad (4.23)$$

angewendet. Hierin bedeuten V die angelegte Spannung in Volt, $b = 0{,}68 \cdot k$, wenn $k \cdot V = F$; A eine experimentell zu bestimmende Mengenkonstante. Ferner wird die Austrittsarbeit in eV und alle Längen in Å gemessen. Austrittsarbeiten von adsorbatbedeckten Emittern werden bequemerweise auf die Austrittsarbeit des reinen Emitters bezogen. Trägt man $\ln i/V^2$ gegen $1/V$ auf und bezeichnet die Steigung mit s, so kann man unter der Voraussetzung, daß sich b und F durch die Adsorption auf der ganzen Oberfläche des Emitters nicht geändert haben, die Austrittsarbeit der bedeckten Oberfläche erhalten aus:

$$\Phi/\Phi_0 = (s/s_0)^{2/3} \left(\frac{v_0(z)}{v(z)}\right)^{2/3}, \tag{4.24}$$

wobei die Indices sich auf den Zustand des reinen Emitters beziehen. Nach SCHMIDT und GOMER [297] ist der Einfluß der Bildkraftkorrektur auf die so ermittelten Austrittsarbeiten höchstens 0,05 eV, dürfte also in der Regel vernachlässigbar sein.

Stellt man für jeden Versuch die anliegende Spannung so ein, daß stets der gleiche Strom fließt, kann man aus der Fowler-Nordheim-Gleichung für den Fall des reinen und des bedeckten Emitters ableiten:

$$V/V_0 = (\Phi/\Phi_0)^{3/2} + (V/b\ \Phi^{3/2}) \ln A_0 V_0^2/A V^2 . \tag{4.25}$$

Speziell für den Fall elektropositiver Adsorbate beträgt nach [297] der zweite Ausdruck in Gleichung (4.25) nur wenige Prozent des ersten. Damit reduziert sich diese zu:

$$V/V_0 \cong (\Phi/\Phi_0)^{3/2} . \tag{4.26}$$

Speziell für den Fall von K auf W zeigt die Abb. 4.12, daß die Beziehung (4.26) hinreichend gut erfüllt ist.

Die besondere Bedeutung des Feldelektronenmikroskops für die Untersuchung von Adsorptionserscheinungen liegt in der Möglichkeit, die Emission einzelner Kristallflächen zu untersuchen. Dies haben schon DRECHSLER und MÜLLER [75] für reines W durchgeführt. Die dort benutzte Anordnung zeigt Abb. 4.13.

Dabei wird das Bild einer bestimmten Netzebene ausgeblendet und der die Blende durchsetzende Elektronenstrom in einem Faraday-Käfig gemessen. Durch Veränderung der geometrischen Lage der FEM-Spitze können die von verschiedenen Ebenen des Emitters ausgehenden Ströme nacheinander auf den Auffänger gerichtet werden. Durch sinngemäße Anwendung von Gleichung (4.26) können dann die Austrittsarbeiten der verschiedenen Flächen bestimmt werden, wenn die Austrittsarbeit der einzelnen Fläche als bekannt angesehen werden kann.

Leider sind die in der Literatur vorliegenden Arbeiten über die Adsorption von Metallen im FEM in der Regel nicht nach dieser Methode durchgeführt worden, sondern man hat sich darauf beschränkt, den vom Emitter ausgehenden Gesamtstrom zu beobachten. Daraus ergibt sich nur ein in undurchsichtiger Weise über die verschiedenen kristallographischen Ebenen gemittelter Wert für die Austrittsarbeit. Nach den Betrachtungen im Abschnitt 4.1. ist die Aussagekraft solcher Messungen gering.

Abb. 4.14 zeigt nach Messungen von SCHMIDT und GOMER [297] den Verlauf der Bruttoaustrittsarbeit einer Wolfram-Spitze als Funktion eines mittleren Bedeckungsgrades. Dieser Bedeckungsgrad wurde durch Bestimmung der insgesamt auf die Spitze aufgedampften Kaliummenge

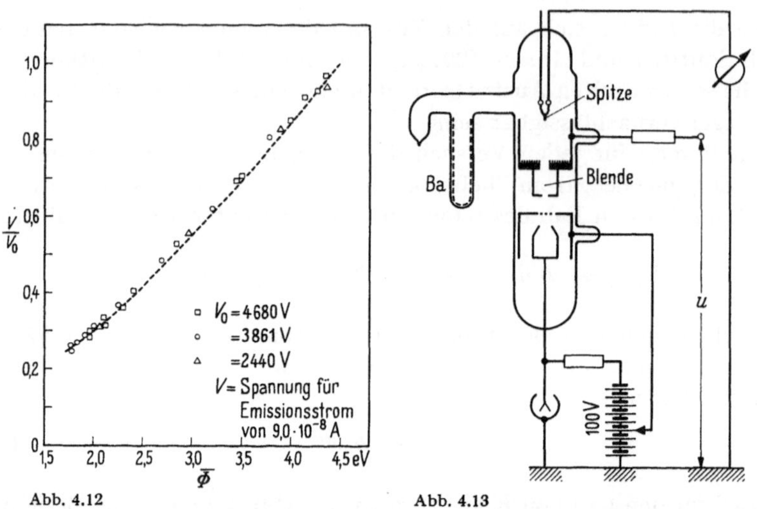

Abb. 4.12   Abb. 4.13

Abb. 4.12. Zur Anwendbarkeit der vereinfachten Feldemissionsgleichung (4.26). Messung der Austrittsarbeit einer mit Kalium bedeckten Wolfram-Spitze im Feldelektronenmikroskop. Gemessen wird die Spannung, die für einen vorgegebenen Gesamtstrom von der Spitze, hier $9 \cdot 10^{-8}$ A, erforderlich ist. V_0 ist diejenige Spannung, die den Bezugsstrom bei reiner Spitze fließen läßt. Nach [297]

Abb. 4.13. Anordnung von DRECHSLER und MÜLLER [75] zur Messung der Austrittsarbeit einzelner Kristallflächen mit dem Feldelektronenmikroskop

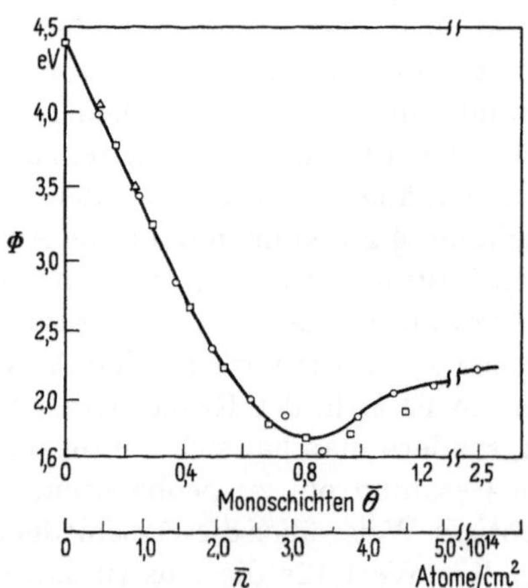

Abb. 4.14. Brutto-Elektronenaustrittsarbeit einer Kalium-bedeckten Wolfram-Spitze, berechnet nach Gleichung (4.26) und Abb. 4.12. Nach [297]

gewonnen, mittelt also ebenfalls in nicht ganz klarer Weise über alle Kristallflächen. Was sich alles hinter der glatten Kurve der Abb. 4.14 verbirgt, zeigt die von den gleichen Autoren stammende Reihe von Photographien des Schirmbildes bei wachsendem Brutto-Bedeckungsgrad.

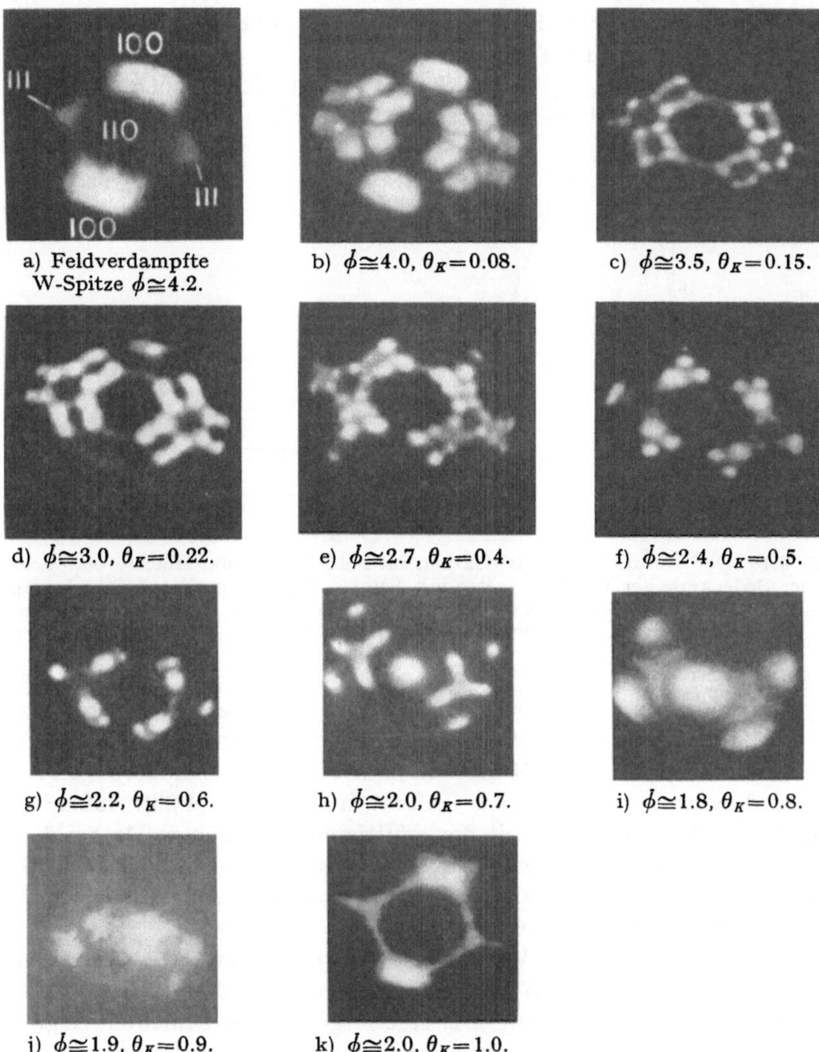

a) Feldverdampfte W-Spitze $\phi \cong 4.2$.

b) $\phi \cong 4.0$, $\theta_K = 0.08$.

c) $\phi \cong 3.5$, $\theta_K = 0.15$.

d) $\phi \cong 3.0$, $\theta_K = 0.22$.

e) $\phi \cong 2.7$, $\theta_K = 0.4$.

f) $\phi \cong 2.4$, $\theta_K = 0.5$.

g) $\phi \cong 2.2$, $\theta_K = 0.6$.

h) $\phi \cong 2.0$, $\theta_K = 0.7$.

i) $\phi \cong 1.8$, $\theta_K = 0.8$.

j) $\phi \cong 1.9$, $\theta_K = 0.9$.

k) $\phi \cong 2.0$, $\theta_K = 1.0$.

Abb. 4.15. Schirmbilder des Feldelektronenmikroskopes bei wachsendem Bruttobedeckungsgrad von Kalium auf Wolfram. Die Bildunterschriften geben die Bruttoaustrittsarbeit und den Bruttobedeckungsgrad der Spitze an. Die Abbildung macht deutlich, daß zu den glatten Kurven der Abb. 4.14, die aus den gleichen Messungen gewonnen wurde, ein nur sehr zweifelhafter Zusammenhang besteht. Nach [297]

Man erkennt in dieser Reihe von Aufnahmen deutlich, wie sich die Emission im untersuchten Bedeckungsbereich über die verschiedensten Kristallflächen verlagert. So durfte z. B. der in Abb. 4.14 zu $\Theta = 0{,}2$ gehörende Wert der Austrittsarbeit vorwiegend von den Vicinalen der (110)-Fläche, die Austrittsarbeit zwischen $\Theta = 0{,}6$ und $\Theta = 0{,}7$ aber großenteils von den (211)-Flächen herrühren. Bei dieser Art der Messung ist ein Vergleich mit der Theorie schwierig.

Nur wenige Metalle (W, Mo, Ta, Pt) lassen sich bequem zu guten FEM-Emittern verarbeiten. Für die Untersuchung weicherer Metalle

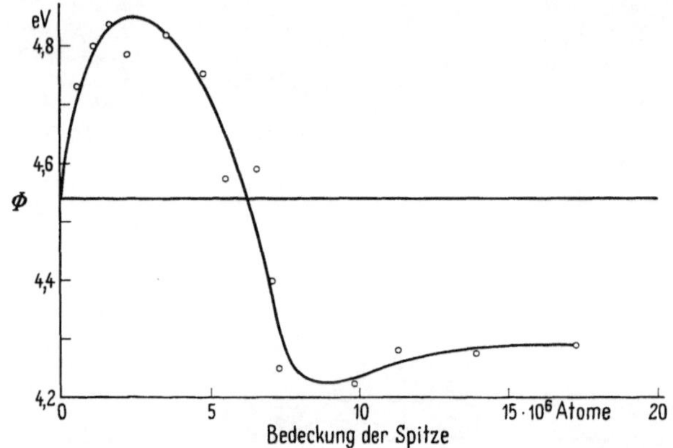

Abb. 4.16. Der Verlauf der Austrittsarbeit im Feldelektronenmikroskop bei wachsender Bedeckung der Wolfram-Spitze mit Kupfer. Bei schematischer Berechnung des Bedeckungsgrades aus der Zahl der aufgedampften Atome würde das Maximum der Austrittsarbeit bei etwa drei Monoschichten auftreten. Weitere Einzelheiten s. Text. Nach [173]

hat man daher die im Abschnitt 2.2.5. beschriebene Herstellung epitaxialer Aufdampfschichten auf W-Emitter angewendet. Die dabei auftretenden Bildänderungen im FEM beruhen zum Teil auf Formänderungen der Spitze, d. h. auf Änderungen der Größe k in Gleichung (4.23). Außerdem ändert sich die Austrittsarbeit der emittierenden Flächen. Da bei dem Aufwachsen des epitaxialen Gitters Spannungen auftreten, muß die Austrittsarbeit in diesem Falle nicht identisch mit der Austrittsarbeit des normalen Metallkristalles sein.

JONES [173] hat den Verlauf der Austrittsarbeit bei epitaxialem Aufwachsen von Cu auf W von Bruchteilen einer Monoschicht bis zu etwa 6 Atomlagen untersucht. Die zuletzt genannten Schichten zeigten im FEM bereits die Eigenschaften eines, allerdings verspannten, Cu-Kristalles.

Abb. 4.16 zeigt den Verlauf der Austrittsarbeit als Funktion der Anzahl der auf die Spitze aufgedampften Cu-Atome. Diese Anzahl läßt sich nicht ohne weiteres in einen Bedeckungsgrad umrechnen. Zwar kann man annehmen, daß der Kondensationskoeffizient bei den Aufdampftemperaturen von 78° K bis 300° K gleich 1 ist [78, 115], doch bleibt die Frage offen, wieviele Plätze der Spitzenoberfläche dem adsorbierten Cu wirklich zugänglich sind. So kann z. B. die Rauhigkeit der feldverdampften Spitze eine große Anzahl von Cu-Atomen an Plätzen „speichern", wo sie nicht zur Emission beitragen. Bei rein geometrischer Berechnung des Bedeckungsgrades wäre bei den Versuchen von JONES eine Monoschicht bei rund $1 \cdot 10^6$ aufgedampften Atomen erreicht. Man muß jedoch annehmen, daß scharfe Änderungen der Austrittsarbeit höchstens beim Aufbau der ersten oder zweiten Monolage auftreten können (vgl. die Maxima in Abb. 4.6). Es ist dagegen nicht verständlich, warum das scharfe Maximum in Abb. 4.16 bei drei Monoschichten auftreten sollte. JONES nimmt daher an, daß ein großer Teil seines aufgedampften Cu in den Rauhigkeiten der Oberfläche verschwindet, und daß eine Monoschichtbedeckung der emittierenden Flächen erst bei etwa $3 \cdot 10^6$ Atomen erreicht wird (vgl. die Vorstellungen von SMOLUCHOWSKI [313]). Durch diese Auffüllung kann natürlich auch die Feldkonstante k verändert werden. Nimmt man die Abschätzung von JONES über die Oberflächenbedeckung als richtig an, so erkennt man, daß eine der wesentlichen Voraussetzungen der Theorie von LEVINE und GYFTOPOULOS (Gl. 4.18), nach der die Austrittsarbeit der Monoschicht gleich der Austrittsarbeit des massiven Adsorbens sein soll, nicht erfüllt ist. Dies würde nach JONES vermutlich darauf beruhen, daß die Austrittsarbeit dieser ersten Monolage einem Metallgitter entspricht, das gegenüber dem normalen Gitter um etwa 8% der Abstände der dichtesten Packung verspannt ist. Mit dem Aufbau einer zweiten und dritten Atomlage schwächt sich dann die Verspannung ab, und die Austrittsarbeit fällt bis auf 4,2 eV. Bis zu 6 Atomlagen, dem höchsten erreichten Wert, steigt die Austrittsarbeit dann wieder auf 4,3 eV an. Dies wird auf Änderungen der Oberflächenstruktur, und zwar Vergrößerung der (211)- und Verkleinerung der (111)-Gebiete zurückgeführt. Auch diese Austrittsarbeit entspricht nicht dem Wert von 4,61 eV für das massive Metall [227], was sowohl auf der starken Bevorzugung der Flächen niedriger Austrittsarbeit bei der Feldemission, als auch auf einer verbleibenden Verspannung beruhen kann.

4.2.3. Bremsfeldmethoden

Wenn zwei Metalle A und B durch einen Leiter verbunden sind, werden im Gleichgewicht die elektrochemischen Potentiale der Elektronen in diesen Elektroden gleich. Dies bedingt ein elektrisches Feld zwischen den beiden Metallen, das der Differenz der beiden Austrittsarbeiten entspricht. Von dem Metall A austretende Elektronen mögen in diesem Falle

B erreichen können. Schalten wir jetzt zwischen A und B eine Batterie ein, deren Spannung das Potential von B verschiebt, so läßt sich der Stromfluß zwischen den beiden Metallen unterbrechen, wenn die angelegte Spannung gerade den Unterschied der beiden Austrittsarbeiten aufhebt. Würde das Metall A nur monoenergetische Elektronen emittieren, so müßte, wenn man von Raumladungseffekten absieht, bei einer bestimmten Spannung der Strom als Stufe einsetzen. Diese Spannung entspräche gerade der Differenz der Austrittsarbeiten von A und B (vgl. Abb. 4.17). In einem praktisch durchführbaren Experiment findet jedoch stets eine

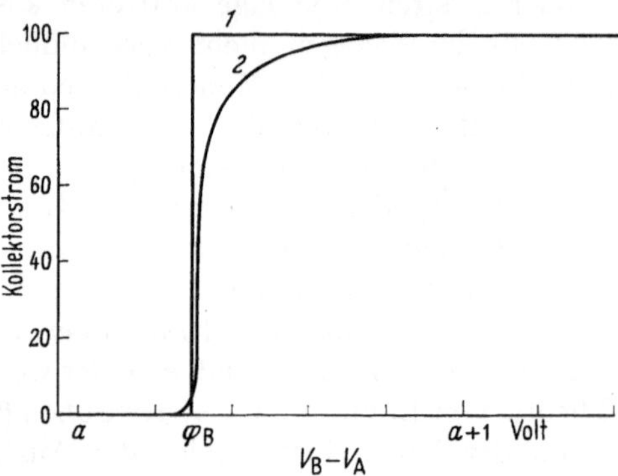

Abb. 4.17. Schematische Darstellung des Stromverlaufes am Kollektor einer Bremsfeldanordnung. Abscisse ist das angelegte Bremsfeld. Kurve 1 entspricht dem idealisierten Fall für 0° K, Kurve 2 stellt den tatsächlichen Verlauf bei Zimmertemperatur dar. Nach [156]

Emission auch etwas unterhalb der Fermi-Grenze, sowie bei Temperaturen über 0° K auch eine Emission von höheren Energien als der Fermi-Energie entspricht, statt. Gemessene Strom-Spannungs-Kurven in einem solchen System stellen daher immer ein Integral über die Energieverteilung der Elektronen dar, sie gestatten jedoch die Auswertung der Strom-Spannungs-Kurven zur Bestimmung der Austrittsarbeit der „Bremselektrode" B. Dieses Verfahren ist in den verschiedensten Formen zur Messung von Austrittsarbeiten angewendet worden (vgl. [77]).

Eine besonders aufschlußreiche Methode ist von Haas und Thomas [134, 135] mitgeteilt worden. Bei dieser Methode wird die zu untersuchende Oberfläche von einem feinen Elektronenstrahl in der gleichen Weise abgetastet, wie der Bildträger in einer Fernsehaufnahmeröhre.

Abb. 4.18 zeigt die Prinzipschaltung einer solchen Anordnung. Die Elektronen kommen von einer Oxydkathode, die eine besonders präparierte Oberfläche besitzt, um Störungen in der Energieverteilung der emittierten Elektronen zu vermeiden, die von Tangentialfeldern herrühren können. Der Strahl wird durch die beiden eingezeichneten Elektroden auf etwa 800 Volt beschleunigt und auf einen Durchmesser von einigen μ beschränkt. In dem anschließenden Laufraum kann der Strahl abgelenkt werden und wird außerdem durch ein koaxiales Magnetfeld auf die zu untersuchende Fläche abgebildet. Die Abbremsung der Elektronen geschieht in dem Feld zwischen der zu untersuchenden Oberfläche und einem dicht davor liegenden Schirm, der die Laufstrecke begrenzt. Hier entstehen Felder der Größenordnung 4000 Volt/cm, die eine Ablenkung des Strahles durch Oberflächenfelder (patch fields) verhindern. Neben der eigentlichen Testoberfläche befindet sich ein durch Ausheizen leicht zu reinigendes Wolframband, das als Referenzoberfläche verwendet wird.

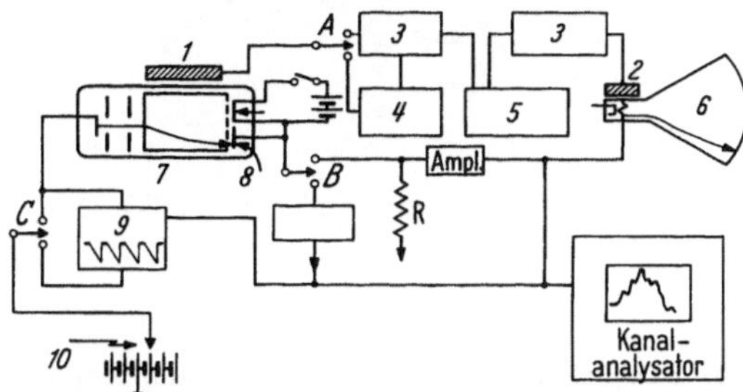

Abb. 4.18. Schematische Darstellung des Schaltungsaufbaues der Abtastapparatur nach HAAS und THOMAS. Die Schalter A, B, C dienen zur Umschaltung zwischen direkter Abbildung auf der Bildröhre 6, Aufnahme der Häufigkeitsverteilung im Vielkanalanalysator und Eichung. 1, 2: Ablenkspulen; 3: Zeilengeneratoren; 4: Stufengenerator; 5: Trigger; 6: Bildröhre; 7: Abtaströhre; 8: zu untersuchende Oberfläche; 9: Sägezahngenerator; 10: Batterie für Strahlspannung

Gemessen wird der als Funktion der Bremsspannung V auf die Oberfläche fließende Elektronenstrom. Dieser Strom moduliert nach Verstärkung die Helligkeit des Schirmbildes einer Bildröhre. Zeilen- und Spaltenverlauf in der Bildröhre sind mit dem Zeilen- und Spaltenverlauf in der Meßröhre synchronisiert. Auf dem Schirm der Bildröhre entsteht also eine Abbildung der Austrittsarbeit des Testobjektes. Außerdem können die Meßwerte auf einen 400-Kanal-Analysator gegeben werden, der die unmittelbare Bestimmung der Verteilungsfunktion der Austrittsarbeiten gestattet.

Abb. 4.19 zeigt das Ergebnis eines solchen Versuches für eine Nickel-Matrix-Kathode. Man erkennt sehr augenfällig die Inhomogenität der Austrittsarbeit auf der Oberfläche. Die mit dem Analysator gewonnene Verteilungsfunktion der Austrittsarbeiten zeigt ein breites Maximum zwischen etwa 2,4 und 2,9 eV. Eine arithmethische Mittelbildung würde eine Austrittsarbeit von etwa 2,7 eV ergeben, die bei Emissionsversuchen auftretende, zugunsten niedrigerer Austrittsarbeiten gewichtete Mittelbildung, liefert dagegen 2,45 eV. Die Abtastmethode liefert also wesentlich ausführlichere Information über die elektronische Struktur der Oberfläche. Interessant ist ferner die Verteilung der Austrittsarbeit über der Wolfram-Referenz-Elektrode. Diese Verteilung hat normalerweise ein einziges Maximum mit einer Breite unter 0,2 eV. Nach vielen Glühbehandlungen zur Reinigung des Bandes hat jedoch die Rekristallisation des Bandes eingesetzt, so daß mehrere voneinander verschiedene Austrittsarbeiten auftreten.

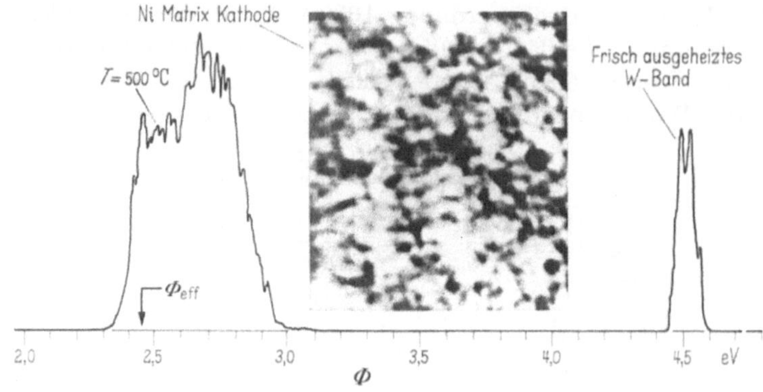

Abb. 4.19. Typisches Beispiel für ein Meßergebnis mit der Apparatur nach Apparatur 4.18. Das Schirmbild zeigt durch große Helligkeitsunterschiede, daß die Oberfläche der Nickel-Matrix-Kathode keine einheitliche Austrittsarbeit besitzt. Der Vielkanal-Analysator gibt die Verteilungsfunktion der Austrittsarbeiten unmittelbar als graphische Darstellung (links im Bild). Die Verteilungsfunktion wird durch Abtasten eines frisch ausgeheizten Wolframbandes bekannter Austrittsarbeit geeicht (rechts im Bild). Nach [135]

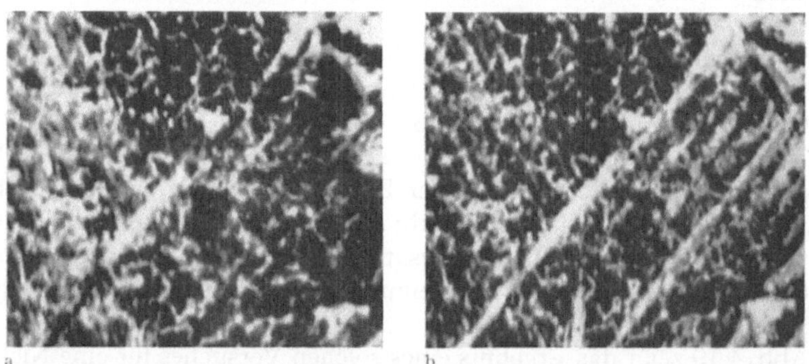

Abb. 4.20. Bildröhrenaufnahme mit der Apparatur nach Abb. 4.18. Edelstahloberfläche mit Kratzern. a) ganz wenig Barium. Die Struktur entsteht durch Korngrenzen der Edelstahloberfläche; b) Barium aus einer benachbarten Oxydkathode wird vorzugsweise in Kratzern und Walzmarken der Oberfläche angelagert. Nach [135]

Für die Adsorption von Metallen auf Metallen verspricht diese Methode wichtige Ergebnisse zu liefern. Besonders die Frage der Vorzugsadsorption auf bestimmten Kristallitflächen sowie nach mechanischen Störungen der Oberfläche, wie z. B. Kratzer oder Walzmarken, läßt sich

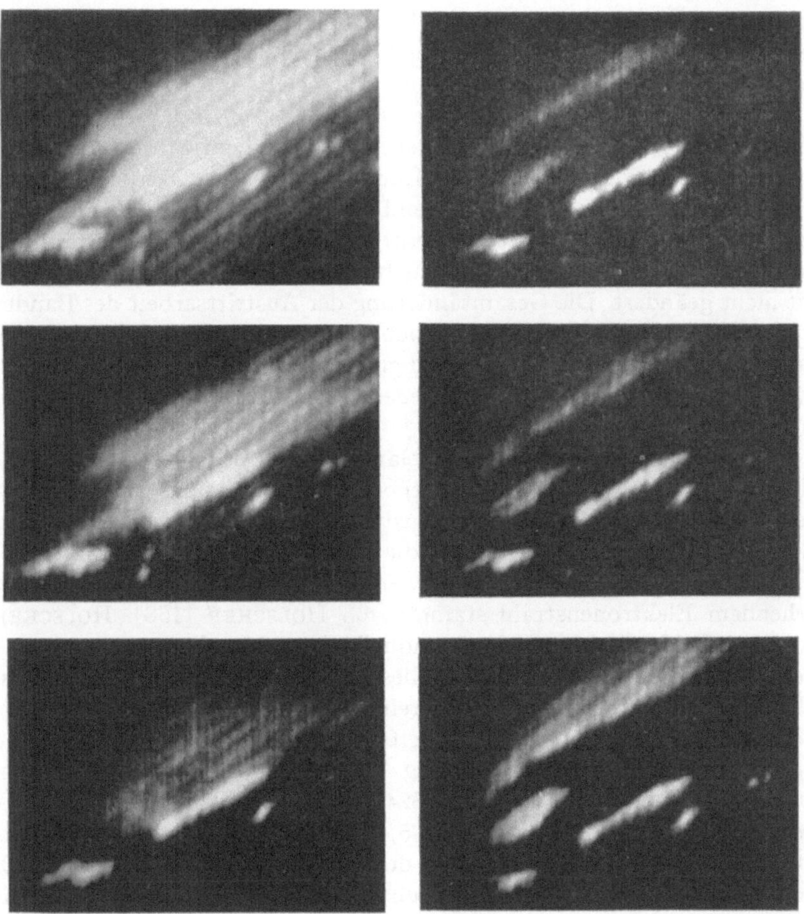

Abb. 4.21. Bildröhrenaufnahme der Austrittsarbeitsänderung mehrerer Einkristalle von Wolfram in einem grob-kristallinen Wolframband. Die Adsorption erfolgt aus einem geringen, nicht näher angegebenen Caesium-Dampfdruck; die zeitliche Reihenfolge verläuft links oben beginnend von oben nach unten. Zimmertemperatur. Alle Aufnahmen bei gleicher Strahlenergie mit jeweils einer Minute Abstand. Man beachte die vollständige Umkehr des Bildes im Bereich des Kristalles in der Bildmitte. Einige benachbarte kleine Kristallflächen bleiben weitgehend unverändert. Die Gesamtänderung der Bruttoaustrittsarbeit über die ganze Fläche ist so klein, daß diese Vorgänge mit anderen Methoden nicht zu erfassen wären, obwohl eine bemerkenswerte Umlagerung an der Oberfläche stattgefunden hat. Nach [135]

untersuchen. So zeigt Abb. 4.20 eine Anhäufung von Barium in Kratzern einer Oberfläche, die natürlich die Austrittsarbeit verändern und bei eventuellen Mittelbildungen eine zu niedrige Austrittsarbeit der zu untersuchenden Fläche vortäuschen könnte. Man kann diese Auffüllung von Kratzspuren auch als stark vergrößertes Modell der im vorigen Abschnitt diskutierten Auffüllung der Rauhigkeiten einer Feldemissionsspitze auffassen. Änderungen der Austrittsarbeit durch Umlagerungen adsorbierten Caesiums bei Zimmertemperatur zeigt Abb. 4.21.

Hier ist zunächst eine gewisse Menge Cs auf das polykristalline W-Band aufgedampft worden. Die sechs Aufnahmen wurden danach in zeitlichen Abständen von je einer Minute durchgeführt. Der in der Mitte befindliche Kristall hat sich während dieser sechs Minuten völlig verändert. Einige kleinere Kristalle niedrigerer Austrittsarbeit direkt unterhalb dieses Kristalles haben ihre Austrittsarbeit während der Versuchszeit nicht geändert. Die Gesamtänderung der Austrittsarbeit des Bandes während dieser Umlagerung hätte sich mit einer Totalemissionsmethode wahrscheinlich wegen ihrer Kleinheit gar nicht messen lassen. Die Abtastmethode dagegen zeigt, daß grundlegende Änderungen der Adsorptionsstruktur stattgefunden haben.

Die Abtasttechnik stellt eine relativ neue Anwendung der Bremsfeldmethode dar. Die Bremsfeldmethode ohne Abtastung ist seit geraumer Zeit für die Ermittlung von Austrittsarbeiten angewendet worden. In diesem Zusammenhang muß auf die Darstellung von EBERHAGEN [77] verwiesen werden. Eine neuere Anwendung der Bremsfeldmethode mit stehendem Elektronenstrahl stammt von HOLSCHER [156]. HOLSCHER hat eine Feldemissions-Elektronenquelle benutzt, die nahezu monoenergetische Elektronen liefert. Mit dieser Anordnung wurde die Austrittsarbeit von aufgedampften, spektralreinen Nickel- und Goldfilmen untersucht. Während die Austrittsarbeit der aufgedampften Nickelfilme 4,45 eV in guter Übereinstimmung mit anderen Literaturwerten (s. SUHRMANN, KERN und WEDLER [324]) liegt, steht die von HOLSCHER bestimmte Austrittsarbeit für Gold, 5,45 eV (vgl. 159) in starkem Widerspruch zu Literaturergebnissen. Da der Wert von HOLSCHER aber durch photoelektrische Messungen [288] unter ähnlichen Bedingungen bestätigt werden konnte, schreibt der Autor diesen Unterschied Verunreinigungen der früher untersuchten Filme zu. Solche Verunreinigungen, die die Austrittsarbeit erniedrigen, können bei schwereren Metallen durch oberflächenaktive Stoffe mit elektropositiven Eigenschaften auftreten. Zum Beispiel ist bekannt, daß Platin größere Mengen von Alkali-Verbindungen an die Oberfläche bringt, wenn es länger geglüht wird. Besonders bei der Herstellung von Aufdampfschichten ist es nun möglich, daß aus den Tropfen des geschmolzenen Metalles in der Aufdampfquelle solche elektropositive Verunreinigungen zur Oberfläche diffundieren und die Austrittsarbeit der daraus durch Aufdampfen hergestellten Filme weitgehend erniedrigen können. Selbst bei sog. spektralreinen Substanzen kann man gelegentlich einen Ionenstrom beobachten, wenn man diese Metalle aufschmilzt und eine geeignete Spannung zwischen dem schmelzenden Metall und dem Auffänger anlegt. Über ähnliche Ergebnisse berichten RUEDL und BRADLEY [282] an Kupfereinkristallen. Die genannten Untersuchungen werfen ein ungünstiges Licht auf die häufig vertretene Meinung, daß die aufgedampften Filme besonders rein darzustellen seien und daß es lohnend wäre, die bereits besprochenen Unsicherheiten der Kristallstruktur um der Reinheit der Filme willen in Kauf zu nehmen.

Neben der schwierigen Absolutbestimmung von Austrittsarbeiten wendet man die Bremsfeldmethode gern zu Relativmessungen an. Die eigentliche Stärke dieser Methode liegt in ihrer Eigenschaft, kleine Änderungen der Austrittsarbeit mit großer Empfindlichkeit zu erfassen. So ist diese Methode in letzter Zeit zur Bestimmung der Temperaturabhängigkeit der Austrittsarbeit von Aufdampffilmen und massiven Kristallen angewendet worden. BLEWIS und CROWELL [22] haben die Temperaturabhängigkeit der Austrittsarbeiten mehrerer Einkristallflächen von Kupfer untersucht.

Das Interessante an dieser Untersuchung ist die Tatsache, daß die Elektronenaustrittsarbeit temperaturabhängig ist, und daß man mit den gemessenen Abhängigkeiten Austrittsarbeitsmessungen bei Zimmertemperatur von UNDERWOOD [353] mit Messungen von BOLSHOV [30], die an geschmolzenem Metall vorgenommen wurden, korrellieren kann. Die Austrittsarbeit der (100)-Fläche, die von UNDERWOOD bei Zimmertemperatur zu 5,64 eV bestimmt wurde, und die Austrittsarbeit der

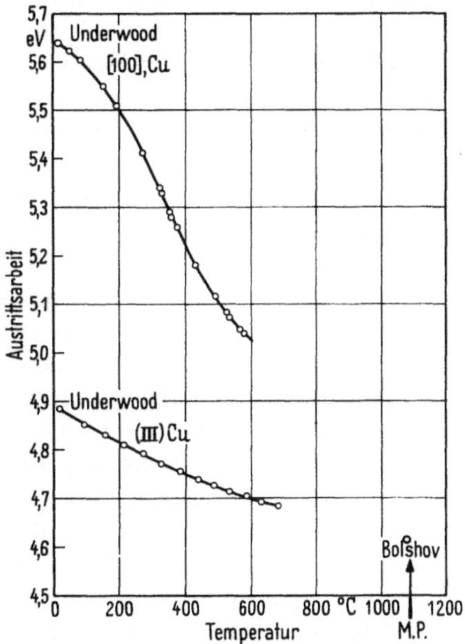

Abb. 4.22. Die Temperaturabhängigkeit der Austrittsarbeit von Kupfer. Die Messungen von UNDERWOOD [353] an Kupfer-(100)- und (111)-Flächen zeigen eine Temperaturabhängigkeit, die die Austrittsarbeit beider Flächen auf den am Schmelzpunkt gemessenen Wert von BOLSHOV [30] zusammenlaufen läßt

(111)-Fläche, UNDERWOOD: 4,9 eV, konvergieren beide auf einen gemeinsamen Wert, nämlich den Wert am Schmelzpunkt, 4,62 eV. Der Verlauf dieser Änderung der Austrittsarbeit ist in Abb. 4.22 dargestellt.

COMSA, GELBERG und IOSIFESCU [50] haben in der gleichen Weise wie die oben zitierten Autoren die Temperaturabhängigkeit der Austrittsarbeit an polykristallinen Proben der Metalle Molybdän und Nickel gemessen. Diese Autoren finden eine Anomalie des Temperaturkoeffizienten der Austrittsarbeit in der Umgebung des Curie-Punktes, die sich jedoch nicht in dem Wert der Austrittsarbeit selbst bemerkbar macht.

Beim Energiekonverter (Kap. 5.3.2.) werden die Prinzipien der Bremsfeldmethode in ihrer technischen Auswirkung noch deutlich in Erscheinung treten.

4.2.4. Weitere Methoden zur Messung der Elektronenaustrittsarbeit

Neben den bisher beschriebenen Methoden existiert eine Reihe anderer Möglichkeiten, die Elektronenaustrittsarbeit bzw. das Oberflächenpotential und Änderungen dieser Größe durch Adsorption zu untersuchen.

Aus der für Metall-Metall-Systeme eigentümlichen Oberflächenionisation läßt sich auf dem Umweg über die Langmuir-Saha-Gleichung bei bekannter Ionisierungsspannung des Adsorbates die Austrittsarbeit ermitteln. Diese Methode ist in letzter Zeit in ständig wachsendem Umfang auf verschiedene, für die Raumfahrt interessante Materialien angewendet worden. Daher wird auf diese Methode in Kapitel 5 ausführlicher eingegangen werden.

Die thermische Elektronenemission, die mit Hilfe der Richardson-Gleichung die Austrittsarbeiten zu bestimmen gestattet, ist das in der Literatur wohl am häufigsten beschriebene Verfahren. Speziell für Adsorptionsuntersuchungen ist dieses Verfahren weniger geeignet, da die Messungen über einen recht großen Temperaturbereich durchgeführt werden müssen. Es ist schwierig, die Belegungsdichte der zu untersuchenden Oberfläche über einen großen Temperaturbereich konstant zu halten.

Eine in vielen Fällen zur Untersuchung von Änderungen des Oberflächenpotentials durch Adsorption sehr geeignete Anordnung ist der Schwingkondensator nach MIGNOLET [225]. Mit diesem Gerät liegen allerdings keine Messungen an Metall-Metall-Systemen vor. Aus diesem Grunde soll hier auf seine Besprechung verzichtet werden.

Die Magnetron-Anordnung von OATLEY [253] hat zwar den Vorteil, daß die Referenzelektrode stets rein ist, dafür muß man aber Wärmestrahlung, Photoeffekte und evtl. die Anregung oder Dissoziation von Molekeln an der heißen Elektrode in Kauf nehmen. Auch hier sind keine Arbeiten über Metall-Metall-Systeme bekannt geworden.

Alle diese Methoden sind häufig ausführlich referiert worden, vgl. z. B. EBERHAGEN [77].

5. Oberflächenionisation

Die Chemisorption in Metall-Metall-Systemen weist eine Besonderheit auf, die steigendes technisches und wissenschaftliches Interesse findet. Dies ist die Oberflächenionisation, d. h. die Bildung positiver Ionen und ihre Emission von einer heißen Metalloberfläche. Die mit der Ionisierung des Adsorbates verbundenen Austrittsarbeitsänderungen finden Anwendung bei der Herstellung von Photo- und Glühkathoden. Bei der Entwicklung von Geräten zur Energiekonversion, d. h. der Gewinnung elektrischer Energie aus Wärme ohne Zwischenschaltung mechanischer Aggregate, findet sowohl die Änderung der Austrittsarbeit, als auch die Emission positiver Ionen zur Kompensation der Raumladung in den Konversionsdioden Anwendung. Auf Projekte, die die Ionenemission heißer Metall-Oberflächen als Ionenquelle für den Antrieb von Raumfahrzeugen nutzbar machen sollen, werden wir noch näher eingehen. Obwohl die genannten Effekte seit mehr als 40 Jahren bekannt sind, kann man keineswegs behaupten, daß bis heute ein vollständiges Verständnis dieser Erscheinung erreicht wäre.

Die Grundlage der theoretischen Behandlung der Oberflächenionisation bildet die Langmuir-Saha-Gleichung. Diese Gleichung wird aus Gleichgewichtsbetrachtungen abgeleitet und bezieht sich ausschließlich auf den Zustand eben dieses thermodynamischen Gleichgewichtes. Da experimentell die Drucke von Elektronen oder Ionen nicht zugänglich sind, muß man sich mit der Messung von Strömen zufrieden geben. Diese Ströme werden aber im allgemeinen nicht ausschließlich von den Kenngrößen des thermodynamischen Gleichgewichtes bestimmt, sie hängen vielmehr in hohem Maße von der Kinetik der Prozesse an der Oberfläche ab. Diese Kinetik ist nur in geringem Umfange untersucht. Man kann nicht erwarten, bei einem beliebig durchgeführten Experiment, z. B. mit verunreinigten Oberflächen, die aus der Gleichgewichtstheorie hergeleitete Langmuir-Saha-Gleichung bestätigt zu finden. Die neuere Entwicklung zeigt immer deutlicher, daß die Langmuir-Saha-Gleichung und damit die Gleichgewichtstheorie die Oberflächenionisation vollständig beschreibt, wenn das System sauber ist und mit den erforderlichen Vorsichtsmaßnahmen gearbeitet wird. Als Konsequenz dieses Sachverhaltes gewinnen Abweichungen von der Langmuir-Saha-Gleichung eine neue Bedeutung. Gerade bei verunreinigten Oberflächen beobachtet man häufig eine Kopplung von Aktivierungsenergien und Häufigkeitsfaktoren. Dieser Effekt ist nicht auf die Oberflächenionisation beschränkt, sondern spielt bei der heterogenen Katalyse unter der Bezeichnung Kompensationseffekt eine Rolle [54]. Man darf hoffen, daß gerade die Oberflächenionisation als Modell einer heterogenen Katalyse tiefergehende Aufschlüsse über solche Nebeneffekte liefern kann, als die eigentlichen katalytischen Untersuchungen an doch mehr oder weniger anwendungsbestimmt ausgewählten Systemen.

In den nächsten Abschnitten wird daher zunächst die Langmuir-Saha-Gleichung und der ihr zugrunde liegende Gedankengang ausführlich erörtert. Daran schließt sich eine Betrachtung über den heutigen Stand unserer Kenntnisse von der Kinetik der Oberflächenionisation an.

5.1. Ionisation im thermodynamischen Gleichgewicht

5.1.1. Die Langmuir-Saha-Gleichung

Betrachten wir zunächst in einem feldfreien, allseitig geschlossenen Raum, dessen Wände die Temperatur T haben sollen, das Gleichgewicht zwischen Atomen, Ionen und Elektronen.

$$\text{Atome} \leftrightarrow \text{Ionen} + \text{Elektronen} . \tag{5.1}$$

Das Gleichgewicht dieser Reaktion läßt sich nach der statistischen Thermodynamik als Funktion der Zustandssummen $Z_e(T)$ der Elektronen, $Z_+(T)$ der Ionen und $Z_0(T)$ der neutralen Atome darstellen:

$$\frac{Z_e(T)\, Z_+(T)}{Z_0(T)} . \tag{5.2}$$

Da die Zustandsdichte in allen Fällen gering ist, kann man für die Herleitung der Zustandsfunktion die klassische Boltzmann-Statistik annehmen. Diese liefert für die Ionen einen translatorischen Anteil und einen elektronischen Anteil, für die Elektronen und neutralen Atome kann man sich auf den translatorischen Anteil beschränken. Mit c_e, c_+ und c_0 für die Konzentrationen und w_e, w_+ und w_0 für die statistischen Gewichte der drei Species erhalten wir schließlich:

$$\frac{c_e\, c_+}{c_0} = \frac{w_e\, w_+}{w_0}\, \frac{(2\,\pi\, m\, k\, T)^{3/2}\,(2\,\pi\, m_+\, k\, T)^{3/2}}{h^3\,(2\,\pi\,(m_+ + m)\, k\, T)^{3/2}} \cdot e^{-eI/kT} . \tag{5.3}$$

Darin bedeuten ferner: m die Masse der Elektronen, m_+ die Masse der Ionen, k die Boltzmannkonstante und h das Plancksche Wirkungsquantum. Zu der elektronischen Zustandssumme trägt nur ein Glied mit der Ionisierungsenergie eI bei. Speziell für Caesium sind die statistischen Gewichte $w_e = w_0 = 2$, $w_+ = 1$ und $eI = 3{,}88$ eV. Vernachlässigt man im Nenner m gegen m_+, so vereinfacht sich (3) zu:

$$K = \frac{c_e\, c_+}{c_0} = \frac{(2\,\pi\, m\, k\, T)^{3/2}}{h^3} \cdot e^{-eI/kT} . \tag{5.4}$$

In dieser Gleichung sind alle Größen bekannt, sie ist also einer experimentellen Nachprüfung zugänglich.

Das entsprechende Experiment wurde von Langmuir und Kingdon [191] im System Wolfram-Caesium durchgeführt. Die dabei erzielte vorzügliche Übereinstimmung zwischen gemessenen und berechneten Gleichgewichtskonstanten hat viel dazu beigetragen, falsche Vorstellungen von der Kompliziertheit der tatsächlich ablaufenden Vorgänge zu erwecken. Wegen der grundlegenden Bedeutung der damaligen Messungen, die übrigens in neuerer Zeit mit modernen Methoden auf das Beste bestätigt wurden [330], soll die Auswertung dieser Experimente, wie sie von Fowler [98] gegeben wurde, hier wiederholt werden:

Gegeben ist eine reine Wolfram-Oberfläche von $1177°$ K. Sie befindet sich in einer Caesium-Dampfatmosphäre, deren Druck dem Dampfdruck von Caesium bei $70°$ C entspricht. Die Ströme positiver und negativer Ladungsträger werden an einer zweiten, sonst unbeteiligten, Elektrode gemessen. Unter diesen Bedingungen emittierte das Wolfram Elektronen mit einer Stromdichte von $2,22 \times 10^{-6}$ A/cm², und positive Ionen mit einer Stromdichte von $2,06 \times 10^{-6}$ A/cm². Die Elektronenemission ist einige millionenmal größer als die Elektronenemission des reinen Wolframs bei dieser Temperatur. Dies zeigt, daß wir mit einer Caesium-bedeckten Wolfram-Oberfläche arbeiten. Erhöht man die Temperatur der Wolfram-Oberfläche auf 1300 °K und darüber, so steigt der Strom positiver Ionen auf $2,43 \times 10^{-3}$ A/cm² und bleibt dann unabhängig von der Drahttemperatur. Dieser Sättigungsstrom wird als Maß für die Zahl der pro Sekunde auf die Wolframfläche auftreffenden Caesium-Atome oder -Ionen angesehen und entspricht $1,52 \times 10^{16}$ Partikeln/sec cm². Bei einer tieferen Temperatur (677 °K) ist die Zahl der auftreffenden Teilchen die gleiche, aber der positive Ionenstrom hat nur $^1/_{1180}$ des Sättigungswertes, d. h. daß nur eins von 1180 verdampfenden Teilchen ein Ion ist. Man kann nun ausrechnen, welche Caesiumkonzentration im Dampf bei $1170°$ vorliegen müßte, um die gleiche Zahl, nämlich $1,52 \times 10^{16}$ Teilchen/sec, auf die Oberfläche auftreffen zu lassen. Für diese Konzentration ergibt sich $c_0 = 1,40 \times 10^{12}$ Atome/cm³. Aus den oben angegebenen gemessenen Strömen lassen sich die entsprechenden Gleichgewichtskonzentrationen bei der Temperatur von $1170°$ zu $c_e = 2,6 \times 10^6$ und $c_+ = 1,19 \times 10^9$ Teilchen/cm³ errechnen. Setzt man diese Zahlen in (5.3) ein, so ergibt sich für den Zahlenwert in der Gleichgewichtskonstante (5.4):

$$K_{\text{Experiment}} = 2210$$

$$K_{\text{ber. aus 5.3}} = 2500.$$

Die Übereinstimmung des gemessenen und des nach (5.3) berechneten Wertes ist ausgezeichnet. Der vorhandene Unterschied würde z. B. durch einen Fehler der Temperaturmessung von nur $3°$ K beseitigt, ein Fehler, der noch innerhalb der Unsicherheit in der Temperaturskala liegt.

Diese Übereinstimmung von berechneten und gemessenen Gleichgewichtskonstanten zeigt, daß die für den freien Gasraum berechnete Gleichgewichtsbeziehung (5.3) tatsächlich auch auf die von einer Oberfläche ausgehenden Ströme angewendet werden kann. Dies bedeutet anschaulich, daß die von den Adsorptionskräften in der Nähe der Oberfläche gehaltenen Partikel von ihrem Auftreffen bis zur thermischen Emission so viele Stöße mit der Oberfläche ausführen, daß zumindest in diesem Beispiel, tatsächlich ein Gleichgewicht eingestellt wird. Sieht man diesen Umstand erst einmal als gesichert an, so kann man nunmehr darangehen, die Konzentration der Elektronen in Gleichung (5.3) aus der Richardson-Gleichung zu bestimmen. Diese liefert für den Strom der von einer Metall-Oberfläche ausgehenden Elektronen:

$$i_e = (1 - r) \frac{4\,\pi\,m\,k^2\,e}{h^3}\,T^2\,e^{-e\,\Phi/kT}\;. \tag{5.5}$$

Hierin bedeuten r einen Reflektionskoeffizienten, der im allgemeinen gleich 0 gesetzt wird und $e\Phi$ die Austrittsarbeit. Der Zahlenwert von $4\,\pi mk^2 e/h^3$ beträgt $3{,}60 \times 10^{11}$ E.S.U. oder 120 A/cm². Gehen wir in (5.3) von den Konzentrationen zu den Strömen über* und betrachten das Verhältnis der Ströme der Ionen und der Neutralteilchen, so ergibt sich unter Berücksichtigung von (5.5):

$$\frac{i_+}{i_0} = \frac{w_+}{w_0}\left(\frac{120\,T^2}{i_e}\right)e^{-e\,I/kT}\;. \tag{5.6}$$

Daraus folgt schließlich die als Langmuir-Saha-Gleichung bekannte Form:

$$\frac{i_+}{i_0} = \frac{w_+}{w_0}\cdot e^{e\,(\Phi - I)/kT}\;, \tag{5.7}$$

wenn man alle Reflektionskoeffizienten zunächst einmal gleich Null setzt. Es ist nützlich, sich klarzumachen, daß dieses Verhältnis den nach der Thermodynamik maximal möglichen Ionenstrom angibt. Für die Interpretation irgendwelcher Oberflächenionisationsexperimente folgt daraus, daß die Oberflächenreaktion dann und nur dann bis zum Gleichgewicht läuft, wenn die Gleichung (5.7) erfüllt ist. Findet man dagegen kleinere Werte als die Langmuir-Saha-Gleichung erwarten läßt, so bedeutet das zwingend, daß an der Oberfläche kein Gleichgewicht eingestellt wird. In diesem Falle liegen an der Oberfläche kinetische Hemmungen für den Reaktionsablauf vor. Die Einführung von Reflektionskoeffizienten für Atome oder Ionen ist nichts anderes als eine diskutierbare Möglichkeit zur empirischen Berücksichtigung solcher kinetischer Hemmungen.

Betrachtet man die Langmuir-Saha-Gleichung als gültig, und sind vor allem die experimentellen Bedingungen bekannt, unter denen Gleichung (5.7) die Oberflächenionisation an einer heißen Metall-Oberfläche beschreibt, so ergibt sich die Möglichkeit, aus (5.7) unbekannte Austrittsarbeiten experimentell zu bestimmen, wenn die Ionisierungsarbeiten I bekannt sind oder umgekehrt, unbekannte Ionisierungsarbeiten an Metall-Oberflächen bekannter Austrittsarbeit zu ermitteln. Auf diese Methode kommen wir in Abschnitt 1.5 dieses Kapitels noch ausführlich zurück.

---

* Durch Betrachtung der in der Zeiteinheit und im Gleichgewicht durch eine gedachte Trennwand tretenden Teilchen.

5.1.2. Die Bildung negativer Ionen

SCHEER und FINE [295] haben gezeigt, daß bei der Oberflächenionisation von Alkalihalid-Molekülen (NX) sowohl positive Alkaliionen (N^+), als auch negative Halogenionen (X^-) entstehen. Das Verhältnis von positiven zu negativen emittierten Ionen hängt vom Ionisierungspotential der Alkaliatome und der Elektronenaffinität der Halogenatome, von der Oberflächentemperatur und der Austrittsarbeit ab. Da inzwischen verläßliche Werte für die Elektronenaffinitäten der Halogene bekannt sind [20], ergeben sich hier eine Reihe neuer experimenteller Möglichkeiten.

Für die Oberflächenionisation der Alkalihalide gilt für die Alkaliionen wie bisher Gleichung (5.7). Das Ionisierungspotential in dieser Gleichung bleibt das Ionisierungspotential der Alkaliatome. Auch die statistischen Gewichte bleiben unverändert. Für die Bildung negativer Ionen gilt jetzt in Analogie zu Gleichung (5.7):

$$\frac{i_-}{i_x} = \frac{w_-}{w_r} \exp\left[(A - \Phi)/kT\right] . \tag{5.8}$$

Hierin bedeuten i_- die Stromdichte der negativen Halogen-Ionen und i_x die Stromdichte der Neutralen. w_- und w_x sind die statistischen Gewichte der Ionen und Neutralteilchen und A die Elektronenaffinität der Halogenatome. Die statistischen Gewichte bestimmen sich allgemein aus:

$$w_i = \sum_{n=0}^{\infty} (2\,J_n + 1) \exp\left(-\frac{\varepsilon_n}{k\,T}\right), \tag{5.9}$$

worin J die resultierende Drehimpulsquantenzahl und ε die Energie des n-ten Zustandes bezogen auf den Grundzustand darstellt. Damit ergibt sich für die statistischen Gewichte in Gleichung (5.8): $w_- = 1$, und für w_x:

$$w_x = 4 + 2 \exp(-\,\varepsilon/kT) . \tag{5.10}$$

(Der Grundzustand der Halogene ist ein $^2P_{3/2}$ und der erste angeregte, bei 2000 °K schon nennenswert besetzte, Zustand ein $^2P_{1/2}$-Zustand. ε ist der Unterschied zwischen dem Grundzustand und dem ersten Angeregten.) Auf die Anwendung dieser Beziehung zur Bestimmung von Austrittsarbeiten werden wir noch zurückkommen.

5.1.3. Modifikationen der Langmuir-Saha-Gleichung

Aus der oben gegebenen Ableitung der Langmuir-Saha-Gleichung erkennt man unmittelbar, daß die Austrittsarbeit und die Mengenkonstante aus der Berücksichtigung der Elektronenemission des reinen Metalles herrühren. Nun ist aber bekannt, daß beide Größen auch für ein gegebenes Material noch von der Orientierung der Oberfläche abhängen. Weiter ist bekannt, daß die Elektronenaustrittsarbeit keine temperaturunabhängige Konstante ist. Ausführliche Untersuchungen der thermischen Elektronenemission liegen in der Literatur zahlreich vor. Wir beschränken uns für den vorliegenden Zweck auf eine Arbeit von HUTSON [165], der auch die älteren Untersuchungen kritisch betrachtet. Als Beispiel der Ergebnisse möge die Tabelle A.2 genügen.

Man sieht, daß die experimentell aus der Richardson-Kurve ermittelten Werte für den Häufigkeitsfaktor keineswegs für alle Kristallflächen den Wert von 120 A/cm² aufweisen. Die Klammer in Gleichung (5.6) behält also nach Herausziehen der Austrittsarbeit einen von 1 durchaus verschiedenen Wert. Da für die Ionenemission und für die Berechnung der Gleichgewichtskonstante nach Gleichung (5.3) die tatsächlich vorhandenen Emissionseigenschaften für Elektronen maßgebend sind, muß anstelle der Gleichung (5.5) eine Gleichung mit empirisch bestimmter Mengenkonstante und Austrittsarbeit stehen.

$$i_e = A^* \, T^2 \, e^{-e\,\Phi^*/kT} \qquad (5.11)$$

Hier bedeuten die gesternten Größen die experimentell aus einer Richardson-Kurve ermittelten Werte für die reinen Oberflächen. Unter Verwendung dieser Werte nimmt die Langmuir-Saha-Gleichung die Form (5.12) an.

$$\frac{i_+}{i_0} = \frac{120}{A^*} \, \frac{w_+}{w_0} \, \exp\left[e(\Phi^* - I)/kT\right] \qquad (5.12)$$

TRISCHKA [343] hat diese modifizierte Form der Langmuir-Saha-Gleichung näher diskutiert.

Die Konsequenz aus Gleichung (5.12) ist bei der Sichtung des vorhandenen experimentellen Materials darin zu sehen, daß die vielen berichteten Abweichungen von der Langmuir-Saha-Gleichung wegen des Mangels an Daten über die Elektronenemission nicht näher diskutiert werden können. Viele der bekannt gewordenen Untersuchungen sind nicht an Einkristalloberflächen, sondern an polykristallinem Material gemacht worden. Eine sorgfältige Zusammenstellung findet sich bei KAMINSKY [175]. Die Auswertung der an polykristallinem Material gemachten Versuche läuft darauf hinaus, eine geeignete Mittelwertbildung der Mengenkonstanten und der Elektronenaustrittsarbeit zu finden. Um dieses Problem haben sich ZEMEL [380], ROMANOV und STRARODUBTZEW [280], sowie DATZ und TAYLOR [60] bemüht. Leider ist aus allen diesen Arbeiten keine generell anwendbare Beziehung hervorgegangen, die für größere Bereiche des Bedeckungsgrades anwendbar wäre.

Wir sind bei den bisherigen Betrachtungen davon ausgegangen, daß die Oberflächenionisation bzw. die experimentell durchzuführende Strommessung in verschwindend kleinen elektrischen Feldern durchgeführt wird. Kann diese Näherung nicht als gültig betrachtet werden, so muß man analog zur Elektronenemission eine Schottky-Verbesserung $e\sqrt{eE}$ mit der Feldstärke E anbringen. Die so korrigierte Langmuir-Saha-Gleichung lautet dann:

$$\left.\frac{i_+}{i_0}\right|_E = \left.\frac{i_+}{i_0}\right|_{E=0} \cdot \exp \frac{e\sqrt{eE}}{kT} \,. \tag{5.13}$$

Eine experimentelle Prüfung dieser Beziehung wurde von DOBREZOW [69] durchgeführt. Nach KÁMINSKY [175] ist dieser Ausdruck bis etwa 10^6 Volt/cm anwendbar.

5.1.4. Prüfung der Langmuir-Saha-Gleichung mit Hilfe der Ionisierungsausbeute

Die Langmuir-Saha-Gleichung (5.7) bzw. (5.12) liefert für ein gegebenes System und eine bekannte Temperatur primär den Ionisierungsgrad an der Oberfläche, d. h. das Verhältnis von emittierten Ionen zu verdampfenden neutralen Atomen.

$$\alpha = \frac{\dot{n}_+}{\dot{n}} \,. \tag{5.14}$$

Im stationären Zustand, wenn gleich viele Teilchen von der Oberfläche weggehen, wie auf diese auftreffen, besteht der Zusammenhang:

$$\dot{n}_0 = \dot{n}_+ + \dot{n}, \tag{5.15}$$

worin $\dot{n}_0$ die Anzahl der pro Sekunde und cm² auf die Oberfläche auftreffenden neutralen Teilchen bedeutet. Das Verhältnis der emittierten Ionen zur Zahl der auftreffenden neutralen Teilchen wird als Ionisierungsausbeute β bezeichnet und hängt mit dem in (5.14) definierten Ionisierungsgrad nach Gleichung (5.16) zusammen.

$$\frac{\dot{n}^+}{\dot{n}_0} = \beta = \frac{\alpha}{1 + \alpha} \,. \tag{5.16}$$

Die Ionisierungsausbeuten der Alkalimetalle an Wolfram und Platin sind von HINTENBERGER und VOSHAGE [153] als Funktion der Temperatur unter Zugrundelegung der Langmuir-Saha-Gleichung berechnet worden. Die Ergebnisse der Berechnungen zeigt Abb. 5.1, der folgende Zahlenwerte zugrunde liegen. Austrittsarbeit W: 4,52 eV; Austrittsarbeit Platin: 5.32 eV; Ionisierungsspannungen der Alkalimetalle: Lithium 5,390, Natrium 5,138, Kalium 4,339, Rubidium 4,176 und Caesium 3,870 V.

Nach der Langmuir-Saha-Gleichung sollten für $T \to 0$ die Kurven für Systeme mit $\Phi > I$ den Grenzwert $\beta = 1$ annehmen, für $\Phi < I$ den Grenzwert $\beta = 0$. Nun ist jedoch unterhalb von 1000 °K die den Ionen durch Gitterstöße übertragene Energie zu gering, um die Bildkraft zu überwinden. Daher kann man in diesem Temperaturbereich keine Ionenemission beobachten. Erst von einem gewissen Temperaturbereich an setzt eine kontinuierliche und reproduzierbare Ionenemission ein. Wir beschränken die Erörterung zunächst auf Temperaturen oberhalb dieses sog. „kritischen Bereiches".

Für eine Bestimmung der Ionisierungsausbeute und damit einer quantitativen Prüfung der Langmuir-Saha-Gleichung genügt es nicht, den Ionenstrom als Funktion der Temperatur oberhalb des kritischen Bereiches zu messen, sondern es ist nach Gleichung (5.16) erforderlich,

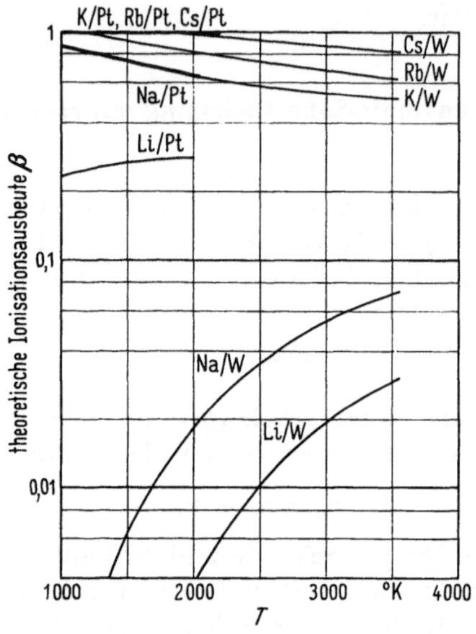

Abb. 5.1. Die Ionisierungsausbeute nach der Langmuir-Saha-Gleichung als Funktion der Temperatur. Nach [153]

den Absolutwert von n_0 zu kennen. Die Berechnung dieses Wertes mit Hilfe des Alkalidampfdruckes aus der Temperatur eines Atomstrahlofens scheidet für eine solche Absolutbestimmung wegen mangelnder Genauigkeit der bekannten Dampfdruckgleichungen der Alkalien aus. Die experimentellen Schwierigkeiten bei der Absolutmessung der Intensität eines Atomstrahles sind außerordentlich groß. In der Literatur wurde daher in den meisten Fällen auf eine Relativmessung zurückgegriffen. LANGMUIR u. Mitarb. gingen seinerzeit davon aus, daß von einer gewissen Metalltemperatur ab zu höheren Temperaturen hin der Ionenstrom nicht mehr ansteigt. Sie schlossen daraus, daß bei diesen hohen Temperaturen vollständige Ionisierung vorliegt und rechneten aus der maximalen Ionenstromstärke auf den Wert n_0 zurück. Dieses Verfahren scheint, wie das numerische Beispiel im vorigen Abschnitt zeigt, für Caesium auf Wolfram zulässig zu sein. Dies läßt sich jedoch

nicht ohne weiteres auf die anderen Alkalimetalle an Wolfram und an
anderen Metallen übertragen. In diesen Fällen ist daher meist versucht
worden, die Ionisierungsausbeuten auf eine Wolfram-Sauerstoff-Ober-
fläche zu beziehen [52, 60]. Dieser Meßmethodik haften jedoch erhebliche
Unsicherheiten an:

1. weiß man nicht, ob die Oxydation der Wolfram-Oberfläche vollständig ist,

2. ist nicht sichergestellt, daß die Ionisierungsausbeute an Wolfram-
oxyd wirklich 100%ig ist und

3. führt die häufig notwendig werdende Erneuerung der Sauerstoff-
belegung leicht zu Verunreinigungen des gesamten Systems, deren Auswirkung nicht zu übersehen ist.

Die ersten zuverlässigen Absolutmes-
sungen der Ionisierungsausbeute wurden
von SCHROEN [299, 300] durchgeführt. Da
diesen Messungen eine grundsätzliche Bedeutung zukommt, soll hier näher auf
die Methodik und die Ergebnisse eingegangen werden.

Voraussetzung einer Absolutmessung
der Ionisierungsausbeute ist eine Absolutbestimmung der Intensität des Atomstrahles mit hoher Genauigkeit. Nach
allem, was bisher bekannt geworden ist,
läßt sich dies nur durch Niederschlagen
des Atomstrahles auf dem gekühlten Waageteller einer hochempfindlichen Waage
mit der nötigen Genauigkeit erreichen.

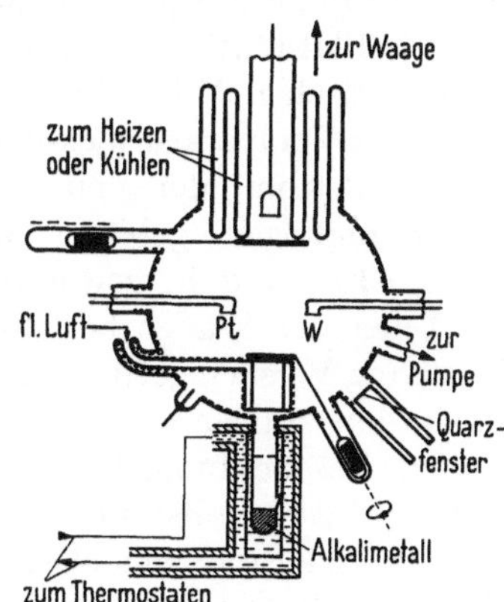

Abb. 5.2. Die Versuchsanordnung von SCHROEN nach [300].
Beschreibung im Text

Man mißt dann den in einer gewissen Zeit erfolgenden Massenzuwachs
des Waagetellers und erhält daraus bei bekannter Fläche des Tellers
die Intensität des Atomstrahles. Für die Messung der Ionisierungsausbeute kann nach der Wägung eine heizbare Wolfram- bzw. Platinfolie
in den Strahl gebracht werden. Den Aufbau dieser Anordnung zeigt
Abb. 5.2.

Die Apparatur ist aus Duran-Glas gefertigt und wurde in der üblichen
Weise evakuiert. Während der Messungen herrschten Drucke zwischen
$1 \cdot 10^{-10}$ und $1 \cdot 10^{-9}$ Torr. Die Messungen der Ionisierungsausbeute
wurden damit erstmalig bei so niedrigen Restgasdrucken durchgeführt.
In der Mittelachse der Meßzelle befindet sich unten in einem Ölbad der
Atomstrahlofen, dessen Temperatur auf $^{1}/_{100}$°C einreguliert werden kann.
Der Strahl tritt aus einer Lochblende aus, die sich ebenfalls in einem
thermostatisierten Gebiet befindet, und durchläuft einen mit flüssiger
Luft gekühlten Zylinder, der als Strahlbegrenzung dient. Die Unter-

brechung des Strahles kann mit einer von außen magnetisch zu betätigenden Blende erfolgen. Senkrecht über dem Atomstrahlofen hängt in einem Rohr der Teller einer hochempfindlichen Quarzfaden-Torsions-Mikrowaage. Dieses Rohr ist mit zwei Taschen umgeben, die man zum Kühlen mit flüssiger Luft beschicken oder elektrisch aufheizen kann. Ein zweiter Schieber kann den Atomstrahl vom Waageteller fernhalten. Die zu untersuchenden Metalle können in Form dünner Folien seitlich in den Atomstrahl hineingeschoben werden.

Verwendet wurde Thorium-freies Wolfram mit einem Reinheitsgrad von 99,96% und eine Platinfolie mit einer angegebenen Reinheit von 99,99%. Beide Folien waren polykristallin und wurden durch Wechselstromheizung vor Beginn der Messungen zur Reinigung geglüht (Wolfram 2300°K, Platin 1650°K). Die Temperaturen wurden nach Eichung mit einem optischen Mikro-Pyrometer aus der Stromstärke ermittelt. Der Fehler der Temperaturmessung wird als kleiner als 1% angegeben. Der Ionen-Nullstrom, der von den Ionen des Metalles selbst und seiner Verunreinigungen gebildet wird, lag bei den Arbeitstemperaturen unter $1 \cdot 10^{-9}$ A, d. h. weit unter 1% des Ionenstromes im Kalium-Strahl. Der Teller der Waage bestand aus einem Glimmerblatt, auf dem von Versuch zu Versuch geringe Spuren von Kalium als Keime aufrecht erhalten wurden, um den Kondensationskoeffizienten eins sicherzustellen. Eine genauere Beschreibung der Waage selbst findet man bei NIEDERMAYER und SCHROEN [249] (vollständige Literaturangaben über die Waage s. [299]). Der von den Emissionsfolien ausgehende Ionenstrom wird an der leitfähig gemachten Innenwand des Glaskolbens in Abhängigkeit von Feldstärke und Folientemperatur gemessen. Dabei erreicht der Ionenstrom bei Feldstärken von etwa 25 V/cm aufwärts das Sättigungsgebiet.

Aus den gemessenen Sättigungsstromwerten und den aus der Wägung ermittelten Atomstrahlintensitäten wurde nach (5.16) die Ionisierungsausbeute berechnet.

Abb. 5.3 zeigt die Ergebnisse für Kalium auf Wolfram und Platin. Für das Maxium der Ionisierungsausbeute erhält SCHROEN:

$$\beta = 0,97 \pm 0,04 \text{ bei Kalium-Wolfram}$$

und

$$\beta = 0,99 \mp 0,03 \text{ bei Kalium-Platin.}$$

Damit steht also fest, daß zumindest Kalium an reinen polykristallinen Wolfram- und Platinoberflächen im Temperaturbereich von 1100—1200°K annähernd 100%ig ionisiert wird.

Aus den gemessenen Ionisierungsausbeuten läßt sich der Ionisierungsgrad α [Gl. (5.14) über (5.15) und (5.16)] berechnen. Der Logarithmus des Ionisierungsgrades wird gegen 1/T aufgetragen und muß, wenn die Langmuir-Saha-Gleichung erfüllt wird, eine Gerade ergeben.

Abb. 5.4 zeigt diese Auftragung für Platin und Wolfram. Die Extrapolation zum Schnitt mit der Ordinate liefert das Verhältnis der statistischen Gewichte von Ionen und Atomen. Aus der Abb. 5.4 ergibt sich für dieses Verhältnis für Wolfram und für Platin gleichermaßen der Wert 0,5. Die Geraden der Abbildung und der Zahlenwert für das Verhältnis der statistischen Gewichte stehen in vorzüglicher Übereinstimmung mit den Voraussagen der Langmuir-Saha-Gleichung. Aus der Neigung der Geraden kann man bei bekannter Ionisierungsarbeit

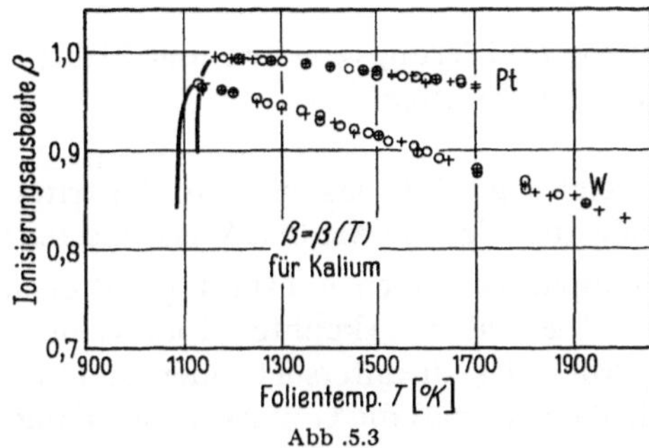

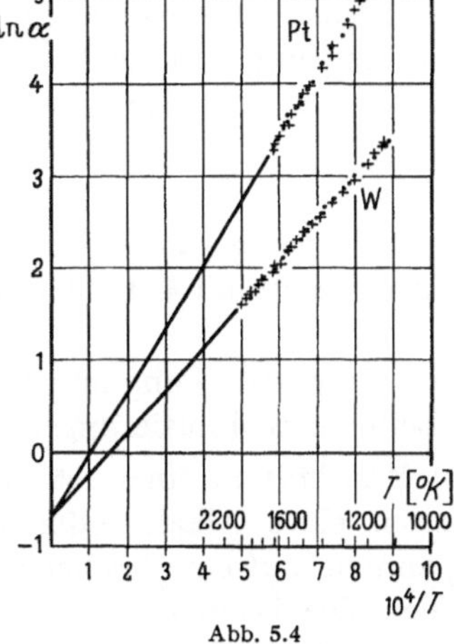

Abb .5.3 Abb. 5.4

Abb. 5.3. Experimentelle Ionisierungsausbeuten für Kalium auf Platin und Wolfram als Funktion der Temperatur. Nach [300]

Abb. 5.4. Die Erfüllung der Langmuir-Saha-Gleichung [Gl. (5.7)] in den Messungen von SCHROEN. Der Schnittpunkt der beiden extrapolierten Geraden liefert das Verhältnis der statistischen Gewichte von Ionen und Atomen. Nach [300]

die mittlere Austrittsarbeit des verwendeten polykristallinen Materials berechnen. Auf diese Berechnung, die eine unter Umständen sehr nützliche Möglichkeit zur Bestimmung des Austrittspotentials bietet, werden wir später noch näher eingehen. Hervorzuheben ist hier, daß die aus der Grenzwellenlänge der Photoelektronenemission von SCHROEN an seinen Folien bestimmte Austrittsarbeit im Falle des Wolframs eine sehr gute Übereinstimmung mit den aus der Ionenemission berechneten Werten lieferte, und daß gewisse Abweichungen an Platin sich zwanglos erklären lassen.

Die Bedeutung der Schroenschen Experimente liegt vor allem darin, daß die Langmuir-Saha-Gleichung ohne Reflektionskoeffizienten oder sonstige Justierungsglieder erfüllt wird. Dies ist offensichtlich bei allen an wirklich sauberen Systemen durchgeführten Untersuchungen der Fall. Insbesondere berechtigen diese Versuche zu der Ansicht, daß die für Kalium auf Platin beobachteten abnormen Reflektionskoeffizienten von DATZ und TAYLOR [60] auf Fehler im Experiment, und zwar vermutlich auf Verunreinigungen durch die Verwendung von Schliffen, zurückzuführen sind. Man wird nicht fehl gehen, wenn man die Langmuir-Gleichung in den hier gegebenen Formen immer dann als gültig betrachtet, wenn die Bedingungen des thermodynamischen Gleichgewichtes an der Oberfläche tatsächlich eingestellt werden.

Die Rolle der Verunreinigungen, die mindestens teilweise als Reaktionshemmungen zu verstehen sind, läßt sich mit Versuchen im stationären Zustand nur schlecht erschließen. Weitere Einsicht in die Verhältnisse gewinnt man aus kinetischen Messungen, bei denen der Verlauf der Reaktionen zeitlich verfolgt wird (vgl. Kap. 5.2).

5.1.5. Messung von Austrittsarbeiten, Ionisierungsarbeiten und Elektronegativitäten mit Hilfe der Oberflächenionisation

Mit Hilfe der Langmuir-Saha-Gleichung (5.7) lassen sich Austrittsarbeiten bzw. Ionisierungspotentiale auf folgende Art und Weise messen:

Man läßt in einer Atomstrahlapparatur einen konstant gehaltenen Strom eines Alkali- oder Erdalkali-Metalles bekannter Ionisierungsspannung auf eine hochgeheizte Probe des zu untersuchenden Metalles fallen. Die Temperatur sollte so hoch sein, daß die Gültigkeit der Langmuier-Saha-Gleichung gewährleistet ist. Trägt man den Logarithmus des Ionenstromes gegen $1/T$ auf, so erhält man, wenn (5.7) erfüllt wird, eine Gerade. Die Neigung dieser Geraden liefert den Exponenten von Gl. (5.7), d. h. die Differenz von Austrittsarbeit und Ionisierungspotential, dividiert durch die Boltzmann-Konstante. Bei bekanntem Ionisierungspotential ergibt sich somit aus dieser Auftragung unmittelbar die Austrittsarbeit der untersuchten Metall-Oberfläche.

REYNOLDS [276] hat auf diese Weise die Elektronenaustrittsarbeit der (110)-Ebene eines einwandfreien Wolframeinkristalles mit Strontium als Atomstrahl untersucht. Mit der Ionisierungsspannung des Strontiums, 5,69 V, und der des Calciums, 6,11 V, ergaben sich als Mittelwert vieler Messungen 5,44 ± 0,05 eV als Austrittsarbeit für Wolfram (110) (Strontium) und 5,45 ± 0,05 eV gemessen mit Calcium. Eine (111)-Wolfram-Einkristall-Oberfläche ergab nach derselben Methode eine Austrittsarbeit von 4,49 ± 0,04 eV. Die Austrittsarbeit dieser Fläche ist in der Literatur sehr gut bekannt und liegt bei 4,4 ± 0,2 eV. Im Gegensatz dazu streuen die Literaturwerte für die (110)-Fläche zwischen 4,7 und 6 eV (vgl. Zusammenstellung bei [276]).

In der Massenspektrometrie der Seltenen Erden und der Aktiniden verwendet man häufig Oberflächenionisations-Ionenquellen (vgl. [167]). Auf diesem Arbeitsgebiet ist die Oberflächenionisation auch häufig zur Bestimmung nicht bekannter Ionisierungsarbeiten verwendet worden

(s. Tab. 5.1). Die Übereinstimmung der so gewonnenen Werte mit Werten anderer Herkunft ist ziemlich kläglich. Dies dürfte überwiegend darauf zurückzuführen sein, daß bei diesen Bestimmungen polykristalline Wolframdrähte unbekannter Vorgeschichte verwendet wurden, deren

Tabelle 5.1

Element	Austrittsarbeit aus Oberflächen-Ionisat.	Andere Methoden	Zitat
Nd	5,51	6,3	[168, 39]
	6,31		[172]
	5,10		[365]
Pr	5,48	5,8	[168, 34]
		5,7	[34]
Ce	5,60	6,54	[168, 34]
		6,91	[34]
Tb	5,98	6,7	[168, 34]
U	6,08	4,0	[9, 328]
	6,25		[365]
	4,5—5,0		[273]
Pu	5,1	. . .	[64]
Am	. . .	6,0	[101]

Elektronenaustrittsarbeit weder einheitlich gewesen sein dürfte noch den eingesetztenLiteraturwerten der Austrittsarbeit entsprochen haben wird.

An einer streng homogenen Oberfläche sollte die Messung der Austrittsarbeit unabhängig von der Methode stets den gleichen Wert ergeben. An einer heterogenen Oberfläche wird man verschiedene Werte erhalten, je nachdem, ob über die Elektronen- oder die Ionen-Emission gemessen wird. Im ersteren Falle wird der überwiegende Teil der Emission von Stellen der Oberfläche kommen, die eine niedrige Austrittsarbeit aufweisen, im letzteren Falle kommt der Ionenstrom überwiegend von den Teilen der Oberfläche mit hoher Austrittsarbeit. Dies kann für die statistische Behandlung der Oberflächenheterogenität nützlich sein, reicht aber nicht aus, um eine willkürfreie Behandlung zu ermöglichen (s. z. B. [280, 380]). Man kann jedoch den Vergleich von Elektronen- und Ionenemission als Kriterium für die Homogenität einer Oberfläche heranziehen. Dies haben HUGHES, LEVINSTEIN und KAPLAN [162] an der Oberfläche geätzter Wolfram-Einkristalle durchgeführt. Abb. 5.5 zeigt einen Schnitt durch den verwendeten Kristall.

In der Abbildung sind die Oberflächen mit (112), (112) und (110) indiziert. Man erkennt jedoch, daß die (110)-Oberfläche aus Facetten besteht, die zur Familie (112) gehören. Messungen der Elektronenaustrittsarbeit mit Hilfe der Richardson-Gleichung ergaben 5,2 eV für die

(112)-Fläche, 5,27 eV für die (112)-Fläche und 5,27 eV für die (110)-Fläche. Für die Messung der Austrittsarbeit nach der Oberflächenionisationsmethode ergab sich für die (110)-Fläche der Wert 5,25 eV. Dieser Wert stimmt zwar nicht mit dem von REYNOLDS [276] gemessenen Wert für die (110)-Fläche überein, deckt sich aber im Rahmen des experimentellen Fehlers mit den aus der Elektronenemission bestimmten Werten. Es ist anzunehmen, daß sich der mit Natrium bestimmte Wert im wesentlichen auf die Familie der (112)-Oberflächen bezieht. In jedem Falle bedeutet die nahe Übereinstimmung zwischen Elektronen- und Ionenwerten, daß die untersuchte Oberfläche hinsichtlich ihrer Austrittsarbeit auf besser als 1/10 eV homogen war.

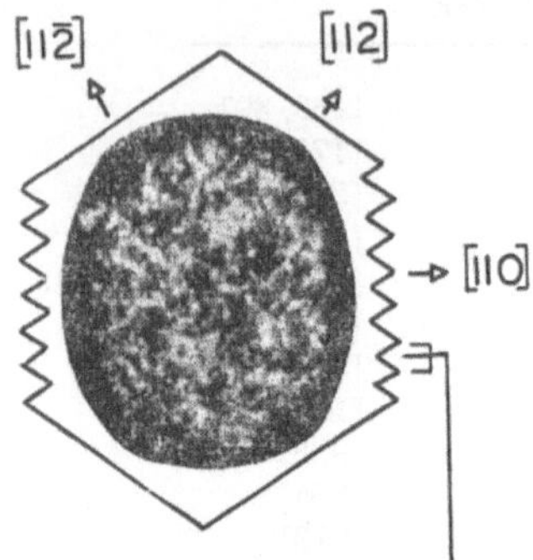

Abb. 5.5. Querschnitt durch einen geätzten Wolfram-Einkristall-Draht. Die Oberfläche dieses Drahtes ist hinsichtlich ihrer Elektronenaustrittsarbeit als weitgehend homogen zu betrachten. Nach [162]

Die Voraussetzung für die Bestimmung der Austrittsarbeit bzw. des Ionisierungspotentials aus der Neigung von $\ln i_+$ gegen $1/T$ ist die Messung des Ionenstromes über einen hinreichend großen Temperaturbereich und im allgemeinen die Anwendung hoher Temperaturen. Eine weitere Voraussetzung dieser Auswertung ist, daß die statistischen Gewichte in der Langmuir-Saha-Gleichung in diesem großen Temperaturintervall konstant bleiben. Man ist damit auf die Anwendung der Alkalimetalle im Atomstrahl beschränkt.

Verwendet man anstelle der Alkalimetalle die Alkalihalogenide als ionenbildende Substanzen, so kann man bei gleichzeitiger Messung der positiven und negativen Ionen die Austrittsarbeit ohne explizite Berücksichtigung der statistischen Gewichte und ohne Messung der Molekularstrahlintensität ermitteln. Mit Hilfe der Massenbilanz für Ionen und Neutralteilchen, sowohl für das Alkalimetall als für das Halogen, $i_+ + i_n = i_- + i_x$, gelingt es, aus Gleichung (5.8) und Gleichung (5.7) die Stromdichten der Neutralteilchen zu eliminieren. Man erhält dann für die Austrittsarbeit Φ:

$$\Phi = I - kT \ln \left\{ \left[\frac{1}{16} \left(\frac{i_+/i_- - 1}{i_+/i_-} \right)^2 \right. \right.$$
$$\left. + \frac{2 \exp (I - A)/kT + \exp (I - A - \varepsilon)/kT}{i_+/i_-} \right]^{1/2}$$
$$\left. + \left(\frac{i_+/i_- - 1}{i_+/i_-} \right) \right\} ; \tag{5.17}$$

in der nur noch das Verhältnis der Ionenströme i_+/i_-, die Ionisierungsarbeit I, die Elektronegativität A, der Termabstand des Halogenatoms ε und die Temperatur T auftreten. Die Messungen erfordern natürlich die Anwendung eines Massenspektrometers zur Identifizierung der Ionen, dessen Anwendung aber auch für das einfachere Verfahren erforderlich scheint. Als Beispiel für diese von SCHEER und FINE [294, 295] stammende Methode seien in der folgenden Tabelle die experimentellen Ergebnisse bei der Bestimmung der Austrittsarbeit an polykristallinem Niobium mit Hilfe von KCl, RbBr und CsJ nach [294] wiedergegeben.

Tabelle 5.2

KCl: $I_K = 4{,}339$ eV, $A_{Cl} = 3{,}613$ eV, $\varepsilon_{Cl} = 0{,}109$ eV

T (°K)	$^{39}K^+$	$^{41}K^+$	$^{35}Cl^-$	$^{37}Cl^-$	$\Sigma K^+/\Sigma Cl^-$	$(\Sigma K^+/\Sigma Cl^-)_{corr}$	Φ (eV)
1853	27,2	2,0	10,7	3,4	2,07	1,10	3,91
1896	25,1	1,8	10,4	3,5	1,94	1,03	3,90
1899	105	8,0	15,0	5,0	5,65	3,01	3,99
1944	15,5	1,2	2,8	0,9	4,51	2,40	3.97
1982	156	12,0	212	69	0,60	0,32	3,80
2025	150	11,0	147	48	0,83	0,44	3,82

RbBr: $I_{Rb} = 4{,}176$ eV, $A_{Br} = 3{,}363$ eV, $\varepsilon_{Br} = 0{,}457$ eV

T (°K)	$^{85}Rb^+$	$^{87}Rb^+$	$^{79}Br^-$	$^{81}Br^-$	$\Sigma Rb^+/\Sigma Br^-$	$(\Sigma Rb^+/\Sigma Br^-)_{corr}$	Φ (eV)
1928	33,0	13,0	2,24	2,16	10,5	5,6	3,86
1940	30,1	12,0	0,61	0,60	34,7	18,5	3,96

CsI: $I_{Cs} = 3{,}893$ eV, $A_I = 3{,}063$, $\varepsilon_I = 0{,}943$ eV

T (°K)	$^{133}Cs^+$	$^{127}I^-$	Cs^+/I^-	$(Cs^+/I^-)_{corr}$	Φ (eV)
1879	177	0,76	233	124	3,84
1942	149	0,33	452	240	3,92

5.2. Kinetik der Oberflächenionisation

5.2.1. Geringe Bedeckungsgrade der Oberfläche

Für die Betrachtung der Kinetik der Oberflächenionisation muß man den gesamten Prozeß, der von einem neutralen Atom im Gasraum zu einem positiven Ion im Gasraum führt, in eine Reihe von Einzelreaktionen auflösen. Diese Auflösung ist nur bei verschwindend kleinem Bedeckungsgrad der Oberfläche gut durchführbar. Bei höheren Bedeckungsgraden treten eine Reihe von Komplikationen auf, die die Gewinnung quantitativer Aussagen erschweren und eine besondere Behandlung erfordern.

Die Kinetik der Oberflächenionisation unter verschwindend kleinen Bedeckungsgraden der Oberfläche ist in letzter Zeit von SCHEER und FINE an einer ganzen Reihe von Adsorptionssystemen untersucht worden. Am durchsichtigsten ist der Fall von Caesium auf Wolfram [291], wo ja bei genügend hohen Temperaturen tatsächlich das Gleichgewicht eingestellt wird. Unter der Voraussetzung, daß der Bedeckungsgrad der Oberfläche klein ist, kann man die Gesamtreaktion in drei Einzelreaktionen aufteilen:

$$
\begin{aligned}
&Cs_{(g)} \xrightleftharpoons[-1]{1} Cs_{(ads)} && -\, q_{(ads)} \\
&Cs_{(ads)} \xrightleftharpoons[2]{-2} Cs^{+}_{(ads)} && +\, e\Phi \ \text{(Fermi-Grenze)} , \\
&Cs^{+}_{(ads)} \xrightarrow{3} Cs^{+}_{(g)} && +\, q_{+} .
\end{aligned}
\tag{5.18}
$$

In dieser Gleichung bedeuten die unteren Indices den Zustand im freien Gasraum (g) oder an der Oberfläche (ads); die angeschriebenen Zahlen dienen zur Unterscheidung der Einzelreaktionen, wobei das negative Vorzeichen die Rückreaktion kenntlich macht. Die mit den Reaktionen verbundenen Wärmen sind mit q bezeichnet. Die in der zweiten Gleichung gemachte Annahme, daß das vom Caesium-Atom abgetrennte Elektron bei dieser Reaktion unmittelbar in das Leitfähigkeitsband übertritt, ist nicht selbstverständlich. An reinen Wolfram-Oberflächen kann man diese Annahme jedoch machen, weil die erwiesene Einstellung des Gleichgewichtes gleichzeitig ausschließt, daß für den Elektronenübertritt in das Leitfähigkeitsband eine Hemmung vorliegt. Bezeichnet man die Oberflächenkonzentration (Teilchen/cm²) der Ionen mit n_+, die der neutralen Atome mit n_0 und die Stromdichten, die von der Wolframoberfläche emittiert werden, mit i_+ und i_0, so ergibt sich für die Reaktionsgeschwindigkeit:

$$
\frac{d\,(n_+ + n_0)}{dt} = f - (i_+ + i_0) ,
\tag{5.19}
$$

f bezeichnet die Teilchenstromdichte der aus dem Gasraum auf die Oberfläche auftreffenden neutralen Atome. Unter der Voraussetzung, daß die Haftwahrscheinlichkeit gleich 1 gesetzt werden kann, bedeutet f zugleich die Geschwindigkeitskonstante der Reaktion 1. Diese Voraussetzung kann zumindest für das System Caesium und Wolfram als experimentell gesichert gelten (vgl. z. B. [334]). Unter der Voraussetzung, daß die Reaktion 2 an der Oberfläche tatsächlich im thermischen Gleichgewicht abläuft, kann man unter Einführung der Verweilzeiten τ schreiben:

$$
n_0/\tau_2 = n_+/\tau_{-2} ; \quad dn_0/dt = n_0/n_+ \cdot dn_+/dt .
\tag{5.20}
$$

Das bedeutet, daß die zeitliche Änderung der Oberflächenkonzentrationen neutraler Atome proportional der zeitlichen Änderung der Oberflächenkonzentration der Ionen ist. Unter den oben gemachten Voraussetzungen folgt aus (5.20) für (5.19):

$$\frac{dn_+}{dt} = \frac{f - (i_+ + i_0)}{1 + (n_0/n_+)} \; . \tag{5.21}$$

Der Quotient i_+/i_0 ist aus der Langmuir-Saha-Gleichung (5.7) oder (5.13) bekannt. Das Verhältnis der Lebensdauern für die Reaktionen 1 und 3 folgt aus einer Arrhenius-Gleichung:

$$\tau_{-1}/\tau_3 = (\tau^0_{-1}/\tau^0_3) \exp \left[(q_{ads} - q_+)/kT \right] \; . \tag{5.22}$$

Da sich i_+/n_+ durch τ_3 und i_0/n_0 durch τ_{-1} ausdrücken lassen, folgt aus (5.7) und (5.22):

$$n_0/n_+ = (2\,\tau^0_{-1}/\tau^0_3) \exp \left[\frac{(q_{ads} - q_+) - e\,(\Phi - I)}{kT} \right] \; . \tag{5.23}$$

Mit dem Ausdruck (5.23) ist die zeitliche Änderung der Oberflächenkonzentration der Ionen nach Gleichung (5.21) vollständig berechenbar. Für das System Caesium auf Wolfram, ebenso Rubidium auf Wolfram kann (5.21) weiter vereinfacht werden. Nach EVANS [88] ist der Zähler im Exponenten der Gleichung (5.23) etwa $-0,3$ eV. Dementsprechend wird, wenn τ^0_3 größer ist als τ^0_{-1}, $n_0/n_+ \ll 1$, wenigstens solange die Wolframtemperatur unter $1300°$K bleibt. Nach Messungen von HUGHES und LEVINSTEIN [160, 161], auf die wir später noch näher eingehen wollen, gilt dies in noch stärkerem Maße für das System Rubidium-Wolfram. In diesen Fällen kann man anstelle (5.23) mit Vorteil die vereinfachte Gleichung (5.24) anwenden.

$$\frac{dn_+}{dt} = f - \left(\frac{n_+}{\tau_3} \right) \; . \tag{5.24}$$

Die hier eingeführten Größen τ, die Verweilzeiten eines Teilchens in einem bestimmten Zustand, können mit den später zu beschreibenden experimentellen Methoden unmittelbar gemessen werden. Sie lassen sich darüber hinaus auf verschiedene Weisen im Detail diskutieren und vermitteln so einen tieferen Einblick in das physikalische Geschehen an der Festkörperoberfläche.

Besteht für ein Teilchen oder ein System im Zustand i die Möglichkeit, in einen Zustand j überzugehen, so hängt allgemein die Übergangswahrscheinlichkeit von i nach j mit der Lebensdauer im Zustand i nach (5.25) zusammen:

$$W_{ij} = \frac{1}{\tau_{ij}} \; . \tag{5.25}$$

Die Wahrscheinlichkeit dafür, daß ein aus dem Gasraum auf die Oberfläche auftreffendes Alkali-Atom diese in Form eines Ions wieder verläßt, ist offenbar gleich dem Produkt der Einzelwahrscheinlichkeiten für den Ablauf der Prozesse in Gleichung (5.18). Die Wahrscheinlichkeit für den

Ablauf des ersten Schrittes in Gleichung (5.18) wird durch den früher besprochenen Haftkoeffizienten gegeben. Die Wahrscheinlichkeit für den Ablauf des zweiten Schrittes ist gleich der Übergangswahrscheinlichkeit eines Elektrons vom adsorbierten Atom zum Metall und umgekehrt. Die Wahrscheinlichkeit für den Ablauf des dritten Schrittes der Reaktion, die Desorption des gebildeten Ions, ist gleichbedeutend mit der Wahrscheinlichkeit, daß das Ion aus den Gitterbewegungen eine kinetische Energie erhält, deren Komponente senkrecht zur Oberfläche größer ist als die Bindungsenergie des Ions an die Oberfläche. Die Gesamtwahrscheinlichkeit für die Bildung eines Ions wird also durch (5.26) gegeben, wobei die Haftwahrscheinlichkeit gleich 1 gesetzt ist.

$$W = W_{\text{Haft}} \cdot W_{\text{Ladungsübergang}} \cdot W_{\text{Emission}} \qquad (5.26)$$
$$= W_2 \cdot W_3 \, .$$

Die Berechnung der Wahrscheinlichkeit W_2 ist nach der Quantenmechanik möglich [vgl. die Theorie von GADZUK, Kap. 1 und besonders Gleichung (1.35)]. Damit ist die Behandlung der Oberflächenionisation zu einem wesentlichen Teil, wenigstens im Prinzip, auf die Betrachtung der Wellenfunktionen der Elektronen im Metall und im adsorbierten Teilchen zurückgeführt. Streng genommen gilt (1.35), Kap. 1 nur für ruhende Teilchen, d. h. konstante Abstände r im Hamilton-Operator. Das Auftreten eines zeitabhängigen Störungsgliedes im Operator der Gleichung (1.35), durch das die Gitterschwingungen, und damit die Temperatur des Systems berücksichtigt würden, ist leider noch nicht untersucht. KAMINSKY [175] berechnet aus der Fermi-Statistik zunächst die Wahrscheinlichkeit dafür, daß ein bestimmter Energiezustand an der Oberfläche besetzt ist und die Wahrscheinlichkeit, daß eben dieser Zustand bei der gleichen Temperatur nicht von einem Elektron besetzt ist. Der Quotient dieser beiden Wahrscheinlichkeiten entspricht wiederum unserer Wahrscheinlichkeit W_2. Das Ergebnis seiner Rechnung ist in Gleichung (5.27) wiedergegeben, wo w_+ und w_0 die statistischen Gewichte des neutralen und des Ionen-Zustandes bedeuten.

$$W_2 = \frac{w_+}{w_0} \exp\left[\frac{q_+ - q_{\text{ads}} - e\,(I - \varPhi)}{k\,T} \right] . \qquad (5.27)$$

Eine wesentliche, aber undurchsichtige Voraussetzung dieser Rechnung ist, daß der Begriff der Fermi-Grenze an der Oberfläche seinen Sinn behält. Diese Annahme ist nur bei reinen Oberflächen und geringer Bedeckung mit den zu untersuchenden Alkali-Metallen einigermaßen berechtigt.

W_3, die Wahrscheinlichkeit für die Desorption eines Ions von der Oberfläche, läßt sich nach der Theorie der absoluten Reaktionsgeschwindigkeiten behandeln, wenn es gelingt, für den bei dieser Theorie auftretenden Begriff des „aktivierten Komplexes" ein physikalisch befriedigendes Modell zu entwickeln. HIGUCHI, REE und EYRING [151] haben die genannte Theorie auf das vorliegende Problem angewendet. Die dort gemachten Voraussetzungen und das zum Vergleich angewendete experimentelle Material erscheinen dem Verfasser als nicht sehr glücklich gewählt. Wir beschränken uns daher auf eine von SCHEER und FINE [291] gegebene vereinfachte Darstellung:

Das Caesium-Ion hat eine Elektronenhülle mit Edelgasstruktur. Damit können die van der Waalsschen-Wechselwirkungs-Kräfte höchstens etwa 0,1 eV zur Bindung des Ions an die Oberfläche beitragen. Die experimentell gemessenen Temperaturabhängigkeiten der Ionenverdampfung ergeben für die Desorptionswärme des Ions, d. h. für die Bindung des Ions an die Oberfläche, etwa 2,0 eV. Setzt man für den Abstand des Ladungsschwerpunktes des Ions von der Oberfläche den tatsächlichen Ionenradius von 1,69 Å an, so wird die experimentell beobachtete Bindungsenergie vollständig durch die elektrostatische Bildenergie beschrieben. Damit ergibt sich für τ_3 aus der Theorie der absoluten Reaktionsgeschwindigkeiten [151]:

$$\tau_3 = \left(\frac{h}{kT}\right) \frac{Z}{Z^{\ne}} \exp\left[e^2/4\, r_i\, kT\right] . \tag{5.28}$$

Hierin bedeuten h das Plancksche Wirkungsquantrum, k die Boltzmann-Konstante, Z die Zustandssumme des Ions im adsorbierten Zustand, $Z^{\ne}$ die Zustandssumme des Ions im Zustand des aktivierten Komplexes, $e^2/4\, r_i$ die Bildenergie. Die Zustandssumme des Ions an der Oberfläche kann man aus der gewöhnlichen Statistik ableiten, wenn man den Zustand des adsorbierten Ions durch ein zweidimensionales Gas annähert, dessen Atome eine harmonische Schwingung senkrecht zur Oberfläche ausführen. Mit der Schwingungsfrequenz ν_0 und der Masse des Ions m, erhält man:

$$Z = A\left(\frac{2\,\pi\,m\,k\,T}{h^2}\right)\left[1 - \exp\left(-\frac{h\nu_0}{kT}\right)\right]^{-1} . \tag{5.29}$$

A bedeutet die für ein adsorbiertes Caesium-Atom im Standardzustand zur Verfügung stehende Oberfläche. Der eine Schwingungsfreiheitsgrad dieses hypothetischen Gases geht gerade im aktivierten Komplex verloren und tritt bei τ_3 [Gl. (5.28)] als h/kT in Erscheinung. Die Zustandssumme des aktivierten Komplexes ergibt sich in dieser Näherung damit zu:

$$Z^{\ne} = A\left(\frac{2\,\pi\,m\,k\,T}{h^2}\right) . \tag{5.30}$$

Damit ergibt sich zunächst für den Präexponentialfaktor von (5.28), dem τ_3^0 aus Gleichung (5.22):

$$\tau_3^0 = \frac{h}{kT}\left[1 - \exp\left(-\frac{h\nu_0}{kT}\right)\right]^{-1} . \tag{5.31}$$

Da $h\nu_0/kT \ll 1$ ist, kann man den Exponenten in (5.31) durch $1 - h\nu_0/kT$ und damit τ_3^0 durch $1/\nu_0$ darstellen. Damit wird schließlich Gleichung (5.28) zu:

$$\tau_3 = 1/\nu_0 \exp \frac{e^2}{kT\,4\,r}\,. \tag{5.32}$$

Eine solche Gleichung ist schon früher von DE BOER [24] vorgeschlagen worden, der gleichzeitig zeigen konnte, daß ν_0 in der Größenordnung der Frequenz der Gitterschwingungen liegen muß.

War bei der Besprechung von W_2 deutlich geworden, daß der Einfluß von Verunreinigungen auf den Ionisationsprozeß im Auftreten zusätzlicher Wellenfunktionen an der Oberfläche besteht, die durch das Modell nicht erfaßt werden, so kann man in diesem vereinfachten Bilde von W_3 den Einfluß von Verunreinigungen auf die Ionenbildung durch das Auftreten eines Dielektrikums an der Oberfläche erklären, wodurch der Exponent in Gleichung (5.32) durch die im Nenner einzusetzende Dielektrizitätskonstante und evtl. durch die Änderung von r_i erfaßt werden könnte. Für eine quantitative Theorie der Wirkung der Verunreinigungen reicht das vorliegende experimentelle Material nicht aus. Im Prinzip sollte man erwarten, daß die durch die Beugung langsamer Elektronen möglich gewordene Charakterisierung auch verunreinigter Oberflächen in naher Zukunft auch ein tieferes Verständnis dieser grundlegend wichtigen Fragen ermöglichen wird.

Erste kinetische Untersuchungen der Oberflächenionisation sind schon früh (s. z. B. EVANS [88]) unternommen worden. In den letzten Jahren hat die Technik dieser Untersuchungen durch HUGHES, LEVINSTEIN und KAPLAN [162] und vor allem durch zahlreiche Arbeiten von SCHEER und FINE (s. S. 150) einen hohen Stand erreicht. Die genannten Arbeiten verwenden einen Atomstrahl, der durch einen mechanischen Zerhacker moduliert wird. Nach einer gewissen Flugstrecke trifft der modulierte Strahl die zu untersuchende Metalloberfläche und wird dort teilweise ionisiert. Der von dieser Metalloberfläche ausgehende Ionenstrom wird auf einem Auffänger gesammelt und kann über einen Verstärker entweder im Oszillographen beobachtet werden oder mit einem phasenempfindlichen Gleichrichter gleichgerichtet werden. Stellt der mechanische Zerhacker einen exakt rechteckigen Impuls her (die technisch herstellbaren Impulse des Atromstrahles sind jedoch immer trapezförmig), so kann man aus den Ankling- und Abklingkurven des Ionenstromes unmittelbar die im vorigen Abschnitt behandelten Verweilzeiten τ ermitteln. Dies ist auch bei trapezförmigen Impulsen durchaus möglich, nur ist die Auswertung etwas umständlicher als im Falle eines exakten Rechteckimpulses. Abb. 5.6 zeigt schematisch die von SCHEER und FINE verwendete Apparatur [291].

Der obere Teil der Abbildung enthält die Dampfquelle. Bei den Versuchen mit Caesium wurde in diesem oberen Teil ein Ofen aus Edelstahl mit einem Gemisch von Caesiumchromat und reinem Silizium gefüllt. Bei einer Ofentemperatur von 650 °C wurde das Caesium mit genügender Schnelligkeit reduziert, daß ein Atomstrahl von 10^{11} Atomen/cm² sec

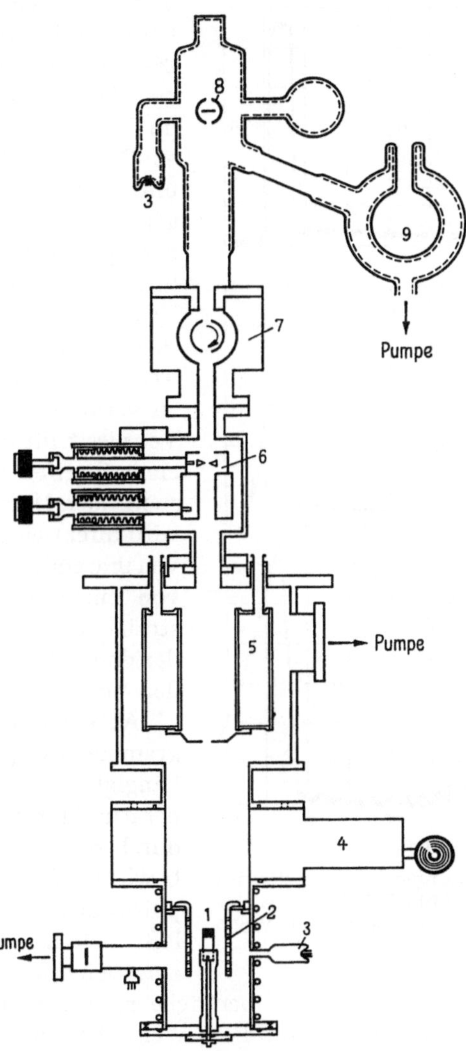

Abb. 5.6. Atomstrahlapparatur von SCHEER und FINE [291] zur Untersuchung der Ionisationskinetik. *1:* Ionisierende Oberfläche. *2:* Auffänger für den Ionenstrom. *3:* Ionisationsmanometer. *4:* Absperrventil. *5:* Mit flüssiger Luft kühlbarer Kollimator-Blende. *6:* Von außen justierbares Kreuzblendensystem. *7:* Zerhacker für den Atomstrahl. *8:* Atomstrahlofen. *9:* Kühlfalle

aufrecht erhalten werden konnte. Der Atomstrahl geht vom Ofen, dessen Temperatur durch ein optisches Pyrometer verfolgt werden konnte, nach unten zunächst in den Zerhacker. Der Zerhacker besteht aus einem rotierenden Zylinder mit zwei gegenüber liegenden Schlitzen. Der Zylinder wird von einem Synchronmotor außerhalb des Gehäuses angetrieben

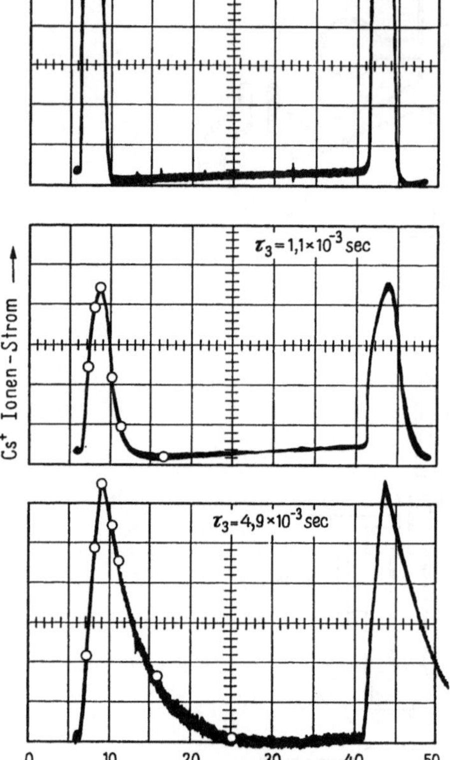

Abb. 5.7. Oszillogramme des Ionenstromes am Auffänger *2* (Abb. 5.6) bei verschiedenen Oberflächentemperaturen für Wolfram-Caesium. Nach [291]

und läuft auf Edelsteinlagern. Die Unterbrecherfrequenz konnte von 25—100 Perioden/sec variiert werden. Der modulierte Strahl trifft im Mittelteil der Apparatur auf ein Blendensystem, von denen die untere Blende mit flüssiger Luft gekühlt werden kann. Dieser Teil der Apparatur ist von der eigentlichen Nachweiszelle durch ein Ventil abgetrennt. Dadurch wird es möglich, die Meßzelle auszuwechseln, ohne die Strahlquelle zu verunreinigen. Unterhalb des Ventiles trifft der Atomstrahl auf einen Streifen aus dem zu untersuchenden Metall. Dieser Streifen wird direkt elektrisch geheizt, die von ihm emittierten Ionen werden von einem koaxial zum Atomstrahl angebrachten Platinzylinder, dessen Potential negativ gegen den Metallstreifen ist, gesammelt.

Abb. 5.7 zeigt einige Oszillogramme des Ionenstromes in Anhängigkeit von der Emittertemperatur. Man erkennt deutlich die durch die wachsende Verweilzeit bewirkte Deformation der Impulsform. Aus dieser Deformation läßt sich unter Zugrundelegung einer Kinetik erster Ordnung die Verweilzeit der Ionen auf der Oberfläche τ_3 ermitteln.

Scheer und Fine haben auf diese Weise die Kinetik der Desorption von Caesium-Ionen von Wolfram [291], von Caesium- und Barium-Ionen von Rhenium [292] und Rubidium, Kalium- und Natrium-Ionen ebenfalls von Rhenium [293], sowie Niobium [294]. Natriumchlorid [295] und Caesiumjodid und Caesiumchlorid [291] untersucht.

Mißt man auf die oben beschriebene Weise die Verweilzeiten bei einer Reihe von Temperaturen, so kann man aus einem Arrhenius-Diagramm die Verdampfungswärme der Ionen und durch Extrapolation auf $1/T \rightarrow 0$ den Präexponentialfaktor τ_3^0 ermitteln. Besonders aufschlußreich sind die Untersuchungen von SCHEER und FINE, weil die gleichen Messungen einmal an einer reinen Oberfläche (unmittelbar nach dem Hochglühen auf 2500 °K), und zum anderen an einer Oberfläche ausgeführt wurden, die nach etwa 2stündigem Stehen bei Zimmertemperatur in einem Umgebungsdruck von 10^{-8} Torr mit etwa einer Monoschicht des Restgases verunreinigt war.

Abb. 5.8 zeigt ein Beispiel einer solchen Meßreihe für Caesium auf Wolfram. Die aus der Neigung der Geraden und dem Ordinatenabschnitt ermittelten Zahlenwerte sind an die beiden Meßkurven angeschrieben. Hier fällt besonders auf, daß die τ_3^0-Werte sich für die reine und die verunreinigte Oberfläche um einen Faktor der Größenordnung 100 unterscheiden. Außerdem ist die Verdampfungswärme der Ionen von der verunreinigten Oberfläche um etwa $^1/_2$ eV kleiner als die Verdampfungswärme von der reinen Oberfläche. Diese beiden Ergebnisse sind ty-

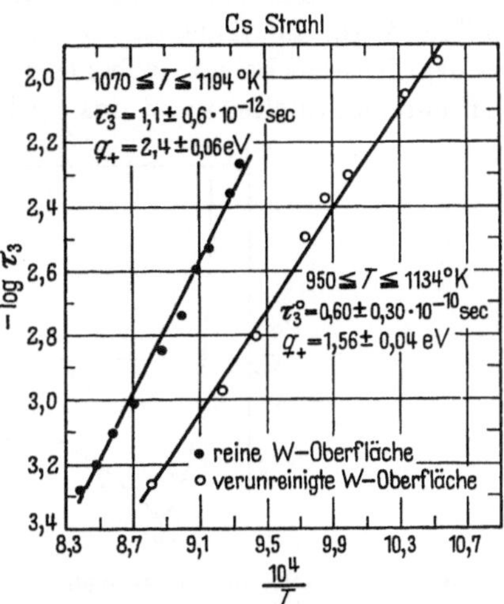

Abb. 5.8. Die Verweilzeiten für Caesium auf reinem und verunreinigtem Wolfram. Vergleiche Gleichung (5.18) bis (5.23). Die Verunreinigung besteht in etwa einer Monoschicht aus dem Restgas der Apparatur. Nach [291]

pisch für alle weiteren Messungen und gelten insbesondere auch bei anderen Alkalien und anderen Emitter-Metallen. TRISCHKA [344] hat eine Vielzahl von Messungen verschiedener Autoren an unreinen Metalloberflächen zusammengefaßt und kommt zu dem Ergebnis, daß zwischen dem Logarithmus des Präexponentialfaktors τ^0 und der Aktivierungsenergie für die Verdampfung der Ionen eine lineare Beziehung der Form (5.33) besteht.

$$\lg \tau^0 = -3{,}8 - 4{,}2\ Q^+. \tag{5.33}$$

Solche Erscheinungen kommen auch bei der heterogenen Katalyse vor und werden dort als „Kompensationseffekt" bezeichnet.

Mit Hilfe der im ersten Kapitel skizzierten Theorie der Oberflächenschwingung des Metallgitters kann man die Abnahme des Präexponentialfaktors durch die Verunreinigung der Emitter-Oberfläche wenigstens qualitativ befriedigend deuten. Wie schon DE BOER und andere [24] gezeigt haben, sollte der Präexponentialfaktor dem Reziproken der Gitterschwingungsfrequenz entsprechen. Ist das betrachtete Ion unmittelbar an dem Gittermetall adsorbiert, so muß in diesem Bilde die fragliche Schwingungsfrequenz diejenige sein, die sich aus der Gittertheorie ergibt, wenn das eigentliche Grundgitter mit Atomen der Masse des Emitter-Metalles besetzt ist, und die Oberfläche, bzw. im eindimensionalen Modell das Kettenende, durch ein Atom der Masse des Alkaliions gebildet wird. Ist dagegen die Metalloberfläche mit Verunreinigungen aus dem Restgas belegt, wobei es sich vorzugsweise um CO und Wasserstoff handeln dürfte, so ist das Spektrum der Schwingungen, denen das

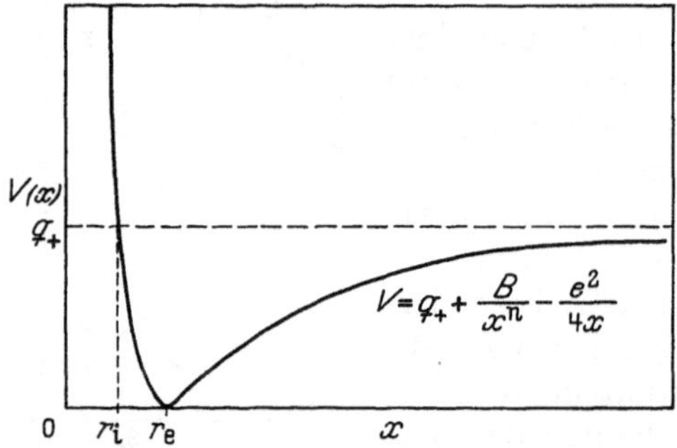

Abb. 5.9. Aus kinetischen Messungen ermittelte Potentialfunktion für ein Ion vor einer Metalloberfläche als Funktion des Abstandes x. Vergleiche Gleichung (5.34) und Tab. 5.3. Nach [291]

Ion ausgesetzt ist, bereits wesentlich verschieden von dem des reinen Metalles. Eine grobe Überschlagsrechnung zeigt in der Tat, daß der niederfrequente Teil des Spektrums der Oberflächenschwingung durch die Verunreinigung angehoben wird. Im Phononenbild bedeutet das, daß die Wahrscheinlichkeit für das Ion, innerhalb einer gewissen Zeit mit einem Phonon zusammenzustoßen, dessen Energie für die Desorption ausreicht, im Falle der verunreinigten Metall-Oberfläche geringer ist als im Falle der reinen Oberfläche.

Die bei Verunreinigung der Oberfläche zu beobachtende geringe Verdampfungswärme erklärt sich zwanglos aus dem im Mittel größeren Abstand des Ions von der Oberfläche und evtl. zusätzlich aus den isolierenden Eigenschaften der verunreinigten Oberfläche.

SCHEER und FINE [293] haben aus Messungen von Caesium, Rubidium, Kalium und Natrium an einer Rhenium-Oberfläche eine explizite Potentialfunktion abgeleitet. Danach kann man die potentielle Energie des Alkali-Ions $V(x)$ als Funktion des Abstandes x darstellen als:

$$V(x) = q_+ \left[1 + \frac{1}{(n-1)} \cdot \left(\frac{r_e}{x}\right)^n - \frac{n}{n-1} \right] \cdot \frac{r_e}{x} . \tag{5.34}$$

Hierin bedeuten q_+ die experimentell gemessenen Verdampfungswärme, r_e den Ionenradius und n einen Anpassungsparameter. Der Verlauf dieser Funktion ist in Abb. 5.9 dargestellt.

Für das Ion im Potentialminimum, d. h. $x = r_e$ kann man seine Schwingungsfrequenz abschätzen, wenn man eine harmonische Schwingung mit einer Kraftkonstante annimmt, die sich aus der Potentialfunktion explizit angeben läßt. Die Tab. 5.3 zeigt die so ermittelten Parameter der Potentialfunktion und die daraus abgeschätzten Werte für den Präexponentialfaktor.

Tabelle 5.3

Alkali-Ion	n	r_0 (Å)	$10^{13}/e$ (sec)	$10^{13}\,\tau_3^0$ (sec)
Cs^+	100	1,77	0,9	$1,9 \pm 0,9$
Rb^+	85	1,56	0,6	$0,8 \pm 0,3$
K^+	30	1,49	0,7	$1,0 \pm 0,3$
Na^+	12	1,20	0,6	$0,2 \pm 0,1$

Die Übereinstimmung der aus der Potentialfunktion abgeschätzten Werte für τ_3 mit den experimentell gefundenen Werten zeigt, daß diese Potentialfunktion eine durchaus brauchbare Näherung an die wirklichen Verhältnisse darstellt. Die sehr großen n-Werte für Cs^+ und Rb^+ entsprechen sehr großen Abstoßungskräften an der Oberfläche. Im allgemeinen sieht man, daß die n-Werte mit der Ordnungszahl der Atome abnehmen. Die Autoren führen die Abstoßungskraft an der Oberfläche auf die Nahfeld-Wechselwirkung der Metall-Elektronen mit den Elektronen der äußeren Schale des adsorbierten Ions zurück. Mit dieser Annahme sollen die Abstoßungskräfte schwächer und die n-Werte kleiner werden, wenn die Elektronendichte am Paulingschen Ionenradius kleiner wird. Dies ist aber gerade der Trend, den die quantenmechanische Berechnung für die freien Alkaliionen (Hartree-Fock) aufweist. Im Bilde der im ersten Kapitel beschriebenen quantenmechanischen Theorie der Adsorptionsbindung liegt also bei den Alkaliionen ein nicht-bindender Zustand vor, und man kann weiter schließen, daß die Elektronenkonfiguration der positiven Alkali-Ionen (Edelgasschale) durch die Adsorption auf einem Metall hoher Austrittsarbeit nicht wesentlich geändert wird. Die Bindung der Ionen darf also in sehr guter Näherung als rein elektrostatisch angesehen werden.

Aufschlußreich ist in diesem Zusammenhang die Untersuchung der Emission positiver Barium-Ionen (SCHEER und FINE [292]). Hier wird nach der gleichen Methode, wie bisher beschrieben, für die Desorptionsenergie ein Wert von 4,7 eV gefunden. Diese hohe Bindungsenergie des Barium-Ions an die Oberfläche läßt sich nicht mehr rein elektrostatisch beschreiben. Bei einem Ionenradius von 1,53 Å würde sich in Analogie zu der Berechnungsweise bei den Alkalien ein elektrostatischer Beitrag zur Bindung von nur 2,3 eV ergeben, und man wird nicht fehl gehen, wenn man die verbleibenden 2,4 eV auf normale chemische Bindung des am Barium verbleibenden zweiten Valenzelektrons an die Metall-Oberfläche zurückführt. In Übereinstimmung mit dieser Annahme ist ein Zahlenwert, den ZINGERMANN und andere [382] für die Desorptionsenergie neutraler Barium-Atome von reinem Wolfram erhalten haben, nämlich 4,68 eV. Dieses Ergebnis ist in Übereinstimmung mit den oben geschilderten Resultaten, wenn man annimmt, daß die Bindungsenergie jedes einzelnen der Valenzelektronen des Bariums an die Metalloberfläche die gleiche ist und etwa 2,4 eV beträgt. Messungen von HUGHES [160] haben für die Desorptionsenergie neutraler Rubidium-Atome von Wolfram einen Wert von 2,6 eV ergeben. Auch dies ist in Übereinstimmung mit der obigen Schätzung für den Beitrag zur Bindungsenergie eines einzelnen s-Elektrons an eine Metall-Oberfläche.

Die τ_3^0-Werte für Ba^+ auf Rhenium sind im Rahmen der experimentellen Möglichkeiten die gleichen wie Cs^+ auf Rhenium, obwohl die Messungen für die beiden Metalle bei sehr verschiedenen Temperaturen vorgenommen wurden. Dies ist ein weiterer Hinweis darauf, daß der Präexponentialfaktor ganz überwiegend eine Eigenschaft der Metalloberfläche und nicht des Adsorbates darstellt. Dieser Umstand ist eine wesentliche Stütze der De Boerschen Annahme für den Zusammenhang des Präexponentialfaktors mit den Gitterschwingungen der Oberfläche.

Eine Zusammenstellung der bisher bekannt gewordenen kinetischen Daten der Alkali- und Erdalkali-Metalle auf verschiedenen Emittern findet sich im Anhang, Tab. A.2.

Die oben zitierte Arbeit von HUGHES enthält eine interessante experimentelle Anordnung zur gleichzeitigen Messung der Desorptionskinetik von Ionen und neutralen Atomen.

Die Abb. 5.10 zeigt schematisch die verwendete Apparatur. Links im Bild ist der Atomstrahlofen zu denken, der von dort kommende Strahl wird im Zerhacker in der bereits beschriebenen Weise moduliert und trifft sodann auf den Wolfram-Kristall W_1 auf. Die diesen Kristall umgebende Elektrode C_1 dient unmittelbar zur Messung des von W_1 ausgehenden Ionenstromes. Außer dem Eintrittsschlitz an der dem Strahl zugewandten Seite hat die Elektrode einen zweiten Schlitz im rechten Winkel zu der Strahlrichtung. Von W_1 ausgehende Ionen, die durch diesen Schlitz treten, werden durch eine zweite Elektrode C_2 zurückgehalten. Das Wolframband W_2 wird also nur von neutralen Atomen, die von W_1 ausgehen, getroffen. Dieses Wolframband kann sehr hoch geheizt werden, so daß Verweilzeiten sehr klein, und die Ionisierungswahrscheinlichkeit für die ankommenden Atome sehr groß wird. Die von W_1 auf W_2 auftreffenden Atome werden an diesem Band ionisiert und durch eine Ionenoptik A auf die erste Dynode eines Sekundärelektronen-Multipliers abgebildet. Die Anwendung eines Multipliers ist in diesem Falle notwendig, da das Verhältnis von Ionen zu Atomen am Kristall W_1 in der Größenordnung 10^4 ist und außerdem geometrische Verluste in der Größenordnung von $1:10^3$ auftreten. Die neutralen Atome bewegen sich von W_1 zu W_2 mit thermischen Geschwindigkeiten. Der Unterschied zwischen dem

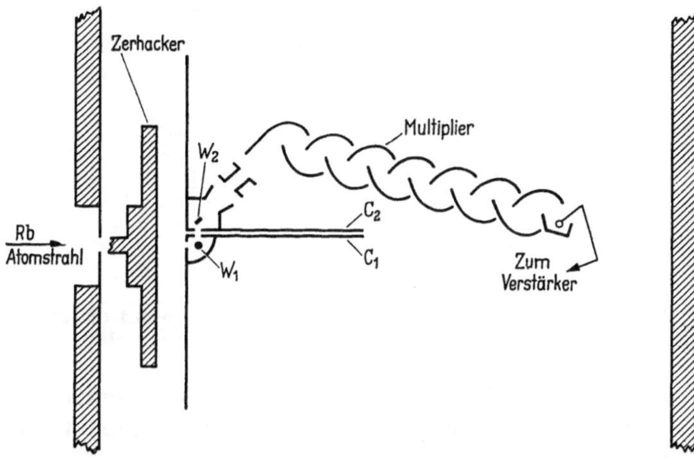

Abb. 5.10. Apparatur zur gleichzeitigen Messung der Verweilzeiten von Atomen und Ionen an einer Wolfram-Oberfläche. W_1: Wolfram-Draht nach Abb. 5.5. Weitere Einzelheiten im Text. Nach [160]

W_1 Wolfram-Einkristallfaden zur Messung der Lebensdauern
W_2 Wolframband zum Nachweis der von W_1 emittierten Neutralen
C_1, C_2 Käfige mit Schlitzblenden

langsamsten und dem schnellsten Atom ist auf Grund der Maxwell-Verteilung in der Größenordnung einiger 10^{-6} sec. Die Flugzeit zwischen den beiden Drähten stört also die Lebensdauermessungen nicht, solange diese Lebensdauern in der Größenordnung von $10^{-4} - 10^{-3}$ sec liegen. Damit ist für die Ausgangsimpulse des Multipliers die gleiche Analyse möglich wie für die Ionenimpulse auf der Elektrode C_1. Das Ergebnis dieser Messungen zeigt Abb. 5.11.

Die angeschriebenen Energiewerte für die Verdampfungsenergie sind im Falle der Rubidium-Ionen in guter Übereinstimmung mit dem aus der Bildenergie zu erwartenden Wert, und im Falle der neutralen Atome ist dies gerade der Wert, der weiter oben in der Diskussion des Beitrages der s-Elektronen zur Bindung des Adsorbates an die Metall-Oberfläche verwendet wurde.

KAMINSKY [176] hat die hier genannten Molekülstrahlmethoden durch Anwendung eines Massenspektrometers als Detektor weiter verfeinert. Seine Werte für Verweilzeit und Aktivierungsenergie von Natrium-, Kalium- und Rubidium-Ionen bestätigen die Ergebnisse von SCHEER und FINE und sind im Anhang aufgeführt. Diese Anwendung eines Massenspektrometers als Detektor ist vor allem für die Untersuchung der Ionenbildung aus Verbindungen der Alkalimetalle, insbesondere aus deren Haliden, angebracht und nützlich, weil hier nicht sicher

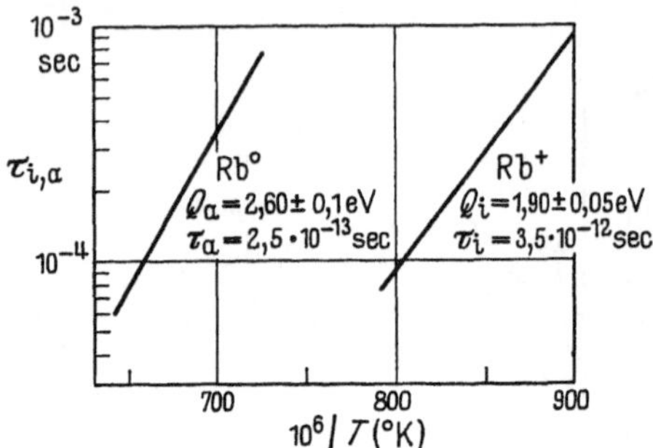

Abb. 5.11. Verweilzeiten von Rubidium-Atomen und -Ionen auf einem Wolfram-Einkristall nach Abb. 5.5. Als Funktion der Temperatur. Nach [160]

gestellt ist, welche Species tatsächlich aus dem Ofen verdampft. Wir werden auf die Ionisation der Alkaliverbindungen weiter unten noch näher eingehen.

5.2.2. Hohe Bedeckungsgrade der Oberfläche

Die im vorigen Abschnitt beschriebene Kinetik der Oberflächenionisation spielte sich an nahezu reinen Oberflächen ab. Dadurch konnte auf die Berücksichtigung von Wechselwirkungen zwischen benachbarten Adsorbat-Partikeln verzichtet werden. Bei höheren Bedeckungsgraden fallen diese Wechselwirkungen zunehmend ins Gewicht. Dies kann bis zum Auftreten mehrerer definierter Phasen im Adsorbat führen. Außerdem ändern sich durch kollektive Wechselwirkungen des Adsorbates mit dem Substrat auch Eigenschaften des letzteren, wie z. B. die Elektronenaustrittsarbeit.

Die Existenz mehrerer Phasen als Funktion des Bedeckungsgrades und der Temperatur hat für Caesium auf Wolfram schon BECKER [13]1926 nachgewiesen. Die im Abschnitt 2.3 beschriebenen Beobachtungen der Beugung langsamer Elektronen haben gezeigt, daß stabile geordnete Phasen nicht nur im System Caesium-Wolfram, sondern in sehr vielen Adsorptionssystemen vorkommen (vgl. z. B. 110-Ni-0). Diese Untersuchungen haben weiter gezeigt, daß solche Phasen nicht nur von der chemischen Natur des Substrates, sondern auch von der kristallographischen Orientierung der betrachteten Flächen abhängen. Weitere Komplikationen im Sinne der Bildung neuer Phasen oder im Sinne einer Änderung der thermodynamischen Charakteristika der Oberflächenphasen treten auf, wenn neben dem ionenbildenden Adsorbat auch Verunreinigungen oder absichtlich eingeführte Fremdstoffe an der Oberfläche vorliegen. Das Auftreten solcher Phasen muß in Gleichung (5.18) durch Einfügen weiterer Gleichungen berücksichtigt werden. Für den Fall zweier Oberflächenphasen würde Gleichung (5.18) z. B. durch (5.35) zu ergänzen sein.

$$Cs_{(ads,\ Phase\ I)} \underset{-1\,a}{\overset{1\,a}{\rightleftarrows}} Cs_{(ads,\ Phase\ II)} + q_{I,\ II} \qquad (5.35)$$

Die große Vielfalt der möglichen Prozesse und Phasen hat dazu geführt, daß die Oberflächenionisation praktisch nur oberhalb einer für das jeweilige System charakteristischen Temperatur, der sog. kritischen Temperatur, untersucht wurde. Die experimentellen Befunde unterhalb dieser kritischen Temperatur sind nur selten reproduzierbar. Diese Tatsache beruht zweifellos darauf, daß oberhalb der kritischen Temperatur in der Regel nur eine einheitliche Phase vorliegt (ausgenommen im Falle verunreinigter Oberflächen). Oberhalb der kritischen Temperatur kann man also mit einiger Zuversicht die Gleichung (5.18) anwenden, unterhalb der kritischen Temperatur muß die Kinetik nach einem Gleichungssystem nach Art der Gleichung (5.35) behandelt werden. Die bisher vorliegenden experimentellen Befunde haben noch bei keinem System zu einer überzeugenden theoretischen Deutung geführt, weshalb wir uns auf die Wiedergabe einiger experimenteller Untersuchungserfahrungen und deren qualitative Deutung beschränken müssen.

Bedeckt man eine reine Metall-Oberfläche aus einem Atomstrahl mit einem Alkali-Metall, so kann man bei Zimmertemperatur Schichtdicken erreichen, die die Eigenschaften des kompakten Alkali-Metalles aufweisen. Erhöht man nun langsam die Temperatur des Substrates, so beginnt ein Teil des aus dem Atomstrahl auf die Oberfläche kommenden Metalles wieder zu verdampfen. Bei weiter steigender Temperatur und konstanter Atomstrahldichte verdampfen die oberen Lagen des Adsorbates und die Oberfläche beginnt die für eine Adsorptions-Schicht charakteristischen Eigenschaften anzunehmen, insbesondere wird die Elektronenaustrittsarbeit der Oberfläche eine Funktion des Bedeckungsgrades. Die Elektronenaustrittsarbeit sinkt zunächst bei steigender Temperatur bis ein Bedeckungsgrad, je nach System, zwischen eins und etwa 0,7 erreicht ist. Bei noch höheren Temperaturen, und damit sinkendem Bedeckungsgrad, steigt die Elektronenaustrittsarbeit wieder an und geht schließlich bei sehr hohen Temperaturen und verschwindendem Bedeckungsgrad in die Elektronenaustrittsarbeit des reinen Metalles über.

Das Zusammenwirken von steigender Temperatur und der mit dem Bedeckungsgrad variierenden Elektronenaustrittsarbeit führt zu einem s-förmigen Verlauf der Elektronenemission, wenn man die Emissionsdichte als Funktion der reziproken absoluten Temperatur aufträgt. Dieser Sachverhalt ist seit den klassischen Langmuirschen Arbeiten bekannt. Mit dem wachsenden Interesse an Ionenantrieben für die Raumfahrt sind diese Effekte in neuerer Zeit, besonders durch WILSON [370,

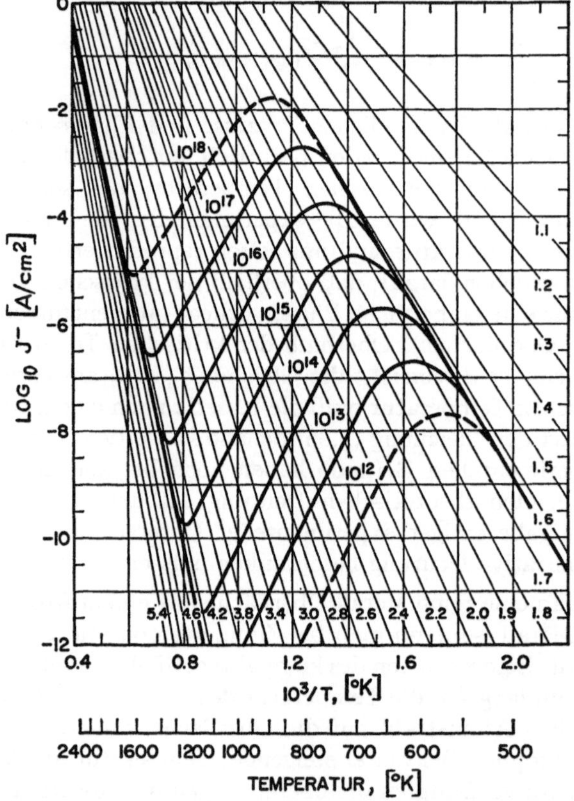

Abb. 5.12. Elektronenemission einer polykristallinen Wolfram-Oberfläche in einem variablen Caesium-Atomstrahl. Die von 1,1 bis 5,4 bezifferten schrägen Geraden sind effektive Austrittsarbeiten in eV. Die an die Kurven angeschriebenen Zahlen sind die Atomstrahldichten in Atomen/cm^2 sec. Die Emission beginnt jeweils bei tiefen Temperaturen und hohen Bedeckungsgraden mit kleiner Austrittsarbeit. Mit steigender Temperatur nimmt der Bedeckungsgrad ab und die Austrittsarbeit zu. Nach Durchlauf des Maximums fällt die Emission ab, da die Austrittsarbeit mit fallendem Bedeckungsgrad stark zunimmt. Bei hohen Temperaturen beginnt die Emission mit der Austrittsarbeit des reinen Metalles wieder anzusteigen. Nach [372]

372], erneut ausführlich untersucht worden. Insgesamt liegen jetzt Messungen in Caesium-Dampf an folgenden Metallen vor: Be, Ti, Cr, Ni, Cu, Pt, Nb, Mo, Ta, W, Re, Os, Ir (vgl. auch die Literaturangaben in [370], Li auf Ir ist ebenfalls untersucht worden [371]). Als Beispiel möge hier die Wiedergabe der Kurven für Cs auf W, für Atomstrahldichten von $10^{12}-10^{18}$ Atome/sec, genügen (Abb. 5.12).

Den Verlauf der Elektronenemission für die verschiedenen Metalle für eine konstante Atomstrahldichte von 10^{15} Atomen/sec zeigen die beiden nächsten Abbildungen 5.13 u. 5.14.

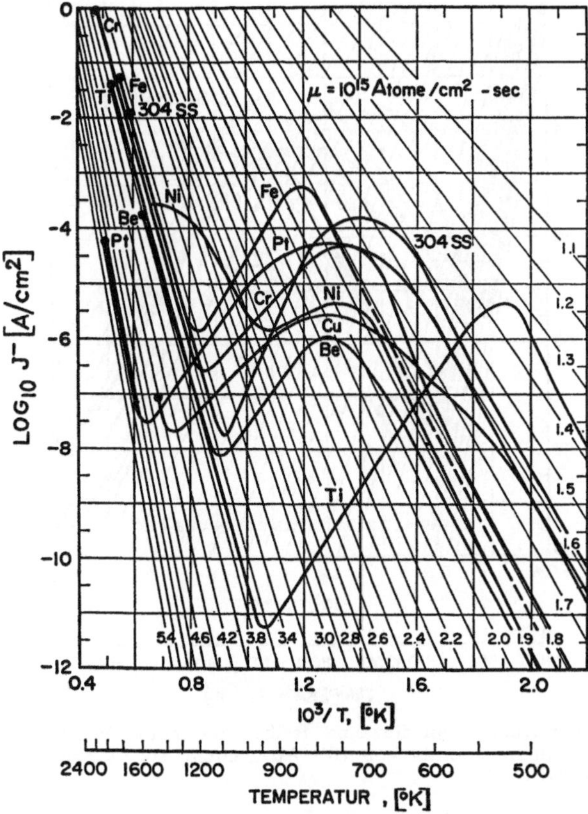

Abb. 5.13. Elektronenemission verschiedener Metalloberflächen in einem konstanten Caesium-Atomstrahl von 10^{15} Atomen/cm^2 sec. Vergleiche Legende zu Abb. 5.12. Nach [372]

Nickel und Eisen zeigen eine in den Abbildungen nur für Nickel eingetragene Anomalie. Beide Metalle haben zwei Maxima in dem s-förmigen Verlauf der Emissionsstromkurve. Das Zustandekommen dieser Anomalie ist nicht klar. Im Prinzip deutet die Anomalie auf Vorhandensein

einer Verunreinigung. Diese Verunreinigung ist aber durch Ausheizen bis
zur Verdampfung der Metalle nicht zu beseitigen, und es liegt auch kein
plausibler chemischer Anhaltspunkt für eine solche Verunreinigung vor.

Beobachtet man bei dem gleichen Experiment an Stelle der Elektronenemission die Emission positiver Ionen, so erhält man, beginnend
bei niedrigen Temperaturen, einen linearen Anstieg vom Logarithmus des

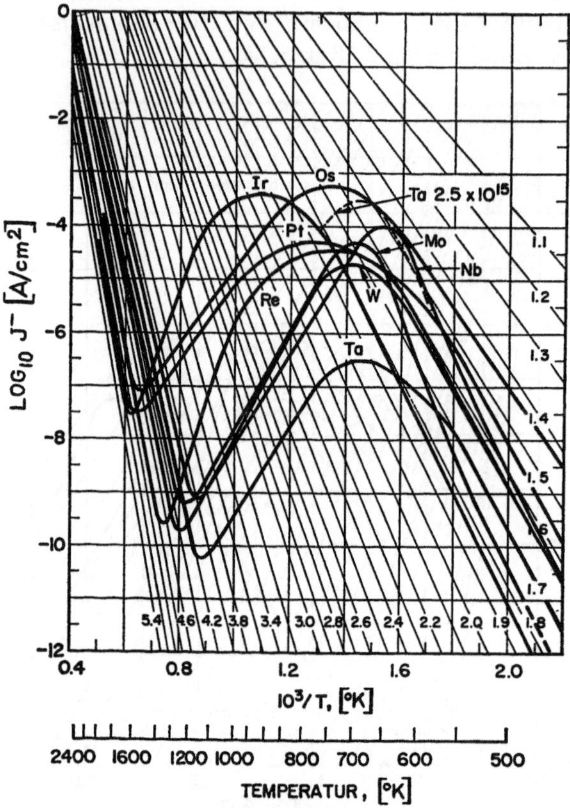

Abb. 5.14. Elektronenemission für eine Reihe von Metalloberflächen in einem
konstanten Caesium-Atomstrahl von 10^{15} Atomen/cm^2 sec. Vergleiche Abb. 5.12
und 5.13. Nach [370]

Ionenstromes gegen $1/T$. Dieser Anstieg geht bis zu einer bestimmten
kritischen Temperatur, wo der Strom sehr steil auf einen von nun an
konstant bleibenden Wert ansteigt. Dieses Verhalten zeigt für das Beispiel Cs-Re die Abb. 5.15.

Die aufwärts gerichteten Pfeile geben den Verlauf bei steigender
Temperatur an. Beobachtet man bei fallender Drahttemperatur, so wird
ebenfalls ein Sprung bei einer bestimmten, von der Atomstrahldichte

abhängigen, Temperatur beobachtet. Diese Temperatur liegt tiefer als die Sprungstemperatur beim Aufheizen des Drahtes. Diese Hysteresis deutet darauf hin, daß der Sprung bei einem ganz bestimmten Bedeckungsgrad erfolgt. Dieser Bedeckungsgrad muß bei steigender Temperatur erst durch Verdampfen eines Teiles des Adsorbates erreicht werden, und umgekehrt muß bei fallender Temperatur dieser kritische Bedeckungsgrad erst aus dem Atomstrahl aufgebaut werden. Mißt man

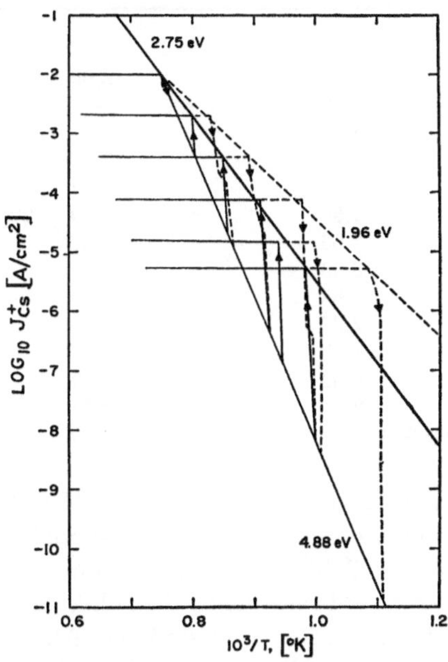

Abb. 5.15. Hysterese-Erscheinungen beim Aufheizen eines Caesium-bedeckten Rhenium-Drahtes. Aufwärts gerichtete Pfeile: Emissionsverlauf bei steigender Temperatur; abwärts gerichtete Pfeile: Emissionsverlauf bei fallender Temperatur. Die Sprünge treten bei einem bestimmten Bedeckungsgrad auf, der als „kritischer" Bedeckungsgrad bezeichnet wird. Ähnliche Messungen liegen an vielen Metall-Metall-Systemen vor. Nach [372]

bei einer Vielzahl von Atomstrahldichten, aber bei gleicher Anstiegsgeschwindigkeit der Temperatur, so erhält man eine Reihe von Knickpunkten jeweils für fallende und steigende Temperaturen. Aus der Einhüllenden dieser Knickpunkte erhält man die Desorptionsenergie nach Gleichung (5.36):

$$E_{\mathrm{des}}^+ (\Theta) = k \ln (I_+^\uparrow / I_+^\downarrow) \left(\frac{1}{T_c \downarrow} - \frac{1}{T_c \uparrow} \right), \qquad (5.36)$$

worin $E^+(\Theta)$ die Aktivierungsenergie für die Desorption bedeutet, k die Boltzmann-Konstante, i_+ den Ionenstrom und T_c die kritische Temperatur. Die an Strom und Temperatur angeschriebenen Pfeile sollen

Messungen bei steigender und bei fallender Temperatur bedeuten. Die folgende Tab. 5.4 zeigt nach WILSON [370] einige auf diese Weise bestimmte Werte der Aktivierungsenergie für die Desorption von Caesium-Ionen auf verschiedenen Metallen.

Tabelle 5.4

Metall	E_{des}^{+} (eV) bei Θ_{krit} Temperatur steigend	E_{des}^{+} (eV) bei Θ_{krit} Temperatur fallend
Beryllium	3,06	—
Titan	2,78	2,00
Chrom	3,28	—
Eisen	(5,75)	—
Nickel	2,26	2,26
Kupfer	2,85	2,21
Niobium	2,50	2,50 (3,20)
Molybdän	2,65	$\leqq 2,36$
Tantal	3,95	—
Wolfram	2,68	1,99
Rhenium	2,75	1,96
Osmium	5,67	2,25
Iridium	4,83	2,10
Platin	3,61	2,13
Edelstahl Typ 304	3,15	2,20

Die Werte für steigende Temperatur liegen im Mittel bei $2,94 \pm 0,7$ eV. Die Werte bei fallender Temperatur liegen sehr viel dichter zusammen und liegen im Mittel bei $2,13 \pm 0,13$ eV. Nimmt man für eine Überschlagsrechnung an, daß die Ionen gegen die Bildkraft bei verschwindender Bedeckung emittiert werden, und daß der Anfangsabstand in der Oberfläche gleich dem Ionenradius des Caesiums ist, so erhält man für die Austrittsarbeit der Ionen 2,13 eV (Ionenradius des Caesiums $= 1,68$Å). Dieser Wert deckt sich sehr gut mit dem experimentellen Wert. Die kritische Bedeckung liegt nach WILSON bei etwa $3 \cdot 10^{-3}$.

Der Zahlenwert der Desorptionsenergie für das Ion hängt von der Ionisierungsenergie für das neutrale Atom ab [vgl. Gleichung (5.18)]. Sublimationsenergie und Elektronenaustrittsarbeit hängen von der betrachteten Kristalloberfläche ab. Die Ionendesorption und insbesondere die kritischen Temperaturen müssen also auf einer polykristallinen Oberfläche von Ort zu Ort verschieden sein. Dieses Auftreten verschiedener kritischer Temperaturen äußert sich in manchen der Wilsonschen Experimente im Auftreten kleiner Unregelmäßigkeiten des Sprunges bei steigender Temperatur. Hat man jedoch ein Substrat vorliegen, dessen Kristallite eine Vorzugsorientierung aufweisen, kann man erwarten, daß die Emission sich auch an polykristallinem Material annähernd so verhält wie an einem Einkristall.

Aus den gezeigten Beispielen geht hervor, daß der Sprung in der Ionenemission bei der kritischen Temperatur mehr als eine Zehnerpotenz betragen kann. Da die kritische Temperatur von der Kristallstruktur der Oberfläche abhängt, hat man in der Beobachtung der Ionenemission bei steigender Temperatur des Substrates eine interessante Möglichkeit, die Inhomogenitäten von vielen Metalloberflächen experimentell zu untersuchen.

Zur qualitativen Untersuchung von Inhomogenitäten sowie des Einflusses von Reinigungsmethoden auf die Metalloberfläche hat sich bei den Arbeiten des Verfassers eine Abwandlung der Flash-Filament-Methode gut bewährt. Das Flash-Filament-Verfahren geht auf APKER [6] zurück und wurde später vor allem von EHRLICH [79] zu ausführlichen Studien der Adsorption von Stickstoff und anderen Gasen an Wolfram benutzt. Wir können auf diese Arbeiten hier nicht näher eingehen, da die Darstellung auf Metall-Metall-Systeme beschränkt bleiben soll.

Bei dem Flash-Verfahren wird die zu untersuchende Oberfläche bei niedriger Temperatur (meist Zimmertemperatur) während einer gewissen Zeitspanne mit einem Gas bedeckt. Nach Ablauf dieser sog. Kaltzeit wird der Draht rasch aufgeheizt, so daß die während der Kaltzeit adsorbierten Gase desorbieren. Diese Desorption äußert sich in einer Druckerhöhung im Rezipienten, die mit einem Ionisationsmanometer gemessen und in der üblichen Weise registriert wird. Diese Methode hat bei der Untersuchung von Gasen viele Fehlerquellen, deren Auswirkung nicht immer klar zu übersehen ist. Zum Beispiel kann die ständig anwesende glühende Kathode des Ionisationsmanometers angeregte Moleküle liefern, die auf dem Meßdraht völlig anders adsorbiert werden als das Gas, das untersucht werden soll. Eine weitere Fehlerquelle liegt darin, daß der Druckanstieg pauschal gemessen wird, so daß man keine Aussagen über die desorbierten Species erhält. Dies hat auch tatsächlich bei der Untersuchung der Wasserstoff-Adsorption zu Verwechslungen von Wasserstoff mit gleichzeitig aus dem Restgas adsorbiertem CO geführt.

Für die Untersuchung der Oberflächenionisation eignet sich das Flash-Filament-Verfahren jedoch gut, da man sich hier auf die Messung der von der Oberfläche ausgehenden Ionenströme beschränken kann, so daß über die Art der desorbierten Molekeln auch ohne massenspektrometrische Messung leicht Klarheit zu erhalten ist. Darüber hinaus kann man auf Ionisationsmanometer und andere glühende Drähte während der Adsorptionszeit verzichten.

Abb. 5.16 zeigt schematisch die verwendete Anordnung. Der rechts eingezeichnete Ofen liefert einen Atomstrahl eines Alkalimetalles. Dieser Atomstrahl kann durch einen drehbaren Verschluß V unterbrochen werden. Nach Ausblendung durch das Kollimatorsystem K trifft der Atomstrahl auf den Faden F, der von einem Kollektor C umgeben ist.

Das ganze System wird durch zwei Ionengetterpumpen *IGP* auf Drucke unter 10^{-9} Torr evakuiert. Der Meßfaden kann entweder durch Glühen oder durch Beschuß mit Argonionen vor Beginn der Versuche gereinigt werden. Danach wird der Verschluß geöffnet, und eine gewünschte Menge der Alkaliatome auf dem Faden nie-dergeschlagen. Danach wird der Faden von einer Konstant-Spannungsquelle Q über einen Funktionsgenerator auf-geheizt. Der Funktionsgenerator *FG* läßt die am Faden anliegende Span-nung so variieren, daß ein zeitlinearer Anstieg der Temperatur erfolgt. Der Kollektor C ist nach dem Schutzring-Prinzip so geteilt, daß nur der Ionen-strom vom mittleren Teil des Drahtes, also aus einem Gebiet nahezu gleich-mäßiger Temperatur, zur Messung ge-langt. Die Messung des Ionenstromes selbst kann mit einem Oszillographen oder einem Schnellschreiber erfolgen,

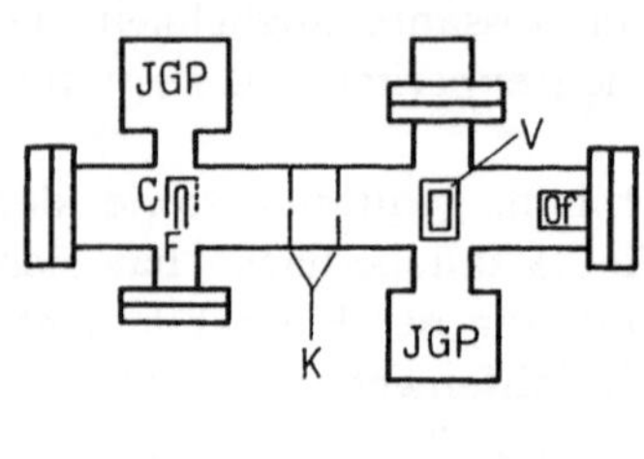

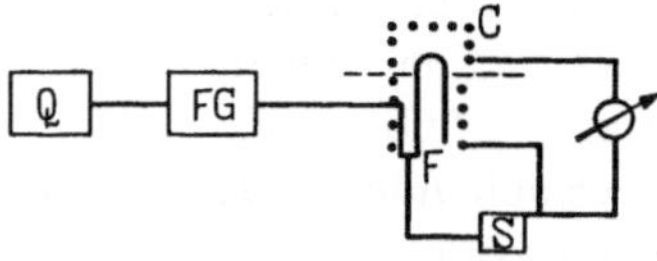

Abb. 5.16. Molekülstrahlapparatur für Flash-Versuche bei Oberflächen-ionisation. Bezeichnungen s. Text

wobei der Funktionsgenerator dafür sorgt, daß die Zeitachse bis auf einen Faktor gleich der Temperaturachse ist.

An die Stelle der vorhin beschriebenen Sprünge im ln i_+-1/T-Dia-gramm treten jetzt, da die Nachlieferung von Adsorbat aus dem Gas-raum während der Heizperiode unterbrochen ist, scharfe Maxima bei den Sprungtemperaturen auf. Diese Maxima entstehen, weil bei steigen-der Drahttemperatur zunächst die Desorptionswahrscheinlichkeit für Neutralteilchen und danach die für Ionen ständig wächst, während gleichzeitig die Oberfläche an Adsorbat verarmt. Die Meßgröße, der Ionenstrom, läßt sich über die Faradaykonstante in einen Teilchenstrom umrechnen und ist dadurch unmittelbar proportional der Desorptions-geschwindigkeit.

Nimmt man eine Reihe stark vereinfachender Annahmen zu Hilfe, so kann man formal aus der Temperatur des Maximums eine Aktivie-rungsenergie für die Ionendesorption berechnen. Diese Annahmen betreffen die Reaktionsordnung, die Temperaturabhängigkeit der Aktivierungsenergie und die Größe des Frequenzfaktors. Da diese An-nahmen, wie immer man sie wählen möge, entscheidend für das nume-rische Ergebnis sind, und da sie andererseits sich der unmittelbaren Nachprüfung zur Zeit noch entziehen, soll hier auf die Berechnung von Aktivierungsenergien nach diesem Verfahren verzichtet werden.

Die nächsten Abbildungen zeigen eine Reihe von Flash-Versuchen an einem Reinst-Platindraht mit adsorbiertem Kalium-Metall.

Die Abb. 5.17 zeigt die Kaliumionenemission eines mehrmals auf 1700°K aufgeheizten, sonst unbehandelten Platindrahtes bei einem Restgasdruck kleiner als 10^{-8} Torr. Man erkennt eine Reihe von Maxima,

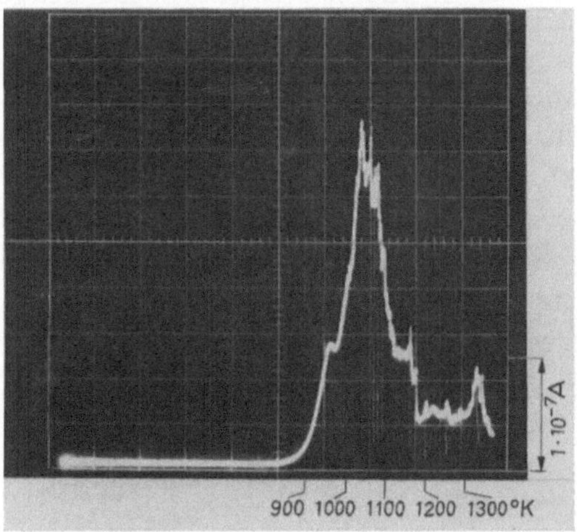

Abb. 5.17. Flash-Versuch im System Platin-Kalium. Ordinate: Ionenstrom. Abscisse: Temperatur. Emission von einem mehrmals auf 1700° K geglühten, sonst unbehandelten Reinstplatin-Draht. [Nach unveröfftl. Arbeit von H. Schulze]

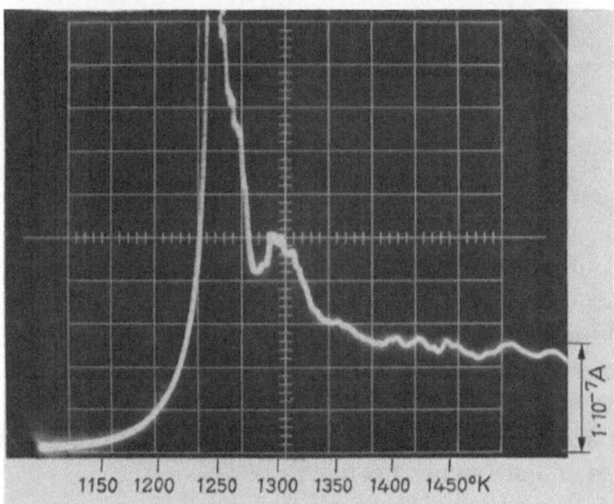

Abb. 5.18. Flash-Versuche im System Platin-Kalium. Ionenemission des gleichen Drahtes wie in Abb. 5.17. Aufgenommen unmittelbar nach einer Reinigung der Oberfläche durch Argon-Ionenbeschuß. [H. Schulze]

die bei den Versuchen vollständig reproduzierbar auftreten. Die Ionenemission beginnt bei etwa 900°K, durchläuft bei 970°K ein erstes Maximum, hat die größten Amplituden zwischen 1000 und 1100°K, denen sich schließlich oberhalb 1300° K noch ein weiteres deutlich ausgeprägtes Maximum anschließt.

In der Abb. 5.18 ist ein Versuch mit größerer Kaltzeit, d. h. etwas stärkerer Belegung der Oberfläche gezeigt. Vor der Belegung der Oberfläche wurde der Draht mit Argonionen beschossen. Man erkennt, daß der Verlauf der Ionenemission sich wesentlich von dem der vorhergehenden Abbildung unterscheidet. Die Ionenemission setzt erst dicht unterhalb 1150° K ein und erreicht die höchsten Amplituden bei 1250° K. Der Versuch zeigt, daß durch den Beschuß mit Argonionen die Oberfläche

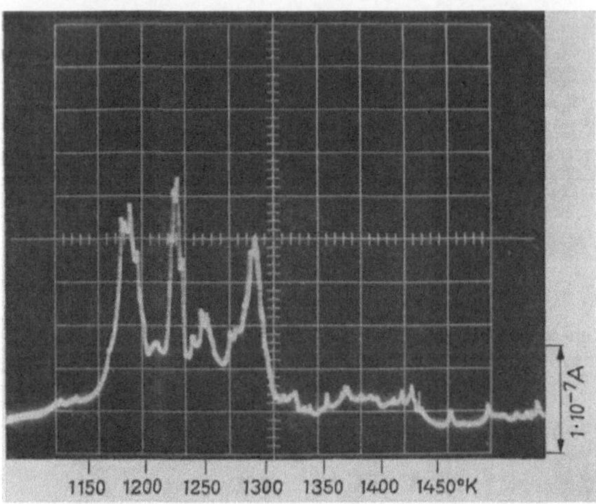

Abb. 5.19. Flash-Versuch im System Platin-Kalium. Nach Reinigung durch Argon-Ionenbeschuß wurde der Draht viermal auf 1700° K geflasht, dann belegt und der Emissionsverlauf gemessen. Man erkennt deutlich, daß die Oberfläche mehrere Bereiche mit verschiedenen Ionisierungswahrscheinlichkeiten ausgebildet hat. [H. Schulze]

des Drahtes weitgehend verändert wurde, und daß die Austrittsarbeit an den Stellen der Oberfläche, die die Ionen emittieren, erheblich gesunken sein muß, entsprechend der Verschiebung der maximalen Amplitude zu höheren Temperaturen. Die Vorstellung von der Zerstörung der Drahtoberfläche durch den Ionenbeschuß wird erhärtet, wenn man den Draht nach dem Beschuß mehrere Male auf 1700° K heizt und jedesmal den Zeitverlauf des Ionenstromes beobachtet.

Die Abb. 5.19 zeigt den fünften Flash nach dem Argon-Beschuß bei der gleichen Beladung der Oberfläche wie bei Aufnahme 5.17. Man erkennt eine Reihe deutlich ausgeprägter Maxima, die sich als Zwischenstadien der Rekristallisation deuten lassen. Weitere Rekristallisation, z. B. durch Glühbehandlung, führt wieder zu Bildern wie Abb. 5.17, nur mit dem Unterschied, daß das Maximum der Ionenemission oberhalb 1200° K liegt. Die Austrittsarbeit der Oberfläche ist durch die Reinigung erniedrigt worden. Läßt man jetzt Sauerstoff adsorbieren, so verlagern sich die Maxima wieder zu niedrigeren Temperaturen. Erneute Reinigung durch Argon-Beschuß ergibt wieder die gleiche Bilderfolge.

Ein wesentlicher Unterschied ergibt sich bei diesen Experimenten zwischen Platin und Wolfram. An den bisher gezeigten Bildern (Platin) fällt auf, daß viele kleine Sprünge und Zacken einen recht unregelmäßigen Verlauf der Ionenemission anzeigen. Bei den gleichen Versuchen mit Wolfram erhält man dagegen im gleichen Temperaturintervall glatte Kurven wie in Abb. 5.20.

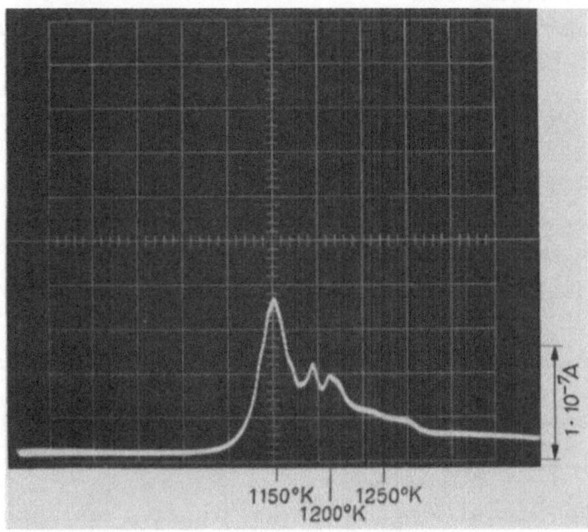

Abb. 5.20. Flash-Versuch im System Wolfram-Kalium. Das „ruhige" Aussehen der Registrierung (vgl. mit Abb. 5.17—5.19) deutet auf wesentlich geringere Größe und Häufigkeit von Ionenausbrüchen. [H. SCHULZE]

Die Unregelmäßigkeiten bei Platin sind mit großer Wahrscheinlichkeit plötzliche Ausbrüche von Ionen, die durch wandernde Gitterfehler ausgelöst werden. Solche Ausbrüche begrenzen die Leistung von Atomstrahldetektoren durch ein ungünstiges Verhältnis von Nutzsignal zu Störsignal. Auf die Anwendung der Oberflächenionisation zum Nachweis von Atom- und Molekülstrahlen kommen wir in Abschnitt 3 dieses Kapitels zurück.

5.2.3. Kinetische Effekte bei Mischadsorption

Nach der Langmuir-Saha-Gleichung hängt die Ionisierungswahrscheinlichkeit an einer Metalloberfläche empfindlich von der Austrittsarbeit ab. Bei hohem Bedeckungsgrade der Oberfläche mit einem Alkalimetall sinkt die Austrittsarbeit, und damit die Ionisierungswahrscheinlichkeit. Man

kann nun versuchen, diese Austrittsarbeit dadurch wieder zu erhöhen,
daß man neben dem Alkalimetall ein elektronegatives Gas adsorbieren
läßt. Dadurch sollte die Ionisierungswahrscheinlichkeit bei höheren
Bedeckungen der Oberfläche mit einem Alkalimetall erhöht werden. Im
Gegensatz zu dieser Erwartung sinkt jedoch der bei gegebener Temperatur von der Oberfläche stationär erhältliche Ionenstrom. Die Ursache
dafür ist eine Verbindungsbildung der adsorbierten Alkalimetalle mit den
elektronegativen Gasen, und diese Verbindungen sind im allgemeinen
schwerer ionisierbar. Die folgende Abb. 5.21 zeigt dies am Beispiel des
Systems Kalium-Platin-Cl_2.

Man erkennt einen näherungsweise exponentiellen Abfall der Ionen-
stromintensität bei Zugabe von Chlorgas. Nach Beendigung der Gas-

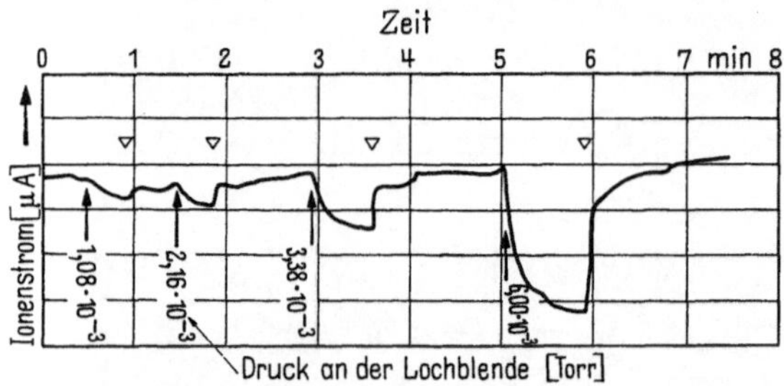

Abb. 5.21. Zeitverlauf des Ionenstromes bei Zugabe von Cl_2 zum System Pt—K.
↑: Anfang; ▽: Ende der Cl_2-Zugabe

zugabe läuft das System langsam in den früheren stationären Zustand.

Hat man jedoch das Alkalimetall von vornherein in Form einer
chemischen Verbindung vorliegen (z. B. K_2O), so beobachtet man bei
einigen Systemen eine verstärkte Ionenemission bei Zugabe eines
elektronegativen Gases. Dieser Effekt hat auch praktische Anwendung
gefunden (vgl. Kap. 5.3).

Eine nähere Untersuchung [232] zeigt, daß die Vergrößerung des
Ionenstromes nicht nur durch eine Erhöhung der Austrittsarbeit durch
die zusätzliche Adsorption zustandekommt, sondern daß chemische
Reaktionen an der Oberfläche beteiligt sind. Die detaillierte Unter-
suchung solcher Reaktionen ist auch vom Standpunkt der heterogenen
Katalyse aus von Interesse.

Solche Oberflächenreaktionen mit gekoppelter Ionenemission untersucht man vorteilhaft in einem Massenspektrometer mit sehr kleiner
Beschleunigungsspannung. Die von den Ionen zwischen Oberflächenionisations-Ionenquelle und Eintrittsspalt des Spektrometers zu durch-
laufende Potentialdifferenz setzt sich nämlich aus der von außen angelegten Beschleunigungsspannung und der Differenz der Oberflächen-
potentiale der beiden Elektroden zusammen. Ist nun die angelegte

Spannung sehr klein, so machen sich Änderungen des Oberflächenpotentials in der kinetischen Energie der Ionen, und damit in der Lage des Peaks (bei Registrierung gegen die magnetische Feldstärke) bemerkbar. Man kann mit einer solchen Anordnung sowohl die Ionen identifizieren, als auch gleichzeitig Änderungen der Austrittsarbeit der emittierenden Oberfläche beobachten.

Abb. 5.22 zeigt einen solchen Versuch. Hier ist der Strom am Auffänger des Massenspektrometers gegen das Magnetfeld aufgetragen. Eine Platinoberfläche, die als Oberflächenionisations-Ionenquelle dient, wird mit einem stationären Strom von Kaliumoxyd bedampft. Die untere Kurve zeigt den Peak der dabei emittierten einfach positiven Kalium-Ionen im stationären Zustand. Läßt man nun Cl_2 mit einem Partialdruck von $8 \cdot 10^{-7}$ Torr in die Apparatur ein, so verändert sich die Ionenemission sowohl in der Intensität, als auch in der Lage des Peaks. Es stellt sich ein neuer stationärer Zustand ein, den die obere Kurve zeigt. Man erkennt deutlich, daß die beiden Peaks gegeneinander verschoben sind, und zwar bei Chlorzugabe zu kleineren Magnetfeldern. Dies entspricht einer Verringerung der effektiven Beschleunigungsspannung durch eine Verschiebung des Oberflächenpotentials zu negativeren Werten. Die Größe dieser Potentialänderung läßt sich dadurch ermitteln, daß man die von außen angelegte

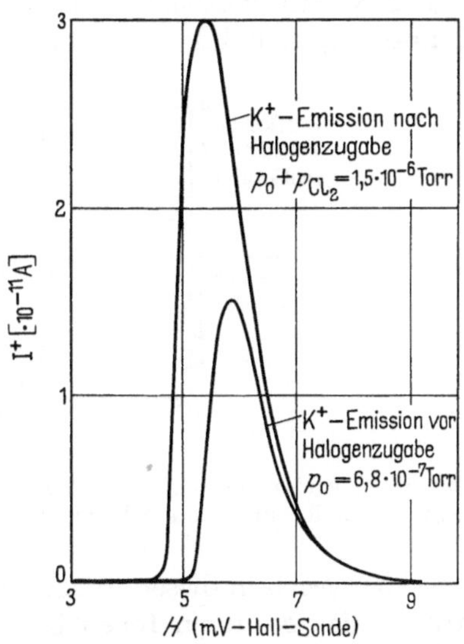

Abb. 5.22. Mischadsorption mit Vergrößerung des Ionenstromes durch Cl_2-Zugabe zum System Platin-Kaliumoxyd. Registrierung des K^+-Peaks im 180°-Massenspektrometer. Nach [232]

Beschleunigungsspannung so weit ändert, bis das Maximum des Peaks wieder auf seinem ursprünglichen Platz erscheint. Die dazu notwendige Änderung der angelegten Spannung ist dem Betrage nach gleich der Änderung des Oberflächenpotentials.

Wiederholt man die geschilderten Registrierungen in kurzen Zeitabständen, so ergibt sich ein Bild des zeitlichen Ablaufes des Vorganges. Die Abb. 5.23 zeigt eine solche Versuchsreihe im System Cl_2-K_2O-Platin bei 1150°C.

Jedem der eingetragenen Meßpunkte entspricht eine vollständige Registrierung des Peaks der positiven Ionen wie in der vorhergehenden Abbildung. Das aus der Verschiebung ermittelte Oberflächenpotential nimmt nach Cl_2-Zugabe schnell um $-0{,}13$ V ab. Danach bleibt die Verschiebung konstant, d. h. das Oberflächenpotential, und damit die Austrittsarbeit, nimmt rasch einen stationären Wert an. Dieses Verhalten ist genau das, was man bei der Chloradsorption erwartet. Der Anstieg der Ionenemission (Peakhöhe) hingegen im unteren Teil der Abbildung ist offenbar ein langsamer Prozeß mit einer Zeitkonstante in der Größenordnung von 10 min. Bei der Temperatur von 1150°C wurden bei diesem Versuch je $3 \cdot 10^3$ auftreffende Chloratome ein zusätzliches Kaliumion emittiert.

Das System läßt sich auch „umkehren". Dabei wird das Platin mit KCl bedampft, und dafür wird im Gasraum anstelle des Chlors Sauerstoff

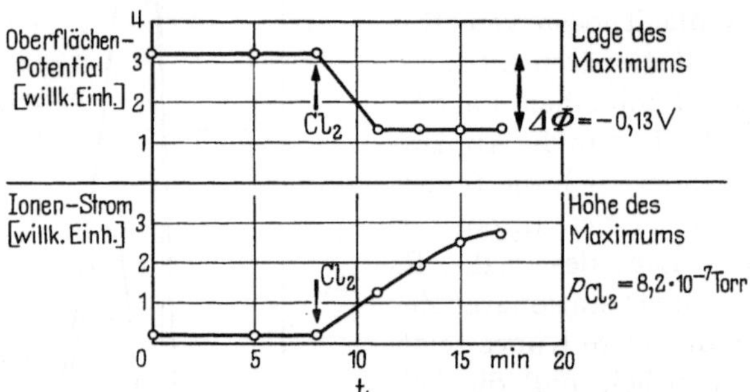

Abb. 5.23. Änderung des Oberflächenpotentials und der K^+-Ionenemission bei Zugabe von Cl_2 zum System Platin-Kaliumoxyd. Nach [232]

zugesetzt. Auch in diesem umgekehrten System tritt eine Erhöhung des Stromes der positiven Ionen bei Gaszugabe auf und ebenso eine Verkleinerung des Oberflächenpotentials. Hierfür sind aber etwas höhere Temperaturen erforderlich. Gut beobachtbar ist der Effekt oberhalb 1200°C. Die Ausbeute ist bei diesen Temperaturen geringer, nämlich ein zusätzliches Kaliumion je 10^5 auftreffende Sauerstoffatome bei einer Temperatur von 1250°C.

Eine detaillierte Deutung der mit der erhöhten Ionenemission verbundenen Reaktionen an der Oberfläche ist zu diesem Zeitpunkt noch nicht möglich. Es scheint lediglich sicher zu sein, daß Cl- und O-Atome intermediär gewisse Komplexe mit Pt bilden, die dann vermutlich die Übergangswahrscheinlichkeit für Elektronen vom Kalium durch die unreine Oberflächenschicht zum Inneren des Metalles vergrößern.

Alkali- und Erdalkalimetalle können auf Grund ihrer hohen Reaktionsfähigkeit zahlreiche Verbindungen bilden. In einer Adsorptionsschicht ist diese Verbindungsbildung ebenfalls, vielleicht sogar im stärkeren Maße, möglich. Mischadsorption der genannten Metalle mit absichtlich zugegebenen Gasen oder mit Restgasen aus der Apparatur ändern Eigenschaften der Oberfläche wie Austrittsarbeit und maximale Belegungsdichte. Durch Verbindungsbildung können solche Änderungen evtl. bis zu hohen Temperaturen beständig sein. Seit langer Zeit ist bekannt, daß die Austrittsarbeit von Photokathoden von der Reinheit der verwendeten Metalle abhängt und durch Zugabe von Gasen beeinflußt werden kann. Im Zusammenhang mit dem Energiekonverter (Kap.5.3.2) sind solche Mischeffekte neuerdings wieder untersucht worden.

RUMP und GEHMANN [283] haben die Austrittsarbeiten von Nickel, Molybdän und Wolfram in einer Caesium-Wasserstoff-Atmosphäre untersucht. Sie kommen zu dem Schluß, daß die Mischadsorption, vermutlich durch Hydridbildung, die Austrittsarbeit der genannten Metalle unter den mit reinem Caesium zu erreichenden Wert erniedrigt. Der erreichte Zustand minimaler Austrittsarbeit bleibt bis zu höheren Temperaturen stabil, was ebenfalls auf eine Verbindungsbildung hinweist.

SKEEN [310] hat gefunden, daß auch Mischadsorption von CsF mit Cs die Austrittsarbeit von polykristallinem Molybdän stärker erniedrigt als reines Caesium. Dies beruht vermutlich auf einer (bei hoher Temperatur) stärkeren Bedeckung der Oberfläche mit Cs und führt zu günstigen Betriebsverhältnissen von Caesium-Energiekonvertern. LEVINE und GELHAUS [195] berichten über einen ähnlichen Befund bei Mischadsorption von Caesium mit Sauerstoff. Neuere Messungen mit Barium und Bariumoxyd finden sich bei [357].

5.2.4. Photoprozesse adsorbierter Atome

Bei den im vorigen Abschnitt beschriebenen Bedeckungsgraden sind adsorbierte Metallatome auch dann nicht vollständig ionisiert, wenn ihre Ionisierungsarbeit wesentlich kleiner ist als die Elektronenaustrittsarbeit des reinen Substrates. Diese nur teilweise Ionisierung des Adsorbates beruht (vgl. Kap. 1.2.2) auf elektrostatischen Wechselwirkungen zwischen den adsorbierten Partikeln und auf der Änderung der Elektronenaustrittsarbeit der bedeckten Metalloberfläche. Bei extrem niedrigen Bedeckungsgraden von Alkalimetallen überwiegt der ionische Anteil der Bindung, während bei höheren Bedeckungsgraden der kovalente Anteil in den Vordergrund tritt.

Die Untersuchung des elektronischen Zustandes der adsorbierten Atome bei höheren Bedeckungsgraden ist für die Theorie der Chemisorptionsbindung von erheblichem Interesse. Für eine experimentelle Untersuchung kommen verschiedene Methoden in Frage. Die Schwierigkeit besteht stets in der geringen Anzahl der zur Verfügung stehenden adsorbierten Atome. Nimmt man für den Bedeckungsgrad 1 eine Belegungsdichte von 10^{15} Partikeln/cm^2 an und bedenkt man, daß bei den meisten

Experimenten sehr viel weniger Oberfläche zur Verfügung steht als 1 cm^2, und daß auch kleinere Bedeckungsgrade untersucht werden müssen, so steht man in jedem Falle vor der Forderung mit 10^{12}, ja sogar mit 10^{10} Atomen für den Versuch auszukommen. Diese Menge sollte für Spinresonanzuntersuchungen gerade eben ausreichen. Auch die optische Absorptionsspektroskopie mit Vielfachreflektionen an der zu untersuchenden Oberfläche wäre denkbar. Beide Methoden sind bisher nicht auf Metall-Metall-Systeme angewendet worden.

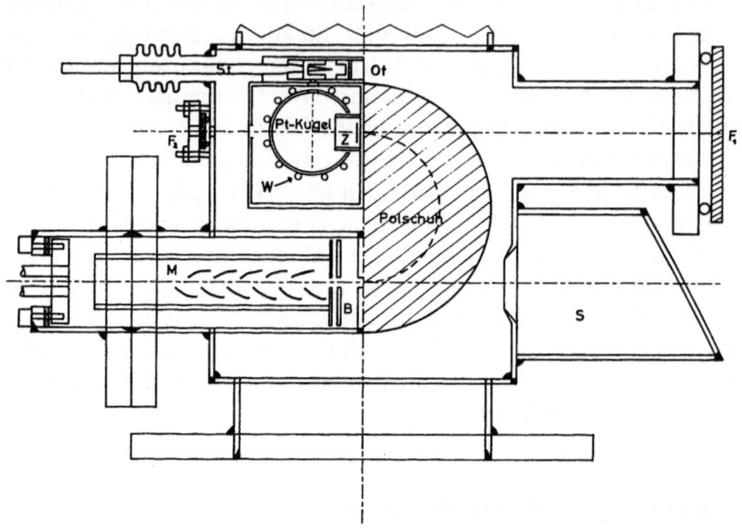

Abb. 5.24. 180°-Massenspektrometer zum Nachweis von Änderungen der Oberflächenionisation durch Licht. *Of*: Atomstrahlofen. *St* Stößel zum Zerschlagen der K-Ampulle. *W* Heizwicklung. *Z* Ziehblende. *M* Multiplier. F_1, F_2 Quarzfenster. *S* Lichtsack. Nach [230]

Eine aussichtsreiche Methode zur Untersuchung adsorbierter Atome besteht darin, die adsorbierten Partikeln durch Lichteinstrahlung zu ionisieren oder optisch anzuregen. Optisch angeregte Atome werden an der Oberfläche mit größerer Wahrscheinlichkeit ionisiert als Atome im Grundzustand. Daneben ist es möglich, daß durch die Absorption eines Lichtquantes unmittelbar ein Ion entsteht, dessen Elektron weit oberhalb der Fermi-Grenze in das Metall übergehen kann. In beiden Fällen wird die Ionendichte an der Oberfläche durch das Licht verändert. Dabei wird einmal das Oberflächenpotential der untersuchten Fläche mit Bezug auf eine nicht-bestrahlte Referenzelektrode verändert, und zum anderen kann man erwarten, daß bei genügend hoher Temperatur der Oberfläche eine verstärkte Ionenemission auftritt. Beide Effekte konnten im System Platin-Kalium und Wolfram-Caesium beobachtet werden [231]. Die verwendete Versuchsanordnung zeigen die Abb. 5.24 und 5.25.

Die zu untersuchende polykristalline Metalloberfläche ist als Ionenquelle eines magnetischen 180°-Massenspektrometers aufgebaut. Das
Adsorbat wird von einem seitlich des Ionenstrahls angeordneten Atomstrahlofen geliefert. Die Verwendung eines Massenspektrometers ist
notwendig, um die unmittelbar an der Oberfläche gebildeten Ionen von
fremden, störenden Ladungsträgern unterscheiden zu können. Solche
fremden Ladungsträger können auf mehrere Weisen entstehen. Photoelektronen können durch Streulicht überall in der Apparatur ausgelöst

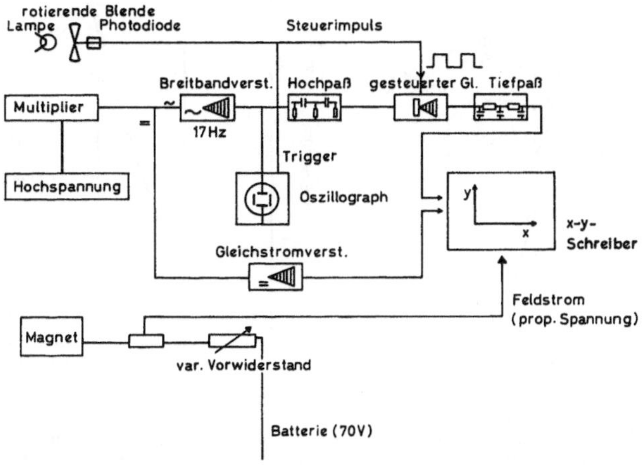

Abb. **5.25.** Prinzipschaltung zum Nachweis kleiner Photoeffekte bei der Oberflächenionisation. Nach [230]

werden. Diese Elektronen machen die Anwendung einer einfachen
Diodenanordnung unmöglich. Darüber hinaus können sie durch das
Beschleunigungsfeld in die Ionenquelle gezogen werden und dort durch
Stoß mit neutralen Atomen im Dampf ebenfalls Ionen erzeugen. Das
Massenspektrometer gestattet diese Ionen auszuscheiden, da sie von
einem anderen Potential kommen als diejenigen Ionen, die unmittelbar
an der Oberfläche entstehen. Das verwendete Massenspektrometer in
Abb. 5.24 arbeitete mit einer Beschleunigungsspannung von 3 V (vergleiche 5.2.3). Diese geringe Spannung gestattet bei einer Oberflächenionisations-Ionenquelle noch eine gute Trennung der Alkalimetalle. Bei
der üblichen Massenspektrometrie mit Elektronenstoßionenquelle werden
die Beschleunigungsspannungen im allgemeinen zwischen 1 und 3 kV
gewählt, um die Unsicherheit im Entstehungspotential der Ionen verschwindend klein zu machen. Der Vorteil der niedrigen Beschleunigungsspannung in der Oberflächen-Ionenquelle liegt darin, daß auch kleine
Änderungen des Oberflächenpotentials einer der Elektroden bereits eine
merkliche Änderung der von den Ionen tatsächlich durchlaufenen

Beschleunigungsspannung bewirkten. Daher verschiebt sich bei Änderungen des Oberflächenpotentials der Peak der Ionen auf der Magnetfeldachse. Aus Richtung und Größe dieser Verschiebung läßt sich die Änderung des Oberflächenpotentials ermitteln. Die Peakform selbst wird bei der niedrigen Beschleunigungsspannung durch die thermische Geschwindigkeitsverteilung der Ionen und durch Heterogenitäten der Oberfläche bestimmt.

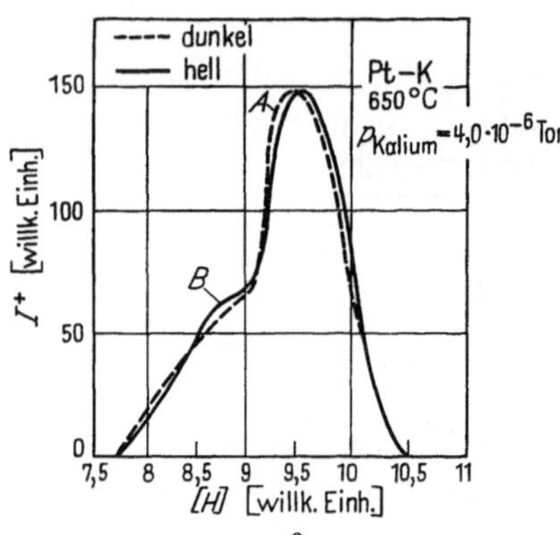

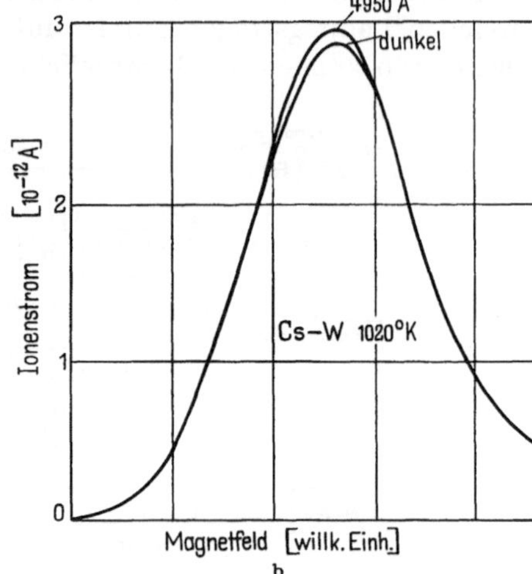

Abb. 5.26. Photoeffekt bei der Oberflächenionisation. a) K^+-Peak im ungefilterten Licht einer Hg-Höchstdrucklampe, System Pt—K. A: Verschiebung des Peaks zu höheren Magnetfeldern. B Erhöhte Ionenemission. b) Cs^+-Peak mit und ohne Beleuchtung mit Xe-Hochdrucklampe und Interferenzfilter 4950 Å ± 50 Å. System: Cs—W

Für die Messung eines Photoeffektes wird die zu untersuchende Oberfläche indirekt geheizt und gleichzeitig aus dem Atomstrahlofen mit einem Alkalimetall bedampft. Temperatur und Strahlintensität müssen so gewählt werden, daß die sich stationär einstellende Bedeckung dicht oberhalb des kritischen Bedeckungsgrades bleibt. Dabei wird bereits ein Teil des Alkalis ionisiert, ein anderer Teil liegt in einer Bindungsform mit endlichem kovalenten Anteil vor. Geeignete Temperaturen liegen zwischen 500 und 900°C (vgl. Abb. 5.17).

Hat man eine sehr starke Lichtquelle (Xe oder Hg Hochdrucklampen mit Interferenzfiltern) zur Verfügung, so kann man in der Nähe des kritischen Bedeckungsgrades einen Photoeffekt unmittelbar nachweisen. Man registriert dazu den Ionenstrom am Auffänger als Funktion des Magnetfeldes abwechselnd mit und ohne Beleuchtung der Oberfläche. Abb. 5.26a zeigt die Registrierung eines solchen Versuches mit dem System Pt-K im unzerlegten Licht einer Hg-Höchstdrucklampe (Abb. 5.26b), einen Versuch im System W-Cs mit einer Xe-Hochdrucklampe und einem Interferenzbandfilter für 4950 Å*.

---

* Nach noch unveröffentlichten Messungen von J. WIESEMES.

Man erkennt in beiden Abbildungen eine Vermehrung des Ionenstromes bei Belichtung. In Abb. 5.26a erkennt man außerdem eine Verschiebung des ganzen Peaks zu höheren Magnetfeldern. Diese Verschiebung entspricht einem stärker positiven Oberflächenpotential der Ionenquelle während der Belichtung.

Diese Verschiebung läßt sich zu einer besonders empfindlichen Meßmethodik verwenden. Dabei wird das Licht nach Abb. 5.25 durch

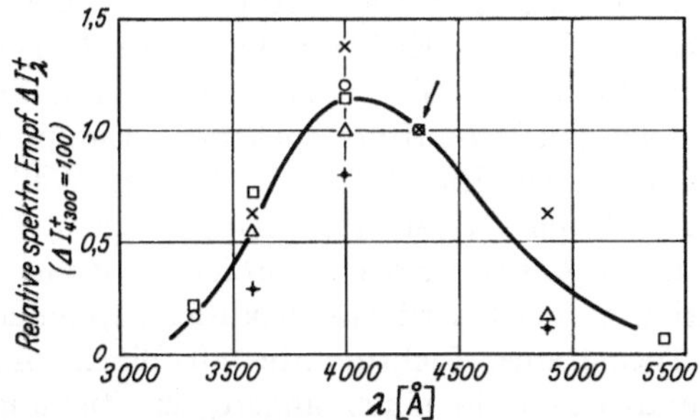

Abb. 5.27. Relative spektrale Empfindlichkeit des Photoeffektes der Oberflächenionisation im System Pt—K. ⊕ Normierungspunkt, andere Kennzeichen beziehen sich auf verschiedene Versuchsreihen unter variierten Bedingungen. Nach [231]

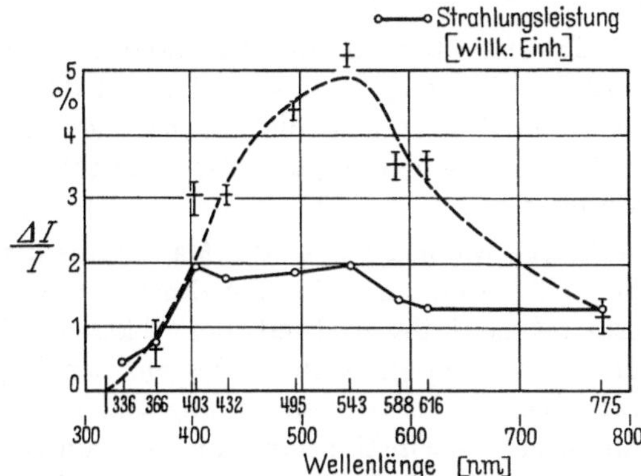

Abb. 5.28. Relative spektrale Empfindlichkeit des Photoeffektes der Oberflächenionisation im System W—Cs. + Meßwerte mit Interferenz-Bandfiltern und Xe-Hochdrucklampe. −O− Strahlungsleistung, gemessen mit Thermosäule am Ort der W-Oberfläche

eine rotierende Blende moduliert. Der synchron mit dem Licht modulierte Anteil des Ionenstromes wird schmalbandig verstärkt und phasenempfindlich gleichgerichtet (sog. "Lock in"-Verfahren).

Damit läßt sich die Nachweisempfindlichkeit soweit steigern, daß auch mit einem lichtstarken Monochromator gemessen werden kann [231]. Abb. 5.27 zeigt die Wellenlängenabhängigkeit des Photoprozesses von der Wellenlänge für K auf Pt, gemessen mit moduliertem Licht und

Monochromator. Abb. 5.28 zeigt die gleiche Darstellung für das System W-Cs, gemessen von WIESEMES (unveröffentlicht), mit unmoduliertem Licht und Interferenzfiltern. Die mit einer Thermosäule gemessene Strahlungsleistung am Orte der Oberfläche ist mit eingetragen um zu zeigen, daß eine Erwärmung der Oberfläche nicht als Ursache für die verstärkte Ionenemission in Frage kommt.

Diese Photoerzeugung von Ionen an der Metalloberfläche kann auf verschiedene Arten diskutiert werden. Einmal ist eine reine Photoionisation möglich, bei der das Elektron vom adsorbierten Atom losgelöst wird und irgendwo an der Oberfläche in das Metall übertritt. Diese Annahme kann jedoch den Verlauf der spektralen Empfindlichkeit, insbesondere das Abklingen des Effektes nach kürzeren Wellenlängen hin, nicht ausreichend erklären. H. M. ROSENSTOCK (pers. Mit.) hat den Photoeffekt als optische Anregung der adsorbierten Atome und anschließende Autoionisation an der Oberfläche diskutiert. Demnach würde das Atom durch Absorption eines Lichtquantes aus einem, möglicherweise verschobenen Grundzustand in einen angeregten Zustand übergehen.

Die Lage des Maximums des Photoeffektes läßt bei Kalium den Übergang $4\,^2S_{1/2} \rightarrow 5\,^2P_{1/2\,;\,3/2}$ und bei Caesium den Übergang $6\,^2S_{1/2} \rightarrow 7\,^2P_{1/2\,;\,3/2}$ vermuten.

Da diese Zustände weit oberhalb der Fermi-Grenze des Substratmetalles liegen, muß die Übergangswahrscheinlichkeit des Elektrons in das Metall sehr hoch sein. Damit wird die Lebensdauer des angeregten Zustandes an der Oberfläche sehr kurz, und das angeregte Atom geht in ein adsorbiertes Ion über.

Dieser Prozeß erklärt sowohl die Lage des Maximums der spektralen Empfindlichkeit als auch ihren einer Resonanzkurve ähnlichen Verlauf. Darüber hinaus gestattet die Halbwertsbreite der spektralen Empfindlichkeit die Lebensdauer des angeregten Zustandes auf der Oberfläche abzuschätzen. Sie ergibt sich in der Größenordnung von $10^{-14} - 10^{-15}$ sec. Diese Werte sind in guter Übereinstimmung mit den von GADZUK, allerdings für den Grundzustand, berechneten Werten (vgl. Kap. I, Abb. 1.7 und Gl. 1.35).

Der Bindungszustand der Alkaliatome vor der Photoanregung kann vermutlich mit einer Theorie von RASOR und WARNER [272] beschrieben werden, die die Alkaliadsorption auf Metallen unter der Annahme relativ scharfer Atomterme und unter Berücksichtigung des Atom-Ionen-Gleichgewichtes behandelt. Dieser, der physikalischen Adsorption näher stehende Bindungszustand würde demnach für die Phasen der Oberfläche kennzeichnend sein, die bei hohen Bedeckungsgraden auftreten (vgl. Abschnitt 5.2.2.). Bei weiterer Entwicklung der Meßtechnik und insbesondere des Auflösungsvermögens verspricht die Photoanregung von

Adatomen mit anschließender Autoionisation ein geeignetes Werkzeug für die genauere Untersuchung der Bindungsverhältnisse an der Oberfläche zu werden.

5.3. Anwendungen der Oberflächenionisation

Die Oberflächenionisation ist nicht nur ein physikalisch interessantes Phänomen, sie hat auch eine Reihe technischer Anwendungen gefunden. Da diese Anwendungen in der Zukunft steigende Bedeutung gewinnen werden, scheint es lohnend, wenigstens kurz darauf einzugehen.

5.3.1. Halogennachweis

RICE [277] hat 1947 entdeckt, daß die im Abschnitt 5.2.3 beschriebenen kinetischen Effekte bei Mischadsorption an einer Ionen-emittierenden Oberfläche auch unter normaler Atmosphäre auftreten, und daß sich die dort beschriebene Steigerung des Ionenstromes zu einer elektrischen Anzeige für Halogendämpfe und Dämpfe von Halogen-Verbindungen technisch anwenden läßt. Die Versuchsanordnung zum Nachweis von Halogenen mit Hilfe der Oberflächenionisation ist denkbar einfach. Man verwendet eine konzentrische Anordnung zweier Elektroden. Die innere besteht aus Platinblech oder einer Wendel aus Platin-Draht. Diese Elektrode wird mit einer Kalium-Verbindung, vorzugsweise dem Hydroxyd, verunreinigt. Bringt man diese Elektrode danach auf eine Temperatur zwischen 900 und 1000 °C, so emittiert sie auch an Luft positive Kalium-Ionen. Die Dichte des Kalium-Ionenstromes liegt in der Größenordnung von 10^{-6} A/cm² und kann daher mit geringem Aufwand gemessen werden. Die glühende Elektrode muß dabei ein positives Potential gegenüber der kalten Elektrode aufweisen. Das Eintreten eines Halogens oder einer Halogen-Verbindung in den Raum zwischen den Elektroden erkennt man an einer Zunahme des Ionenstromes.

Diese Anordnung hat sich bei der Produktion von Haushalts-Kältemaschinen in großem Umfange als Lecksucher durchgesetzt [369]. Die in diesen Maschinen verwendeten Kältemittel sind im allgemeinen mehrfach halogenierte Abkömmlinge des Methans. Die nachweisbaren Undichtigkeiten sind bei dieser Methode in der Größenordnung von 0,1 bis 1 g Kältemittel/Jahr.

Die Vakuumtechnik hat die ursprüngliche Anordnung für die Lecksuche an Kältemaschinen zur Lecksuche an Vakuumapparaturen übernommen. Dabei befindet sich die Diodenstrecke im Vakuum, und die Apparatur wird von außen mit einem halogenhaltigen Testgas besprüht.

Die mit dieser Methode erreichbaren Empfindlichkeiten liegen im praktischen Betrieb bei Lecks von der Größenordnung 10^{-4} bis höchstens 10^{-5} Torr l/sec. Ein erfahrener Experimentator kann im Laboratorium mit den handelsüblichen Geräten und unter günstigen Umständen noch Lecks nachweisen, die einen Partialdruck der Größenordnung von 10^{-8} Torr der halogenhaltigen Substanz in der Apparatur herbeiführen. Bei der Anwendung im Vakuum ist es zur Erzielung ausreichender Empfindlichkeit notwendig, der glühenden Oberfläche eine geringe Menge Sauerstoff ständig zuzuführen. Dies geschieht bei den handelsüblichen Geräten durch Präparation des Platins oder des keramischen Trägers mit einem Eisenoxyd nach Art der Kunsmann-Anode, die seit den zwanziger Jahren bekannt ist. Durch Anwendung eines Vanadiumoxyds läßt sich die Empfindlichkeit um etwa eine Größenordnung erhöhen [232], doch ist diese Präparation wegen des niedrigen Schmelzpunktes des Vanadiumoxyds und seiner leichten Sublimierbarkeit nur von geringer Dauerhaftigkeit.

E. CREMER u. Mitarb. [55] haben dieses Nachweisverfahren für Halogenverbindungen auf die Gaschromatographie angewandt. Hier besteht, vor allem zum Nachweis von Residuen von Pesticiden, das Bedürfnis nach einem Halogen-Detektor hoher Spezifität und einer Empfindlichkeit, die möglichst über viele Zehnerpotenzen linear verlaufen soll. Für diese Art der Anwendung ist eine spezielle Konstruktion des Detektors vorgeschlagen worden [56], die den Nachweis von Halogenverbindungen am Ausgang der chromatographischen Säule bis herab zu 10^{-11} Gramm Halogenverbindung gestattet. Auch ein von KARMEN und GIUFFRIDA [177] angegebener Detektor für Pesticide arbeitet nach dem Prinzip der Oberflächenionisation. JENTSCH [171] hat einen Doppelflammen-Detektor für die Gaschromatographie angegeben, der ebenfalls nach dem Prinzip der Oberflächenionisation, hier allerdings mit Gasbeheizung, arbeitet.

H. A. SCHULZ [301, 302] hat die Betriebsbedingungen, unter denen eine Halogenempfindlichkeit einer Ionen-emittierenden Platin-Oberfläche auftritt, in trockener Luft bei Atmosphärendruck näher untersucht, wobei der Kalium-Nachschub an die Platin-Oberfläche durch Aufdampfen von Kalium-Carbonat geliefert wurde.

5.3.2. Direkte Umwandlung von Wärme in elektrische Energie

Wärme kann auf viele verschiedene Weisen in elektrische Energie umgewandelt werden. Für Anwendungen in der Reaktortechnik und bei der Energieversorgung von Raumfahrzeugen gewinnt in letzter Zeit eine direkte Methode an Bedeutung, die von einer mit Caesium-Dampf gefüllten Diodenanordnung Gebrauch macht. Die Wärme wird dabei einer Elektronen-emittierenden Oberfläche zugeführt und die Abwärme des Prozesses wird von einer kälteren Anode abgeführt. Der Wirkungsgrad solcher Dioden hängt in erster Linie davon ab, daß eine Elektrode mit sehr niedriger Austrittsarbeit verfügbar ist. Daneben müssen natürlich die Emissionseigenschaften der Kathode und Energieverluste durch Wärmeleitung Beachtung finden. Zwischen den beiden Elektroden befindet sich ein Gas, welches primär die elektrische Leitfähigkeit der Diodenstrecke herstellen soll. Das für diesen Zweck am besten geeignete Gas ist Caesium-Dampf, dessen Ionisation sowohl für die Stromleitung wichtig ist als

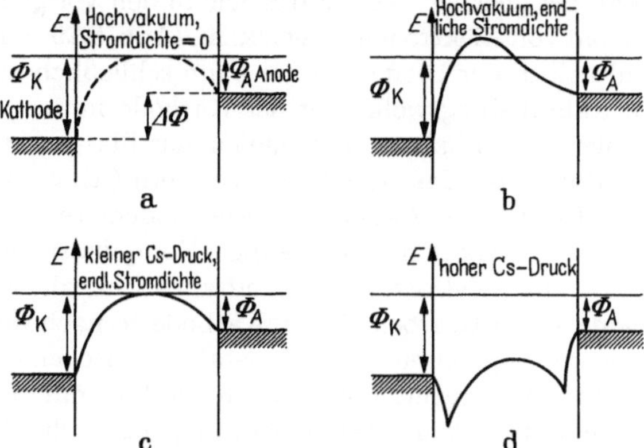

Abb. 5.29. Schematische Darstellung verschiedener Betriebsfälle einer Diode zur Energie-Konversion. a und b Hochvakuum. c und d Cäsium-Atmosphäre

auch zur Kompensation negativer elektrischer Raumladungen. Darüber hinaus kann die Adsorption des Caesiums auf den Elektroden deren Austrittsarbeit erniedrigen.

Das Prinzip der Arbeitsweise eines solchen thermionischen „Energiekonverters" läßt sich am einfachsten an einer Hochvakuum-Diode erläutern.

Abb. 5.29 zeigt schematisch die Energieverhältnisse in einer solchen Diode. Die von der Fermi-Kante der links eingezeichneten, geheizten Kathode emittierten Elektronen laufen mit ihrer thermischen Energie gegen den von der Austrittsarbeit gebildeten Potentialwall in Richtung auf die Anode an. Diejenigen Elektronen, deren thermische Energie ausreicht, den Potentialwall zu überwinden, können auf die Anode gelangen. Ist die Austrittsarbeit der Anode kleiner als die der Kathode, so haben diese Elektronen an der Anode ein höheres Potential als die Elektronen in der Kathode (Abb. 29a). Sie können also durch einen äußeren Stromkreis zurück zur Kathode fließen und dabei elektrische Arbeit leisten, die vom Unterschiede der beiden Austrittsarbeiten in Volt und von der Menge der thermisch emittierten Elektronen (in A) bestimmt wird. Da in unserem Falle an den Elektroden keine äußere Saugspannung anliegt, baut sich bereits bei geringen Emissionsstromdichten eine negative Raumladung vor der Kathode auf. Diese Raumladung vermindert in bekannter Weise die Zahl der Elektronen, deren thermische Energie ausreicht, um von der Anode zur Kathode zu fliegen (vgl. Abb. 5.29b). Führt man nun in die Diode anstelle des Hochvakuums einen kleinen Partialdampfdruck von Caesiumdampf ein, so wird ein Teil des Caesiums an der Kathode durch Oberflächenionisation ionisiert. Diese positiven Ionen vor der Kathode können die Raumladung der Elektronen kompensieren, so daß bei gleicher Temperatur wie in den vorigen Beispielen ein stärkerer Strom von Elektronen fließen kann (Abb. 5.29c). Ein höherer Caesiumdampfdruck in der Diodenstrecke kann schließlich zum Aufbau einer positiven Raumladungswolke vor der Kathode führen. Diese positive Raumladungswolke injiziert Elektronen in das Plasma und kann den Stromtransport durch das Gas erheblich verbessern (Abb. 5.29d).

Durch die Einführung des Caesiums in die Diodenstrecke treten, verglichen mit einer Hochvakuum-Diode, einige Komplikationen auf. Verwenden wir z. B. ein polykristallines Wolfram-Blech als Kathode, so variiert die lokale Austrittsarbeit dieser Kathode je nach der kristallographischen Orientierung der einzelnen Kristallite zwischen etwa 4,3 und 5,4 eV. Bei hohen Temperaturen sind die Kristallite mit der höchsten Austrittsarbeit (hauptsächlich 110-Flächen) diejenigen, die das Caesium am stärksten ionisieren. Gerade diese Oberflächen sind es aber, die bei mäßig hohen Temperaturen Caesium am stärksten adsorptiv binden, und die daher am ehesten ihre hohe Austrittsarbeit verlieren. Das Ergebnis dieser Änderung der Austrittsarbeit ist, daß die gleiche Oberfläche sich bei einer relativ geringen Änderung der Temperatur von einem Gebiet minimaler Elektronenemission und hoher Ionenbildung in ein Gebiet verschwindender Ionenbildung und maximaler Elektronenemission umwandelt. Die gleichen Überlegungen gelten für die Anode, bei der es nach dem oben gesagten besonders darauf ankommt, eine niedrige Austrittsarbeit aufrecht zu erhalten. Die Anode darf daher während des Betriebes eine bestimmte Maximaltemperatur nicht überschreiten. Diese Temperatur sollte so gewählt sein, daß bei gegebenem Cs-Druck stets eine Bedeckung der Anode mit Caesium erfolgt, die gerade zu einer maximalen Austrittsarbeitserniedrigung führt.

Die ersten bekannt gewordenen Konverterkonstruktionen [129, 178, 361, 373, 374] verwenden als Kathode reine, hochschmelzende Metalle, die bei der Betriebstemperatur praktisch frei von adsorbiertem Caesium sind (Wolfram, Molybdän). Eine solche Kathode mit hoher Austrittsarbeit und bei hoher Temperatur kann eine hinreichend kräftige positive Kathodenschicht entwickeln, um Elektronen mit beträchtlicher Energie in das Plasma zu injizieren. Die mittlere Temperatur der Elektronen in ihrem Plasma kann bis zu 5000 °K auflaufen. Die Ionisierungsgeschwindigkeit an der Oberfläche kann so groß werden, daß sie den Verlust an Ionen kompensiert, und man erhält eine gute Leitfähigkeit des Plasmas.

J. E. Beggs [15] hat eine Reihe von thermionischen Konvertern konstruiert und gebaut, deren Verhalten durch Rechnungen von Webster [361] vollständig beschrieben wird. Diese Konverter leisteten etwa 1 Watt/cm². Bei einer Kathodentemperatur von 1100 °C erreichten sie einen Gesamtwirkungsgrad von 45%. Die Abb. 5.30 zeigt einen solchen Konverter, der für Sonnenbeheizung eingerichtet ist, im Schnitt.

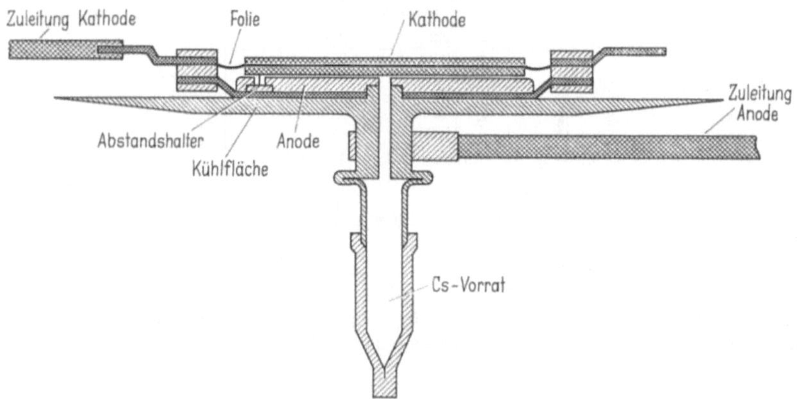

Abb. 5.30. Caesium-dampfgefüllte Diode zur Energiekonversion des Sonnenlichtes. Nach [15]

Die Kathode wird von zwei Metallblechen gebildet. Das äußere kann nach Gesichtspunkten der Wärme- und Oxydationsbeständigkeit ausgesucht werden, das innere der beiden Bleche ist Wolfram. Die Bleche sind unter Zwischenlage einer dünnen Metallfolie miteinander verschweißt. Die überstehende Folie dient als Stromdurchführung und als Vakuumdichtung der Kathode gegen das Gehäuse der Zelle. Sie reduziert den Wärmeabfluß zum Gehäuse auf einen erträglichen Wert. Dicht unterhalb der Kathode, und zwar in Abständen von 5–50 μ, befindet sich die Anode. Als Anodenmaterial wird hier eine Eisen-Nickel-Legierung verwendet. Der Anoden-Kathoden-Abstand soll kleiner oder höchstens von der gleichen Größenordnung sein, wie die freie Weglänge der Elektronen bei dem im Experiment herrschenden Caesiumdruck. Die an der Anode ankommende Abwärme wird durch ein geschwärztes Strahlungsblech beseitigt. Unterhalb der Anode befindet sich ein Vorrat an metallischem Caesium. Abb. 5.31 zeigt eine Reihe von Belastungskurven eines solchen Konverters für eine Kathodentemperatur von 1750 °K.

Man rechnet damit, daß diese Temperatur mit Hilfe der Sonne und eines Parabolspiegels im Weltraum aufrecht erhalten werden kann. Wie man sieht, vermag die Zelle bei 0,5 Volt Klemmenspannung über 20 A zu liefern. Das Gewicht eines Generators nach diesem Prinzip würde etwa 3 kg/kWatt betragen. Dazu kommen natürlich noch die Gewichte der Spiegeleinrichtung und der sonstigen, sich aus dem Anwendungsfall ergebenden, Nebengeräte.

Auf die Frage der Optimalisierung der Betriebsbedingungen wollen wir hier nicht näher eingehen, dafür sei auf die Originalarbeiten verwiesen [164, 228, 263, 271, 298, 254].

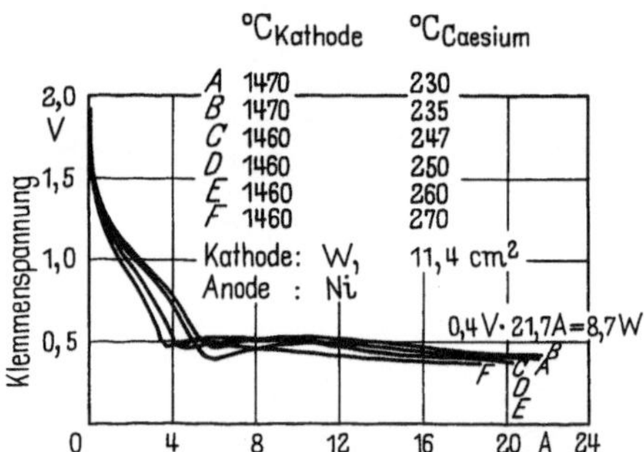

Abb. 5.31. Belastungskurven einer Caesium-Diode ähnlich Abb. 5.30 für verschiedene Temperaturen des Caesium-Vorrates bei etwa konstanter Emitter-Temperatur. Nach [373]

Der thermionische Konverter ist zur Zeit in das Stadium der technologischen Entwicklung eingetreten. Diese Entwicklung wird in vielen Laboratorien betrieben. Ein einigermaßen abgeschlossener Stand ist noch nicht erreicht, doch zeichnen sich einige wesentliche Entwicklungsrichtungen bereits ab.

Eine wichtige Kenngröße für ein technisch anwendbares Gerät ist die Lebensdauer. Diese wird bei allen Konvertern durch Korrosionserscheinungen begrenzt [204]. Die mit Luft in Berührung kommenden heißen Teile des Konverters sind starker Oxydation ausgesetzt. Aber auch die Elektrodenmaterialien zeigen im Caesiumdampf bei vielen Versuchen starke Korrosionserscheinungen und die Isolatoren können Alkalimetall einlagern und dadurch ihre Wirksamkeit verlieren. RICHARDSON, GOTTLIEB und ZOLLWEG [278] haben in diesem Zusammenhang die Verdampfung von Molybdän in der Gegenwart von Caesiumsdampf näher untersucht. Die Adsorption von Caesium an hochschmelzenden Metallen wurde im Hinblick auf den Energiekonverter von KENNEDY [179] neu bearbeitet. Weitere Untersuchungen [59] brachten neue Hinweise auf besondere Mechanismen der Oberflächenwanderung von Caesium auf Rhenium und Wolfram.

Vom Standpunkt der Chemisorption her sind Versuche von Interesse, durch Mischadsorption von Caesium und Caesiumhalogeniden, hauptsächlich Caesiumfluorid, die Austrittsarbeit der Elektroden zu beeinflussen. So haben RANKEN u. Mitarb. [270] thermionische Energiekonverter unter Verwendung der Systeme Caesium-Caesiumfluorid-Molybdän und Caesium-Caesiumfluorid-Wolfram untersucht. In diesen Systemen scheint das Halogen auch noch bei höheren Temperaturen für eine stärkere Bedeckung der Oberfläche mit Caesium zu sorgen. Dies ist insbesondere für den Kollektor wichtig, da dieser auch noch bei hohen Temperaturen, bei denen Caesium nicht mehr in ausreichendem Umfang adsorbiert wird, aus Gründen des Wirkungsgrades eine niedrige Austrittsarbeit behalten muß. Umgekehrt beschäftigen sich andere Arbeiten mit der Verbesserung des Wirkungsgrades der Oberflächenionisation durch Schaffung von Oberflächen besonders hoher und gleichmäßiger Austrittsarbeit für den Emitter [164].

WILSON und LAWRENCE [375] haben Konverter gebaut und untersucht, die Rhenium- und Wolframemitter mit Reinst-Nickel-Kollektoren verwenden. Diese Arbeit ist besonders bemerkenswert durch die extreme Sorgfalt bei der Entgasung der verwendeten Materialien. Die damit erzielte Reinheit der Systeme hat ein sehr geringes Maß an Korrosion zur Folge gehabt. Diese Konverter haben bei 2000 °K Emittertemperatur zwischen 20 und 25 Watt/cm² geliefert. Die maximalen Stromdichten betrugen, allerdings bei schlechter werdendem Wirkungsgrad, bis zu 65 A/cm². Die Wirkungsgrade lagen bei 2000 °K am Emitter bis zu Stromdichte von etwa 25 A oberhalb 15%. Es zeigte sich, daß der aus Rhenium und Nickel aufgebaute Konverter geringfügig besser in seinen Leistungen war als der Wolfram-Nickel-Konverter. Nach dieser Untersuchung scheint sehr reines Nickel ein besonders gut geeignetes Material für die Kollektoren zu sein. Die Kollektor-Temperatur darf dabei bis etwa 1000 °K betragen, ohne daß die Austrittsarbeit so hoch ansteigt, daß der Wirkungsgrad untragbar verringert wird.

Von großem technischem Interesse sind Versuche, thermische Energiekonverter unmittelbar in Kernreaktoren zu betreiben. Man hat daran gedacht, Brennstoffelemente, besonders vom UC-ZrC-Typ unmittelbar als Emitter in einem Energiekonverter zu betreiben. Die Schwierigkeit besteht dabei sowohl in der Deformation des Emittermaterials während des Betriebes, als in der Verdampfung des aktiven Materials vom Emitter in den Konverter. Eine weitere Komplikation stellt das Auftreten gasförmiger Spaltprodukte dar. Einen interessanten Versuch mit einem in Molybdän gekapselten Heizstab von etwa Daumengröße haben BUSSE, CARON und CAPPELLETTI [42] im europäischen Forschungszentrum ISPRA durchgeführt. Den Emitter dieses Konverters bildete die Molybdänkapsel für das Brennstoffelement. Der Konverter leistete bei einem Wirkungsgrad bis zu 11% zwischen 30 und 40 Watt. Die Versuche mußten durch innere Kurzschlüsse im Konverter nach etwa 50 Std abgebrochen werden. Es wird interessant sein, die weitere Entwicklung auf diesem Gebiet abzuwarten. Der gekapselte Brennstab ist natürlich eine Notlösung; es sind in der Zwischenzeit Arbeiten im Gange, verdampfende Bauteile von thermionischen Konvertern durch chemische Regeneration, etwa wie bei der bekannten Jod-Quarz-Lampe, zu konservieren [340]. Die vorhandene Literatur über dieses Gebiet ist sehr viel größer als die hier angeführten Zitate vermuten lassen. Die gegenwärtig bekannt werdenden Arbeiten beschäftigen sich aber überwiegend mit technologischen Einzelfragen, die für den Problemkreis der Chemisorption keine neuen Erkenntnisse liefern. Auf ihre Behandlung wurde daher verzichtet.

5.3.3. Ionenantriebe für Raumfahrzeuge

Für eine Anzahl von Raumfahrt-Aufgaben wird eine Maschine benötigt, die zuverlässig und über lange Zeit eine Schubkraft liefert. Eine solche Raumfahrt-Aufgabe besteht z. B. in der Ausmessung des van-Allen-Gürtels durch ein Fahrzeug, welches ausgehend von einer Umlaufbahn in etwa 300–500 km Höhe sich auf einer Spiralbahn bis zu etwa 50000 km von der Erde entfernt. Im Laufe der weiteren Entwicklung werden viele Aufgaben ähnlichen Charakters auftreten. Häufig ist bei solchen Projekten der benötigte Schub, verglichen mit dem der großen chemischen Raketen, extrem gering. Bereits Schubkräfte in der Größenordnung weniger kg sind von praktischem Interesse.

Ein für geringe Schubkräfte bei langen Betriebszeiten günstiger Triebwerkstyp ist der Ionenantrieb. Hier werden in einem ersten Schritt Ionen erzeugt, die dann elektrisch beschleunigt werden. Auf diesem Wege lassen sich sehr hohe Ausstoßgeschwindigkeiten erreichen, wodurch die Menge der mitzuführenden Materie, und damit das Startgewicht, niedrig gehalten werden können. Die Meßzahl für die bei einem bestimmten Materie-Ausstoß realisierbare Schubkraft ist der „Spezifische Impuls", Impuls/Gewicht des ausgestoßenen Materials mit der Dimension Sekunde. Die mit Ionenantrieben erreichbaren spezifischen Impulse liegen zwischen 5000 und 12000 sec. Zum Vergleich kann ein herkömmliches Sauerstoff-Kerosin-Triebwerk mit einem spezifischen Impuls von 348 sec in Vakuum dienen.

Zur Erzeugung der Ionen sind eine Reihe von Möglichkeiten untersucht worden. In unserem Zusammenhang ist die Oberflächenionisation von Interesse.

Eine wichtige Größe für einen Raumfahrt-Antrieb ist der Wirkungsgrad: Antriebsleistung/Gesamtleistung. In die Gesamtleistung geht an wichtiger Stelle diejenige Leistung ein, die zur Erzeugung der Ionen aufgewendet werden muß. Ein Wasserstoffion besitzt bei einem spezifischen Impuls von 5000 sec eine kinetische Energie von 12,5 eV. Das Ionisierungspotential beträgt 10,2 eV. Die tatsächlich benötigte Energie zur „technischen Herstellung" des Ions ist erheblich größer [163]. Im Gegensatz dazu lassen sich schwere Ionen, z. B. des Caesiums, auf dem Wege der Oberflächenionisation mit wesentlich geringerem Energieaufwand herstellen. Der hauptsächliche Energieverlust bei der Oberflächenionisation ist die Temperaturstrahlung des Emitters. Ein Wolfram-Emitter strahlt bei 1200 °K und einem Emissionskoeffizienten von 0,5 rund 6 Watt/cm² als Wärmestrahlung in die Umgebung ab. Die nutzbare Antriebsleistung bei einer Ionenstrom-Dichte von 10 mA/cm² und einem spezifischen Impuls von 5000 sec beträgt etwa 160 Watt/cm². Der Gesamtwirkungsgrad der Ionenmaschinen mit Oberflächenionenquellen kann also recht hoch werden.

Die technologischen Probleme solcher Ionenmaschinen sind vielfältig: Stromerzeugung, Präparation und Reinerhaltung des Caesiums, chemische Beständigkeit der Konstruktionsteile [214, 311], Verdampfung des Elektrodenmaterials in Gegenwart von Caesium, Regelung der elektrischen und der stofflichen Ströme, Neutralisierung des Strahles in einiger Entfernung von dem Fahrzeug, usw. Wir wollen uns hier auf Fragen beschränken, die mit Chemisorptionseffekten zusammenhängen. Diese Fragen lassen sich in zwei Gruppen einteilen, nämlich die Erzeugung der Ionen selbst und Fragen im Zusammenhang mit Lebensdauer und Zuverlässigkeit.

Die Erzeugung der Ionen geschieht an der Oberfläche von porösen Metall-Elektroden hohen Schmelzpunktes. Wolfram und Rhenium, sowie deren Legierungen werden am häufigsten diskutiert. Das zu ionisierende Material, meist Caesium, wird durch die Poren der Elektrode zur ionisierenden Oberfläche gefördert. Die Herstellung eines Strahles von großem Durchmesser ist aus ionen-optischen Gründen nicht praktikabel. Daher setzt man den gesamten Antriebsstrahl aus vielen kleinen Strahlquellen von etwa einem Zentimeter Durchmesser facettenartig zusammen.

Die Abb. 5.32 zeigt den Prinzipaufbau einer solchen Strahlquelle zusammen mit störenden Elektronen- und Ionenbahnen, auf die wir später zurückkommen. Das Caesium gelangt als Dampf an die Rückseite des aus Wolfram-Pulver gepreßten, porösen Emitters. Nach Durchtritt durch den Emitter erreicht es die ionenbildende Oberfläche. Neben dem Transportprozeß durch die Capillaren ist vor allem die Ionen-Bildung am Ende eines Capillar-Systems verschiedentlich theoretisch und experimentell untersucht worden. Sie unterscheidet sich in wesentlichen Punkten von der Oberflächenionisation an einer glatten Oberfläche.

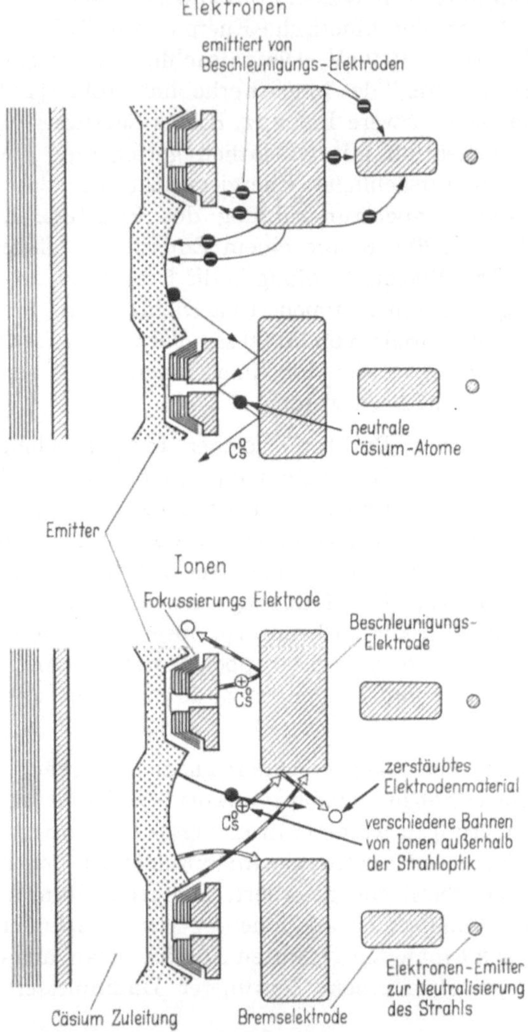

Abb. 5.32. Ionenantrieb für ein Raumfahrzeug (Einzelfacette). Die eingezeichneten Ionen- und Elektronenbahnen sind unerwünschte Nebeneffekte, die die Lebensdauer des Aufbaues verkleinern (näheres s. Text). Nach [105]

FORRESTER [94] hat die Ionisation von Caesium in Wolfram-Capillaren experimentell und theoretisch untersucht. Das Porensystem wurde dabei durch ein Bündel dünner Wolfram-Drähte gebildet. Die Stirnseite dieses Bündels, an der die Oberflächenionisation stattfindet, wurde in einem Ionenmikroskop nach Art der bekannten Elektronenmikroskope vergrößert abgebildet. Gebiete mit hoher Ionenemission ergeben auf dem Leuchtschirm große Leuchtdichten und umgekehrt.

Abb. 5.33 ist eine Leuchtschirmaufnahme eines solchen Versuches. Man erkennt, daß die Oberfläche mindestens drei verschiedene Zustände

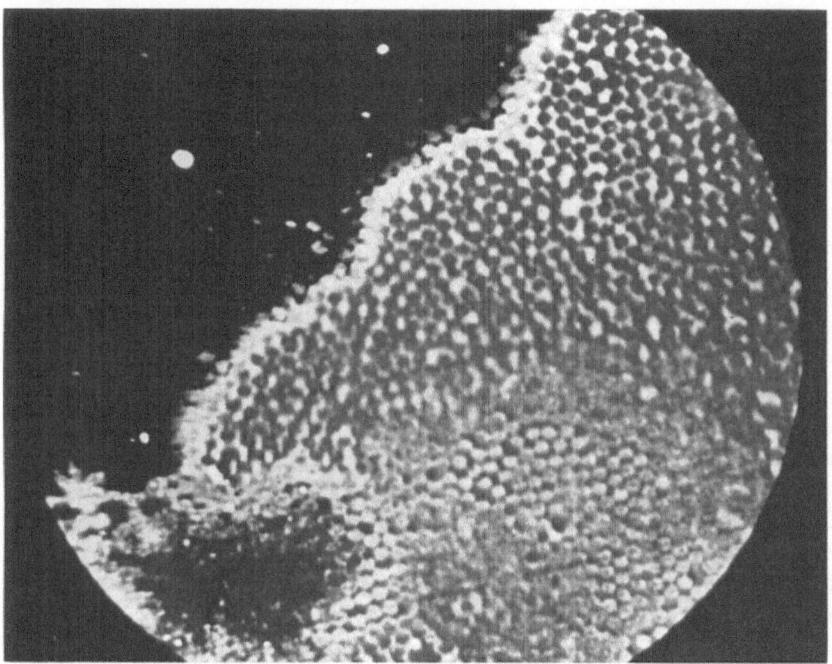

Abb. 5.33. Modellversuch zur Ionenemission poröser Körper. Die Stirnseite eines Bündels paralleler Wolframdrähte in einem Ionen-Mikroskop. Rechts oben: Emission aus den Capillar-Lumina. Links oben: ,,Überschwemmung mit Caesium, keine Ionenemission. Links unten: Emission von den Stirnseiten der Drähte. Nach FORRESTER [94]

der Ionenemission aufweist. Im rechten oberen Teil sind die Stirnseiten der Drähte dunkel, die Zwischenräume dagegen hell. Hier werden also Ionen aus dem Lumen der Capillaren emittiert. Dies ist ein überraschender Befund, denn bei allen vorhergehenden theoretischen Analysen war immer vorausgesetzt worden, daß die Ionenemission aus den Capillaren heraus durch Raumladungseffekte unterdrückt wird. FORRESTER (loc. Zit.) konnte zeigen, daß die Unterdrückung des Ionenstromes aus den Capillaren ein Raumladungspotential erfordert, das bei vielen Betriebszuständen der Oberfläche (Bedeckungsgrad, Temperatur, Stromdichte), nicht erreicht wird. Im Einklang mit den bei der Ableitung der Langmuir-Saha-Gleichung (S. 130) gemachten Voraussetzungen über die Einstellung des Gleichgewichtes zeichnet sich die Emission aus den Capillarlumen durch einen besonders geringen Anteil neutraler Atome aus.

Im rechten unteren Teil der Abbildung ist ein Gebiet zu erkennen, in dem die Emission von der Stirnfläche der Drähte ausgeht. Dies ist der Befund, wie er in allen früheren theoretischen Analysen vorausgesetzt wurde. Im linken oberen Teil der Abbildung ist ein Gebiet der Oberfläche so stark mit Caesium bedeckt, daß keinerlei Ionen-Emission auftritt. Von diesem Gebiet werden nur neutrale Atome emittiert. Die helle Grenze dieses Gebietes zeigt eine besonders hohe Emissionsstromdichte an. Es war bei den Versuchen nie möglich, diesen Zustand über die ganze Oberfläche auszudehnen. Es handelt sich bei diesem Zustand mit hoher Wahrscheinlichkeit um einen Bereich, in dem neutrale Atome von dem Gebiet hohen Bedeckungsgrades auf die angrenzenden Gebiete niederen Bedeckungsgrades diffundieren.

Die nähere Analyse dieser Befunde ergibt, daß die verschiedenen Emissionszustände vom Bedeckungsgrad, von der Oberflächentemperatur und vom Caesium-Druck hinter den Capillaren abhängen. Die günstigsten Bedingungen für den Betrieb einer Ionenmaschine liegen nach dieser Analyse gerade dann vor, wenn die Emission überwiegend aus den Lumen der Poren erfolgt. Dabei sind die erreichbaren Stromdichten, auch bezogen auf die Gesamtfläche, am höchsten und ebenso das Verhältnis von Ionen zu Atomen. Die weitere Analyse, die sich auf die im Anfang dieses Kapitels dargelegten Vorstellungen stützt, zeigt, daß mit kleiner werdendem Capillarradius die Möglichkeit zum Auftreten verschiedener Oberflächenphasen verschwinden sollte. Dies ist für den Betrieb eines Raumfahrzeuges wünschenswert.

Das Verhältnis von Ionen zu neutral emittierten Atomen ist nicht nur für die Ausnützung des Caesium-Vorrates des Fahrzeuges wichtig, sondern in besonderem Maße für die Lebensdauer der Maschine. Neutrale Atome folgen ja nicht den von der Ionenoptik vorgeschriebenen Bahnen. Sie werden daher die vor dem Emitter angeordneten Elektroden bedampfen. Dadurch wird deren Austrittsarbeit soweit erniedrigt, daß diese Elektroden in erheblichem Maße Elektronen emittieren können. Diese Elektronen verringern den elektrischen Wirkungsgrad der Anordnung. Darüber hinaus erzeugen sie durch Stoß mit neutralen Dampf-Atomen wiederum Ionen, die nicht von der Optik geführt werden. Diese Ionen treffen nun ebenfalls auf die Elektroden der Optik auf und verursachen durch Kathodenzerstäubung Zerstörungen an deren Oberflächen. Diese begrenzen die Lebensdauer der Maschine dadurch, daß die Abbildungseigenschaften des Strahlsystemes verlorengehen, und außerdem das zerstäubte Material auf dem Emitter niedergeschlagen wird, wo es in der Regel die Austrittsarbeit und damit die Ionisierungsausbeute erniedrigt.

Die Bahnen solcher unerwünschter Teilchen sind in der ersten Abbildung dieses Abschnittes schematisch eingezeichnet [105].

Nach HUSMANN [164] kann man aus Gründen der Lebensdauer höchstens einen Anteil von 0,1% neutraler Atome an der Gesamtemission zulassen (für Stromdichte von 10 mA/cm² und darüber). Nach der Langmuir-Saha-Gleichung ist der natürliche Weg zur Verringerung der Emission von neutralen Atomen die Verwendung eines Emitters von möglichst hoher Austrittsarbeit. Naheliegend wäre hier die Verwendung von Metallen der Platingruppe, die wesentlich höhere Austrittsarbeiten als Wolfram besitzen. Die Verwendung dieser Metalle stößt aber auf Schwierigkeiten, weil aus ihnen hergestellte poröse Preßlinge bei den Emittertemperaturen merklich sintern. Die Porenstruktur, die die Transporteigenschaften und die Emission solcher Emitter bestimmt, wäre in diesem Falle nicht zeitlich stabil. Aus Wolfram hingegen lassen sich zeitstabile Preßlinge mit bis zu $3 \cdot 10^6$ Poren/cm² herstellen. HUSMANN (loc. Zit.) hat daher, gestützt auf ausführliche Messungen von Elektronenaustrittsarbeit, Ionisierungstemperaturen und optischen Emissionskonstanten, vorgeschlagen, Wolfram-Rhenium-Legierungen oder Wolframpreßlinge zu verwenden, die mit einer dünnen Schicht metallischen Rheniums bedeckt sind. Bei letzteren Körpern würde die zeitliche Stabilität der Porenstruktur durch das Wolfram gesichert, während gleichzeitig für die Ionen-Bildung die höhere Austrittsarbeit des Rheniums zur Verfügung steht. Es bleibt abzuwarten, ob die damit erreichten Verbesserungen einen wirklichen Fortschritt gegenüber dem gepreßten, porösen Emitter aus reinem Wolfram bringen.

Gegenwärtig sind mehrere große Unternehmen mit der Entwicklung solcher Ionenantriebe beschäftigt. Ein großer Teil der Arbeitsergebnisse wird nur in Form von Berichten dieser Firmen bekannt. Dieser Umstand wird durch das gelegentliche Erscheinen von Sammelbänden mit vielen Referaten ausgeglichen, auf die hier anstelle weiterer Erörterungen verwiesen sei (z. B. Progress in Astronautics and Aeronautics, Bd. 3 und Bd. 9).

5.3.4. Detektoren für Atom- und Molekülstrahlen

In den vorangegangenen Kapiteln ist bereits mehrfach (S. 77, 136, 149) die Tatsache erwähnt worden, daß die Oberflächenionisation vorzüglich zum Nachweis von Atomstrahlen der Alkalimetalle geeignet ist. Wegen der exponentiellen Abhängigkeit der Ionisierungsausbeute von der Differenz zwischen Austritts- und Ionisierungsarbeit in Gleichung 5.7 sind hohe Werte der Ausbeute, und damit sehr empfindliche Messungen möglich. Da die Alkalien die niedrigsten Ionisierungsarbeiten im ganzen periodischen System der Elemente besitzen, und auch die meisten gasförmigen Verbindungen wesentlich höhere Ionisierungsarbeiten aufweisen, sind Detektoren nach dem Prinzip der Oberflächenionisation leicht hinreichend selektiv zu machen.

Die Nachweisgrenze für Atomstrahlen kann im Prinzip bis zu Strömen von wenigen Atomen pro sec ausgedehnt werden. Das meßtechnische Problem besteht jedoch nicht im Nachweis der geringen Ionenströme von dem Oberflächenionisationsdetektor, sondern in einer günstigen Gestaltung des Signal-Störsignal-Verhältnisses.

Das wichtigste Störsignal von Oberflächenionisationsdetektoren sind plötzliche, stoßweise Ausbrüche von Ionen (vgl. Abb. 5.17—5.19). Diese Ionen stammen aus Verunreinigungen der als Emitter verwendeten Metalle. Sowohl im Falle des Wolframs und Molybdäns als auch bei den Metallen der Platingruppe bestehen die störenden Verunreinigungen überwiegend aus Natrium und Kalium. So werden nach LICHTMAN und KIRST [196] schon ab 800 °C stoßweise Kaliumionen von Molybdändrähten emitiert. TINDER, ANTYPAS und DONALDSON [337] haben die Ionenemission von Eisendrähten näher untersucht und gefunden, daß Ionenausbrüche mit wandernden Störstellen der Kristalle, die eine „Atmosphäre" von Verunreinigungen mit sich ziehen, zusammenhängen. Auch Strukturumwandlungen, wie z. B. α-Eisen→γ-Eisen führen zu Ausbrüchen, wenn die Berandung der wachsenden Phase durch die Oberfläche springt. Reinigung der Metalle durch Argon-Beschuß führt besonders bei Platin zu einer Unruhe der Ionenemission, die einen empfindlichen Atomstrahlnachweis unmöglich machten. Weitere Beobachtungen über Ionenausbrüche findet man bei [62, 198, 376].

Die Konsequenz aus diesen Beobachtungen ist die Verwendung extrem alkali-freier Metalle für den Emitter und ein Aufbau, der mechanische Belastungen des Meßdrahtes weitgehend vermeidet. Ebenso ist eine längere Glühbehandlung zum Ausheilen von Defekten vor Beginn der Messungen unerläßlich.

Extrem alkalifreie Wolframdetektoren sind von GREENE [126] nach einem Verfahren von FRAZER, BURNS und BARTON [100] durch thermische Zersetzung von Wolframhexacarbonyl auf einem Wolframträger hergestellt worden. Das Störsignal dieser Emitter war bei einem Vakuum von $1 \cdot 10^{-6}$ Torr, 1820 °K und 30 V Saugspannung kleiner als $3 \cdot 10^{-16}$ A (Wurzel aus quadratischem Mittelwert). Bei einer Integrationszeit von 10 sec würde sich damit eine Nachweisgrenze von rund 100 Ionen pro sec ergeben.

DATZ und TAYLOR [61] haben vorgeschlagen, die Oberflächenionisation auch zur Unterscheidung zwischen Kalium und seinen Halogenverbindungen bei Molekülstrahlexperimenten heranzuziehen. Dies ist möglich, wenn es gelingt, die Oberfläche des Detektors so zu präparieren, daß sie einmal Verbindung und Metall gleichmäßig ionisiert (Gesamtstrommessung) und unter anderen Versuchsbedingungen einen erheblichen Unterschied in der Ionenausbeute zwischen Metall und Verbindung aufweist (Teilstrommessung des Anteiles mit der höheren Ionisierungsausbeute).

Nach TOUW und TRISCHKA [339] ist dies an verunreinigten Oberflächen (speziell einer 92% Pt — 8% W-Legierung) möglich, weil durch die Verunreinigung verschiedene Austrittsarbeiten, und somit auch verschiedene Ionisierungsausbeuten für eine Substanz gegebener Ionisierungsarbeit eingestellt werden können. Diese Einstellung erfolgt durch Glühen des Emitters in Sauerstoff, CO, Butan und ähnlichen Gasen. Diese Verunreinigung erzeugt einen Zustand niedriger Austrittsarbeit der Oberfläche. In diesem Zustand ist die Ionisierungswahrscheinlichkeit für Halogenverbindungen sehr viel kleiner als für reines Kalium-Metall.

Der Mechanismus dieser Diskriminierung ist noch nicht völlig verstanden, scheint aber außer von der Austrittsarbeit noch von der Struktur der Adsorptionsschicht abzuhängen.

ANDRESEN und SHIPLEY [5] berichten, daß Wolfram in Gegenwart von Sauerstoffspuren bei 1080 °K die Unterscheidung von Li und LiF gestattet und zwar beträgt hier die Ionenausbeute der Verbindung im Gegensatz zu den bisher besprochenen Substanzen 75%, die des Metalles nur 25%. Dies ist auf den Umstand zurückzuführen, daß die Ionisierungsarbeit des Lithiums größer ist als die Austrittsarbeit des Wolfram. Daß Lithium überhaupt ionisiert wird, scheint eine Folge von Verunreinigungen der Oberfläche mit Sauerstoff oder Fluor zu sein.

Tabellenanhang

Tabelle A.1. *Einige Daten zur Quantenchemie der Chemisorption*

Metall	SublimationsEnergie (eV)	Elektronenaustrittsarbeit (eV)	Kovalenter Radius (Å)	Orbitalstärke	Polarisierbarkeit Å³	Abs.Elektronegativität (Mulliken) [eV]	Ionisierungspotential (eV)	Valenzzahl
3-Li	1,66	2,49	1,22	1,00	1,8	2,64	5,36	1
4-Be	3,31	3,92	0,89	1,29	1,2	4,17	9,28	2
5-B	6,11	(4,5)	0,88	1,58	1,6	5,56	8,26	3
11-Na	1,12	2,28	1,57	1,00	3,9	2,50	5,12	1
12-Mg	1,54	3,68	1,37	1,29	4,2	3,34	7,61	2
13-Al	3,35	4,08	1,25	1,58	4,5	4,17	5,96	3
19-K	0,92	2,24	2,02	1,00	8,2	2,22	4,32	1
20-Ca	1,82	2,71	1,74	1,29	8,7	2,78	6,09	2
22-Ti	4,84	(3,95)	1,32	2,62	—	4,45	—	
23-V	5,33	(4,12)	1,22	2,62	—	4,73	—	
24-Cr	4,11	4,60	1,17	2,31	—	3,89 (II)	—	
25-Mn	2,89	(3,83)	1,17	2,62	—	3,89 (II)	—	
26-Fe	4,32	(4,40)	1,16	2,62	—	4,73 (II)	—	
27-Co	4,41	4,40	1,16	2,62	—	4,73	—	
28-Ni	4,39	5,03	1,15	2,62	—	5,00	—	
37-Rb	0,84	2,09	2,16	1,00	10,1	2,22	4,16	
38-Sr	1,69	2,74	1,91	1,29	11,5	2,78	5,67	
40-Zr	6,34	4,21	1,45	2,62	—	4,17	—	
41-Nb	7,71	4,01	1,34	2,62	—	4,45 (IV)	—	
42-Mo	6,84	4,38	1,29	2,31	—	4,45 (IV)	—	
43-Tc	6,73	4,40	1,26	2,31	—	5,28	—	
44-Ru	6,25	(4,52)	1,24	2,31	—	5,56	—	
45-Rh	5,77	4,80	1,25	2,31	—	5,84	—	
46-Pd	4,08	4,99	1,28	2,62	—	5,56	—	
55-Cs	0,80	1,81	2,35	1,00	13,0	2,08	3,87	
56-Ba	1,80	2,48	1,98	1,29	12,8	2,50	5,19	
72-Hf	7,29	(3,53)	1,44	2,62	—	3,89	—	
73-Ta	8,11	4,19	1,34	2,62	—	3,61 (III)	—	
74-W	8,68	4,62	1,30	2,62	—	4,45 (IV)	—	
75-Re	8,07	5,10	1,28	2,62	—	5,00	—	
76-Os	6,74	(4,55)	1,25	2,62	—	5,56	—	
77-Ir	6,51	(5,30)	1,26	2,62	—	5,84	—	
78-Pt	5,85	5,32	1,29	2,31	—	5,84	—	
90-Th	6,29	3,35	1,65	2,62	7,4	2,78 (II)	6,70	

Tabelle A.2. *Desorptionsenergien und Verweilzeiten*

$\tau = \tau_0 \exp \dfrac{E_{des}}{kT}$; Kin.: Impulsmethoden. FEM: Bruttowerte nach Messungen im Feldelektronenmikroskop. Tracer: Radioaktive Nachweismethoden. Kontaktpot., Austrittsarbeit: Messung des Bedeckungsgrades durch Kontaktpotential oder Austrittsarbeit. X^+: Desorption und Nachweis als Ion

Sub-strat	Fläche, Zustand	Adsorbat oder desorb. Species	E_{des}	τ_0	Methode	Zitat
Ni	Polykrist. $\Theta_{Ag} \to 0$	Ag	38 ± 8	—	Tracer	[116]
Mo	Polykrist. $\Theta_{Ag} \to 0$	Ag	45 ± 7	—	Tracer	[116]
Mo	Polykrist. unrein	Ag	35	—	—	[265]
Mo	Polykrist. $\Theta_{Au} \to 0$	Au	99	$0,4 \cdot 10^{-13}$	Tracer	[115]
Mo	Polykrist. unrein	Au	~ 65	—	Tracer	[115]
W		Li	87,5	—	—	[279]
W	Polykrist. $\Theta_{Na} \to 0$ unrein?	Na	32	—	Kontaktpot.	[33]
W	Polykrist. $\Theta_{Na} \to 1$ unrein?	Na	17	—	Kontaktpot.	[33]
W	$\Theta_K \to 0$ Spitze	K	62	$\sim 10^{-13}$	FEM	[297]
W	Spitze $\Theta_K \to 1$	K	30	$\sim 10^{-13}$	FEM	[297]
W	Spitze $\Theta_K \to 0$	K^+	30	$\sim 10^{-10}$	FEM	[297]
W	112 $\Theta_{Rb} \approx 10^{-6}$ rein	Rb	60 ± 2	$2,5 \cdot 10^{-13}$	Kin.	[160]
W	112 rein	Rb^+	44 ± 1	$3,5 \cdot 10^{-12}$	Kin.	[160]
W	112 Restgas — $\Theta = 0,05$	Rb^+	41	$2,5 \cdot 10^{11}$ $4 \cdot 10^{-12}$	Kin.	[160]
W	112 Restgas — $\Theta \sim 1$	Rb^+	29	$1,5 \cdot 10^{-9}$	Kin.	[161]
W	Spitze $\Theta_{Cs} = 0,03$	Cs	68	—	FEM	[356]
W	Spitze $\Theta_{Cs} \to 0$	Cs	67	—	FEM	[325]
W	Polykrist. rein	Cs^+	47	$1,1 \cdot 10^{-12}$	Kin.	[291]

Tabelle A.2 (Fortsetzung)

Sub-strat	Fläche, Zustand	Adsorbat oder desorb. Species	E_{des}	τ_0	Methode	Zitat
W	Polykrist. Restgas — $\Theta \sim 1$	Cs^+	36	$6 \cdot 10^{-9}$	Kin.	[291]
W	Polykrist. rein	Cs^+ aus CsJ	47	$0,5 \cdot 10^{-12}$	Kin.	[291]
W	Polykrist. Restgas — $\Theta \sim 1$	Cs^+ aus CsJ	36	$0,57 \cdot 10^{-10}$	Kin.	[291]
W	Polykrist. rein	Cs^+ aus Cl	51	$0,13 \cdot 10^{-12}$	Kin.	[291]
W	Polykrist. Restgas — $\Theta \sim 1$	Cs^+ aus $CsCl$	34	$3 \cdot 10^{-10}$	Kin.	[291]
W	Polykrist. $\Theta_{Be} \to 0$ rein	Be	92	—	Kin.	[308]
W	Polykrist.	Sr	75−82	—	Austritts-arbeit	[236]
W	Spitze $\Theta_{Sr} \to 0$	Sr	97 ± 5	—	FEM	[200]
W	Spitze $\Theta_{Sr} \to 1$	Sr	41 ± 3	—	FEM	[200]
W	Spitze $\Theta_{Ba} \to 0$	Ba	87	$1,6 \cdot 10^{-13}$	FEM	[355]
W	Spitze $\Theta_{Ba} \to 1$	Ba	45	$1 \cdot 10^{-10}$	FEM	[355]
W	Polykrist.	Ba	80−86	—	Austritts-arbeit	[236]
W	Spitze $\Theta_{Ba} \to 0$	Ba	87	—	FEM	[355]
W	Polykrist. rein ?	Ba^+	108	—	Kontaktpot.	[382]
W	Polykrist. $\Theta_{Ba} \to 0$	Ba^+	109	—	Kin.	[292]
W	Polykrist. $\Theta_{Ti} \to 0$ rein	Ti	117	—	Kin.	[308]
W	Polykrist. $\Theta_{Cr} \to 0$ rein	Cr	110	—	Kin.	[308]
W	Polykrist. $\Theta_{Fe} \to 0$ rein	Fe	112	—	Kin.	[308]
W	Polykrist. $\Theta_{Ni} \to 0$ rein	Ni	97,5	—	Kin.	[308]

Tabelle A.2 (Fortsetzung)

Sub-strat	Fläche, Zustand	Adsorbat oder desorb. Species	E_{des}	τ_0	Methode	Zitat
W	111 Spitze 211	Cu „Typ I"	95 ± 6	$3{,}6 \cdot 10^{14}$	FEM	[173]
W	111 Spitze 211	Cu „Typ II"	70 ± 7	$2{,}1 \cdot 10^{11}$	FEM	[173]
W	111 Spitze 211	Cu „Typ III"	64 ± 3	$1{,}0 \cdot 10^{-10}$	FEM	[173]
W	Polykrist. $\Theta_{Cu} \to 0$ rein	Cu	80	—	Kin.	[308]
W	Polykrist. rein und verunreinigt	Cu	81	—	Tracer	[114]
W	Polykrist. rein und verunreinigt	Au	85	—	Tracer	[114]
Re	Polykrist. rein	Na^+	64	$0{,}2 \cdot 10^{-13}$	Kin.	[293]
Re	Polykrist. rein	K^+	54	$1{,}0 \cdot 10^{-13}$	Kin.	[293]
Re	Polykrist. rein	Rb^+	54	$0{,}8 \cdot 10^{-13}$	Kin.	[293]
Re	Polykrist. rein	Cs^+	46,5	$1{,}9 \cdot 10^{-13}$	Kin.	[293]
Re	Polykrist. unrein Restgas	Cs^+	38	$1{,}5 \cdot 10^{-13}$	Kin.	[69]
Re	Polykrist. rein	Cs^+ aus CsCl	45	$2{,}8 \cdot 10^{-13}$	Kin.	[69]
Re	Polykrist. unrein	Cs^+ aus CsCl	36	$2{,}8 \cdot 10^{-13}$	Kin.	[69]
Re	Polykrist. rein	Ba^+ aus Ba	109	$0{,}6 \cdot 10^{-13}$	Kin.	[69]

Tabelle A.3. *Austrittsarbeiten**

3 Lithium (Li)

	$\Phi_{Lit} = 2{,}38$ [eV]	[1]
Meßmethode:	Kontaktpotential	
Meßbedingungen:	Siehe Anmerkung zu	[18]
Ergebnis:	$\Phi = 2{,}32 \pm 0{,}03$ eV (Li-Film auf Glas)	

* Literatur am Ende der Tabelle

4 Beryllium (Be)

$\Phi_{\text{Lit}} = 3,92$ [eV] [1]

Meßmethode: Thermionisch [11]
Meßbedingungen: 99,7%iges Be, polykristallin, 10^{-9} Torr, 6 Std bei 1180° K entgast, untersuchter Temperaturbereich 900—1200° K
Ergebnis: $\Phi = 3,75 - 8 \cdot 10^{-5}\ T$ eV ($\pm 0,03$ eV)

12 Magnesium (Mg)

$\Phi_{\text{Lit}} = 3,64$ (eV] [1]

Meßmethode: Kontaktpotential
Meßbedingungen: Siehe Anmerkung zu [18]
Ergebnis: $\Phi = 3,61 \pm 0,03$ eV (Mg-Film auf Glas)

13 Aluminium (Al)

$\Phi_{\text{Lit}} = 4,25$ [eV] [1]

Meßmethode: Kontaktpotential, Retardierungspotential [14]
Meßbedingungen: Aluminiumfilm auf einer "aged"-Wolframoberfläche
Ergebnis: $\Phi = 4,25 \pm 0,05$ (eV)
Meßmethode: Kontaktpotential [18]
Meßbedingung: Siehe Anmerkung zu [18]
Ergebnis: $\Phi = 4,19 \pm 0,03$ (eV) (Al-Film auf Glas)
$\Phi = 4,24 \pm 0,03$ (eV) (Al-Film auf W)

22 Titan (Ti)

$\Phi_{\text{Lit}} = 3,95$ (eV) [1]

Meßmethode: Thermionisch [11]
Meßbedingungen: Polykristallin, 99,6%iges Titan, bei 1465° K 3 Std entgast, untersuchter Temperaturbereich 1100—1585° K, 10^{-9} Torr
Ergebnis: $\Phi = 5,14 - 6,9 \cdot 10^{-4}\ T$ (eV)
Meßmethode: Photoemission [16]
Meßbedingungen: Spektralreiner Film bei 77° K aufgedampft, 10^{-10} Torr, Zelle mehrere Tage bei 400° C ausgeheizt, einmal im ungeordneten Zustand gemessen (Φ_u), dann nach Tempern (Temperungstemperatur 383° K)
Ergebnis: $\Phi_u = 3,52$ (eV)
$\Phi_T = 3,87$ (eV)

24 Chrom (Cr)

$\Phi_{\text{Lit}} = 4,58$ (eV) [1]

Meßmethode: Thermionisch [11]
Meßbedingungen: Polykristallin, 10^{-9} Torr, 1 Std bei 1400° K entgast, untersuchter Temperaturbereich 1080—1420° K
Ergebnis: $\Phi = 3,90 \pm 0,04$ (eV) (keine bedeutende Temperaturabhängigkeit)
Meßmethode: Photoemission [16]

Meßbedingungen: Spektralreiner Film bei 77°K aufgedampft, 10^{-10} Torr, Zelle mehrere Tage bei 400°C ausgeheizt, einmal im ungeordneten Zustand gemessen (Φ_u) dann nach Tempern (Φ_T), Temperungstemperatur 373°K

Ergebnis: $\Phi_u = 4{,}19$ (eV)
$\Phi_T = 4{,}44$ (eV)

25 Mangan (Mn)

$\Phi_{Lit} = 3{,}83$ (eV) [1]
Meßmethode: Photoemission [16]
Meßbedingungen: Spektralreiner Film bei 77°K aufgedampft, 10^{-11} Torr, getempert bei 373°K
Ergebnis: $\Phi = 3{,}82$ (eV) (ungetempert)
$\Phi = 4{,}08$ (eV) (getempert)

26 Eisen (Fe)

$\Phi_{Lit} = 4{,}31$ (eV) [1]
Meßmethode: Thermionisch [11]
Meßbedingungen: Polykristallin, 10^{-9} Torr, 1 Std bei 1500°K entgast, untersuchter Temperaturbereich 1100—1500°K
Ergebnis: $\Phi = 4{,}05 + 3{,}1 \cdot 10^{-4}$ T (eV)
Rostfreier Stahl
Meßmethode: Thermionisch [11]
Meßbedingungen: 10^{-9} Torr, 3 Std bei 1400°K entgast, untersuchter Temperaturbereich 1050—1400°K, rostfreier Stahl
Ergebnis: $\Phi' = 4{,}34$ (eV)
Meßmethode: Kontaktpotential [15]
Meßbedingungen: Referenzelektrode W ($\Phi = 4{,}49 \pm 0{,}02$ eV), Wolframoberfläche 1 Std bei 2700°K entgast, polykristallines Eisen, Zelle 10 Std bei 325°C, $p < 8 \cdot 10^{-10}$ Torr,
Ergebnisse: $\Phi = 4{,}15;\ 4{,}19;\ 4{,}165;\ 4{,}165$ eV
Meßmethode: Photoelektrisch [16]
Meßbedingungen: Spektralreiner Film bei 77°K aufgedampft, 10^{-10} Torr, Zelle mehrere Tage bei 400°C ausgeheizt, einmal im ungeordneten Zustand gemessen, dann nach Tempern, Temperungstemperatur 373°K
Ergebnis: $\Phi = 4{,}13$ (eV) (ungeordnet)
$\Phi = 4{,}72$ (eV) (geordnet)
Meßmethode: Kontaktpotential
Meßbedingung: Siehe Anmerkung zu [18]
Ergebnis: $\Phi = 4{,}16 \pm 0{,}02$ (eV) (Fe-Film auf Glas)
$\Phi = 4{,}23 \pm 0{,}02$ (eV) [Einkristall (100)]

27 Kobalt (Co)

$\Phi_{Lit} = 4{,}41$ (eV) [1]
Meßmethode: Photoemission [16]
Meßbedingungen: Spektralreiner Film bei 77°K aufgedampft, 10^{-10} Torr, getempert bei 393°K
Ergebnis: $\Phi = 4{,}60$ (eV) (ungetempert)
$\Phi = 4{,}97$ (eV) (getempert)

28 Nickel (Ni)

$\Phi_{\text{Lit}} = 4,50$ (eV) [1]

Meßmethode: Thermionisch [11]

Meßbedingungen: Polykristallin, 10^{-9} Torr, 1 Std bei $1500°\,$K entgast, untersuchter Temperaturbereich $1150-1500°\,$K

Ergebnis: $\Phi = 6,27 - 1,0\ 10^{-3}$ T (eV) $1380 < T < 1500$
$\Phi = 4,41 \pm 0,02$ (eV) $1170 < T < 1250$

Meßmethode: Photoemission [16]

Meßbedingungen: Spektralreiner Film bei $77°\,$K aufgedampft, 10^{-10} Torr, Zelle mehrere Tage bei $400°$C ausgeheizt, einmal im ungeordneten Zustand (Φ_u), dann nach Tempern, Temperungstemperatur $473°\,$K

Ergebnis: $\Phi_u = 4,59$ (eV)
$\Phi_T = 5,23$ (eV)

Meßmethode: Kontaktpotential

Meßbedingungen: Siehe Anmerkung zu [18]

Ergebnis: $\Phi = 4,73 \pm 0,03$ (eV) (Ni-Film auf Glas)

Meßmethode: Feldemissionsmethode (Retardierungspotential) [20]

Meßbedingungen: Spektroskopisch reiner Ni-Film, verdampft im Ultrahochvakuum, $6 \cdot 10^{-10}$ Torr, bei $400°$C entgast, Unterlage SnO, Sintern, Meßtemperatur $77°\,$K

Ergebnisse: $\Phi = 4,95$ (eV) (dünner Ni-Film)
$\Phi = 5,05$ (eV) (nach Sintern bei $125°$C)
$\Phi = 5,22-5,27$ (eV) (dicker Ni-Film)

Meßmethode: Photoemission [21]

Meßbedingungen: Spektroskopisch reiner Ni-Film, $6 \cdot 10^{-10}$ Torr, bei $200°$C gesintert

Ergebnis: $\Phi = 5,3$ (eV)

Meßmethode: Photoemission [22]

Meßbedingungen: Ni-Film, $2 \cdot 10^{-10}$ Torr, bei $77°$K gemessen und nach Tempern bei $373°$K

Ergebnis: $\Phi = 4,59 \pm 0,02$ (eV)
$\Phi = 5,28$ (eV) (nach Tempern)

Meßmethode: Elektronenstrahlmethode [24]

Meßbedingungen: 99,98%iges reines Ni, polykristallin, 10^{-9} Torr, untersuchter Temperaturbereich $720-1025°\,$K

Ergebnisse: $\left(\dfrac{d\,\Phi}{d\,T}\right)$ gemittelt $= (-3,12 \pm 0,05) \cdot 10^{-5}\ \dfrac{e\,V}{°\text{K}}$

29 Kupfer (Cu)

$\Phi_{\text{Lit}} = 4,4$ (eV) [1]

Meßmethoden: a) Thermionisch (Retarding Potential) [7]
b) Photoelektrisch

Meßbedingungen: a) sehr reines Kupfer, Einkristall, $<10^{-9}$ Torr, untersuchter Temperaturbereich $100-700°$C
b) Einkristall, gut ausgegast, Zimmertemperatur

Ergebnisse: *bei a)* (nur Temperaturkoeffizienten in Abhängigkeit von den Kristallflächen)

$$
\begin{array}{c|l}
100 & -\,13,8 \cdot 10^{-4} \;\left(d\,\Phi/d\,T \text{ bei } 600^{\circ}\text{C } \dfrac{eV}{{}^{\circ}\text{C}}\right)\\
211 & -\;\;6,5 \cdot 10^{-4}\\
110 & -\;\;5,2 \cdot 10^{-4}\\
221 & -\;\;4,0 \cdot 10^{-4}\\
111 & -\;\;3,4 \cdot 10^{-4}
\end{array}
$$

bei b) (von UNDERWOOD)

$$
\begin{array}{c|l}
100 & \Phi = 5,64 \text{ eV}\\
111 & \Phi = 4,89 \text{ eV}
\end{array}
$$

Meßmethode:	Thermionisch	[11]
Meßbedingungen:	Polykristallin, 10^{-9} Torr, 1 Std bei 1200° K entgast, dann 20 min bei 1260° K, untersuchter Temperaturbereich 1100—1300° K	
Ergebnis:	$\Phi = 4,41 \pm 0,02$ (eV)	
Meßmethode:	Kontaktpotential, Retardierungspotential	[14]
Meßbedingungen:	Cu-Film auf "aged"-Wolframoberfläche	
Ergebnis:	$\Phi = 4,61 \pm 0,04$ (eV)	
Meßmethode:	Photoemission	[16]
Meßbedingungen:	Spektralreiner Film bei 77° K aufgedampft, 10^{-10} Torr, Zelle mehrere Tage bei 400°C ausgeheizt, einmal im ungeordneten Zustand gemessen, dann nach Tempern, Temperungstemperatur 333° K	
Ergebnis:	$\Phi = 4,39_5$ (eV) (ungetempert)	
	$\Phi = 5,11$ (eV) (getempert)	
Meßmethode:	Kontaktpotential	
Meßbedingungen:	Siehe Anmerkung zu	[18]
Ergebnis:	$\Phi = 4,29 \pm 0,04$ (eV) (Cu-Film auf Glas)	
	$\Phi = 4,51 \pm 0,03$ (eV) (Cu-Film auf Glas)	
	$\Phi = 4,60 \pm 0,02$ (eV) (Cu-Film auf W)	
Meßmethode:	Photoemission	[21]
Meßbedingungen:	Spektroskopisch reiner Cu-Film, $6 \cdot 10^{-10}$ Torr, bei 200°C gesintert	
Ergebnis:	$\Phi = 4,66$ (eV)	

30 Zink (Zn)

$\Phi_{\text{Lit}} = 4,24$ eV

Meßmethode:	Photoemission	[16]
Meßbedingungen:	Spektralreiner Film bei 77° K aufgedampft, 10^{-10} Torr, getempert bei 373° K	
Ergebnis:	$\Phi = 4,33$ (eV) (ungetempert)	
	$\Phi = 4,33$ (eV) (getempert)	
Meßmethode:	Kontaktpotential	
Meßbedingung:	Siehe Anmerkung zu	[18]
Ergebnis:	$\Phi = 4,11 \pm 0,03$ (eV) (Zn-Film auf Glas)	

31 Gallium (Ga)

$\Phi_{\text{Lit}} = 3,96$ (eV)		[1]
Meßmethode:	Photoemission	[16]
Meßbedingungen:	Spektralreiner Film bei 77° K aufgedampft, 10^{-10} Torr, getempert bei $T < 273°$ K	
Ergebnis:	$\Phi = 4,45$ (eV)	

Tabellenanhang

32 Germanium (Ge)

$\Phi_{\text{Lit}} = 4{,}76$ eV [1]

Meßmethode: Photoemission [16]

Meßbedingungen: Spektralreiner Film bei 77° K aufgedampft, 10^{-10} Torr, getempert bei 293° K

Ergebnis: $\Phi = 4{,}98$ (eV) (ungetempert)

$\Phi = 5{,}04$ (eV) (getempert)

33 Arsen (As)

$\Phi_{\text{Lit}} = 5{,}11$ (eV) [1]

Meßmethode: Photoemission [16]

Meßbedingungen: Spektralreiner Film bei 77°K aufgedampft, 10^{-10} Torr, getempert

Ergebnis: $\Phi = 4{,}79$ (eV)

41 Niob (Nb)

$\Phi_{\text{Lit}} = 3{,}99$ eV [1]

Meßmethode: Thermionisch [10]

Meßbedingungen: 99,99%iges Nb, polykristallin, 10^{-9} Torr, $2^1/_2$ Std bei 1050—2100° K entgast, Meßtemperatur 2100° K

Ergebnis: $\Phi = 4{,}19 \pm 0{,}04$ (eV) (keine feststellbare Temperaturabhängigkeit)

Meßmethode: Kontaktpotential

Meßbedingungen: Siehe Anmerkung zu [18]

Ergebnis: $\Phi = 4{,}38 \pm 0{,}03$ (eV) (polykristallin)

42 Molybdän (Mo)

$\Phi_{\text{Lit}} = 4{,}3$ (eV) [1]

Meßmethode: Thermionisch [10]

Meßbedingungen: Polykristallin, 10^{-9} Torr, bei 2050° K 4 Std entgast, gemessen bei 1400° K und bei 2000° K

Ergebnis: $\Phi = 4{,}12$ (eV) (1400° K)

$\Phi = 4{,}03$ (eV) (2000° K)

$\Phi = 4{,}33 - 1{,}52 \cdot 10^{-4} \cdot T$ (eV)

Meßmethode: Kontaktpotential

Meßbedingungen: Siehe Anmerkung zu [18]

Ergebnis: $\Phi = 4{,}21 \pm 0{,}04$ (eV) (Mo-Film auf Glas)

$\Phi = 4{,}20 \pm 0{,}03$ (eV) (polykristallin)

Meßmethode: Elektronenstrahlmethode [24]

Meßbedingungen: 99,92%iges Mo, polykristallin, $\sim 10^{-9}$ Torr, untersuchter Temperaturbereich 600—1100° K

Ergebnis: $\left(\dfrac{d\Phi}{dT}\right)_{\text{gemittelt}} = (7{,}84 \pm 0{,}07)\ 10^{-5}\ \dfrac{eV}{°K}$

46 Palladium (Pd)

$\Phi_{\text{Lit}} = 4{,}8$ eV [1]

Meßmethode: Photoemission [16]

Meßbedingungen: Spektralreiner Film bei 77° K aufgedampft, 10^{-10} Torr, getempert bei 388° K

Ergebnis: $\Phi = 4{,}95$ (eV) (ungetempert)

$\Phi = 5{,}40$ (eV) (getempert)

47 Silber (Ag)

	$\Phi_{\text{Lit}} = 4{,}3$ (eV)	[1]
Meßmethode:	Kontaktpotential, Retardierungspotential	[14]
Meßbedingungen:	Ag-Film auf "aged"-Wolframoberfläche	
Ergebnis:	$4{,}35 \pm 0{,}05$ (eV)	
Meßmethode:	Photoemission	[16]
Meßbedingungen:	Spektralreiner Film bei 77° K aufgedampft, 10^{-10} Torr, Zelle mehrere Tage bei 400°C ausgeheizt, getempert bei 295° K	
Ergebnis:	$\Phi_u = 4{,}23$ (eV)	
	$\Phi_T = 4{,}48$ (eV)	
Meßmethode:	Kontaktpotential	
Meßbedingungen:	Siehe Anmerkungen zu	[18]
Ergebnis:	$\Phi = 4{,}30 \pm 0{,}02$ (eV) (Ag-Film auf Glas)	
	$\Phi = 4{,}32 \pm 0{,}03$ (eV) (Ag-Film auf W)	
	$\Phi = 4{,}44 \pm 0{,}01$ (eV) (Ag-Film auf Ta)	
	$\Phi = 4{,}29 \pm 0{,}02$ (eV) (polykristallin)	
	$\Phi = 4{,}62 \pm 0{,}03$ (eV) [Einkristall (100)]	

48 Cadmium (Cd)

	$\Phi_{\text{Lit}} = 4{,}1$ (eV)	[1]
Meßmethode:	Photoemission	[16]
Meßbedingungen:	Spektralreiner Film bei 77° K aufgedampft, 10^{-10} Torr, getempert	
Ergebnis:	$\Phi = 4{,}08$ (eV)	
Meßmethode:	Kontaktpotential	
Meßbedingungen:	Siehe Anmerkung zu	[18]
Ergebnis:	$\Phi = 4{,}22 \pm 0{,}01$ (eV) (Cd-Film auf Ta)	

49 Indium (In)

	$\Phi_{\text{Lit}} = 3{,}8$ (eV)	[1]
Meßmethode:	Photoemission	[16]
Meßbedingungen:	Spektralreiner Film bei 77° K aufgedampft, 10^{-10} Torr, getempert	
Ergebnis:	$\Phi_T = 4{,}08$ (eV)	

50 Zinn (Sn)

	$\Phi_{\text{Lit}} = 4{,}38$ (eV)	[1]
Meßmethode:	Photoemission	[16]
Meßbedingungen:	Spektralreiner Film bei 77° K aufgedampft, 10^{-10} Torr, getempert bei 260° K	
Ergebnis:	$\Phi_u = 4{,}33$ (eV)	
	$\Phi_T = 4{,}31$ (eV)	

51 Antimon (Sb)

	$\Phi_{\text{Lit}} = 4{,}08$ (eV)	[1]
Meßmethode:	Photoemission	[16]
Meßbedingungen:	Spektralreiner Film bei 77° K aufgedampft, 10^{-10} Torr, getempert bei $T > 473°$ K	

Tabellenanhang

Ergebnis: Φ_u = 4,49 (eV)
                      Φ_T = 4,60 (eV)
Meßmethode: Kontaktpotential
Meßbedingungen: Siehe Anmerkung zu   [18]
Ergebnis: Φ = 4,10 ± 0,03 (eV) (Sb-Film auf W)

55 Caesium (Cs)

Φ_{Lit} = 1,81 (eV)   [1]

Meßmethode: Kontaktpotential
Meßbedingungen: Siehe Anmerkung zu   [18]
Ergebnis: Φ = 1,84 ± 0,01 (eV) (Cs auf W)

56 Barium (Ba)

Φ_{Lit} = 2,49 (eV)   [1]

Meßmethode: Kontaktpotential
Meßbedingungen: Siehe Anmerkung zu   [18]
Ergebnis: Φ = 2,35 ± 0,03 (eV) (Ba-Film auf Glas)
                      Φ = 2,42 ± 0,05 (eV) (Ba-Film auf W; T = 90° K)
                      Φ = 2,66 ± 0,01 (eV) (Ba-Film auf Ta)

73 Tantal (Ta)

Φ_{Lit} = 4,12 (eV)   [1]
Meßmethode: Thermionisch   [3]
Meßbedingungen: 1200–1600° K, Einkristall (110)

Ergebnis: 4,75 ± 0,06 (reine Oberfläche). Es wird Caesium auf-
                      gedampft. Die in Abhängigkeit von Θ_{Cs} gemessenen
                      Werte der Austrittsarbeit liegen um 0,3 eV niedriger als
                      die bei polykristallinem Ta gemessenen
Meßmethode: Thermionisch   [10]
Meßbedingungen: 99,95%iges Tantal, 10^{-9} Torr, polykristallin, untersuchter
                      Temperaturbereich 1100–2200° K

Ergebnis: 4,25 ± 0,05 (eV) (keine Temperaturabhängigkeit)
Meßmethode: Photoemission   [16]
Meßbedingungen: Spektralreiner Film bei 77° K aufgedampft, p = 10^{-10}
                      Torr, Zelle mehrere Tage bei 400° C ausgeheizt, nach
                      Tempern (Φ_T) gemessen
Ergebnis: Φ_T = 4,12 (eV)
Meßmethode: Kontaktpotential
Meßbedingungen: Siehe Anmerkung zu   [18]
Ergebnis: Φ = 4,22 ± 0,02 (eV) (polykristallin)

74 Wolfram (W)

Φ_{Lit} = 4,5 (eV)   [1]
Meßmethode: a) Thermionisch (Retarding Potential)   [4]
                      b) Oberflächenionisation
Meßbedingungen: Einkristalle: Emitter (110)
                                    Kollektor (111)

entgast bei 2500° K, untersuchter Temperaturbereich 1845—2136° K, Intensität des NaCl-Strahl $\sim 10^{11}$ cm^{-2} sec^{-1} sehr kleiner Bedeckungsgrad ($\approx 10^{-6}$ einer Monoschicht), daher Austrittsarbeit des reinen Metalles.
Druck bei a): 10^{-10} Torr
      bei b): $2 \cdot 10^{-8}$ Torr

Ergebnisse:	$\Phi = \Phi_0 + \alpha T$; a) $\Phi_0 = 5{,}18 \pm 0{,}08$ eV	
	$\alpha = -(1{,}6 \pm 0{,}1) \cdot 10^{-4}$ eV/° K	
	b) $\Phi_0 = 4{,}87 \pm 0{,}10$ eV	
	$\alpha = -1{,}3 \cdot 10^{-4}$ eV/° K	
	Durchschnitt: $\Phi_0 = 5{,}03 \pm 0{,}15$ eV	
	$\alpha = -(1{,}4 \pm 0{,}2) \cdot 10^{-4}$ eV/° K	

Meßmethode: Thermionisch [6]

Meßbedingungen: Wolframoberfläche frei von dc-Kanten und minimaler „Shinglestruktur", Einkristall, entgast bei 1585° K, gereinigt: 340 min bei 2760° K, 10 min bei 2990° K; Druck $1{,}5 \cdot 10^{-9}$ Torr, sehr wenig O_2, etwas He

Ergebnisse für die	111	4,37 eV
verschiedenen	112	4,65 eV
Kristallflächen:	116	4,29 eV
	001	4,52 eV
	110	4,58 eV

Meßmethode: Photoemission [8]

Meßbedingungen: 99,9%iges Wolfram, polykristallin, Druck $2 \cdot 10^{-8}$ Torr, entgast bei 300—1040° K

Ergebnis: $\Phi = 4{,}49 \pm 0{,}02$ eV

Meßmethode: Thermionisch [9]

Meßbedingungen: Wolframdraht mit HF-HNO$_3$ geätzt, mehrere Stunden bei 2600° K entgast, $5 \cdot 10^{-10}$ Torr, Restgas 10^{11} Atome/cm^2

Ergebnis: (für alle untersuchten Richtungen) $\Phi = 5{,}25 \pm 0{,}05$ (eV) [10]

Meßmethode: Thermionisch

Meßbedingungen: Polykristallin, entgast bei 2400° K 15 Std, 10^{-9} Torr, untersuchter Temperaturbereich 1150—2200° K

Ergebnis: $\Phi = 4{,}52 \pm 0{,}07$ (eV)

Meßmethode: Photoemission [12]

Meßbedingungen: Einkristall (113), $1{,}6 \cdot 10^{-8}$ Torr, Zimmertemperatur

Ergebnis: $\Phi_{113} = 4{,}54$ eV [13]

Meßmethode: Thermionisch [13]

Meßbedingungen: Einkristall, $1{,}5 \cdot 10^{-9}$ Torr, Meßtemperatur 2000° K

Ergebnis: Austrittsarbeitsdifferenzen der einzelnen Kristallflächen:

$\Phi_{116} - \Phi_{111} = -0{,}001$ eV

$\Phi_{100} - \Phi_{111} = +0{,}02$ eV

$\Phi_{112} - \Phi_{111} = +0{,}12$ eV

$\Phi_{110} - \Phi_{111} = +0{,}17$ eV

Temperaturkoeffizienten der verschiedenen Flächen:

	$\dfrac{d\Phi}{dT}\left(\dfrac{eV}{°K}\right)$
(100)	$-1{,}7 \cdot 10^{-5}$
(111)	$+3{,}3 \cdot 10^{-5}$
(112)	$-8{,}3 \cdot 10^{-5}$
(116)	$+3{,}3 \cdot 10^{-5}$
(110)	$<5 \cdot 10^{-5}$

Werte für die verschiedenen Flächen nach NICHOLS, SMITH und HUTSON

Fläche	Φ (NICHOLS) (eV)	Φ (SMITH) (eV)	Φ (HUTSON) (eV) (untersuchter Temperaturbereich 1700—2000° K)
(111)	4,39	4,39	$4,30 + 3 \cdot 10^{-5} \cdot T$
(112)	4,69	4,65	$4,66 - 8 \cdot 10^{-5} \cdot T$
(116)	4,39	4,29	$4,31 + 3 \cdot 10^{-5} \cdot T$
(100)	4,56	4,52	$4,44 - 2 \cdot 10^{-5} \cdot T$
(110)	4,68	4,58	$5,09$ ($T = 2000°$ K)

Meßmethode: Photoemission [16]

Meßbedingungen: Spektralreiner Film bei 77° K aufgedampft, $p = 10^{-10}$ Torr, Zelle mehrere Tage bei 400°C ausgeheizt, einmal im ungeordneten Zustand (Φ_u), dann nach Tempern (Φ_T) bei 438° K gemessen

Ergebnis: $\Phi_u = 4,35$ (eV)

$\Phi_T = 4,63$ (eV)

Meßmethode: Thermionisch [17]

Meßbedingungen: 78°K, $5 \cdot 10^{-9}$ Torr, W-Draht (polykristallin) spektroskopisch reines Kupfer wird aufgedampft

Ergebnis: $\Phi = 4,54$ eV (reines W)

$\Phi = 4,83$ eV (1 Monoschicht Cu)

$\Phi = 4,2$ eV (3 Monoschichten Cu)

$\Phi = 4,3$ eV (5 Monoschichten Cu)

Meßmethode: Thermionisch [23]

Meßbedingungen: polykristallin, untersuchter Temperaturbereich 2300 bis 2800° K

Ergebnis: $\Phi = 4,61 \pm 0,03$ (eV) (polykristallin)

$\Phi = 5,47 \pm 0,1$ (eV) (110)

$\Phi = 4,49 \pm 0,04$ (eV) (111)

75 Rhenium (Re)

$\Phi_{Lit} = 5,0$ (eV) [1]

Meßmethode: Thermionisch [2]

Meßbedingungen: 1354° K, 10^{-10} Torr, polykristallin, untersuchte Richtung (0001), Rhenium wurde bei 2500° K gereinigt

Ergebnis: 4,85 eV $\pm$ 0,05 (eV) (reine Oberfläche)

Aufdampfen von Thorium: Aufdampfgeschwindigkeit

$1\ f/5\ \text{min},\ f = \dfrac{1}{\sigma_m}\sigma$

$\sigma = $ momentane Belegungsdichte

$\sigma_m = $ Belegungsdichte bei maximaler Elektronenemission

$\sigma_f = $ Adsorbatdichte bei einer Monoschicht

$= 7,95 \cdot 10^{18}/\text{m}^2$

$\sigma_m = 4,2 \cdot 10^{18}/\text{m}^2$

Ergebnis:	3,33 (eV) (Austrittsarbeit bei einer Monoschicht)
	3,15 (eV) (Austrittsarbeit bei maximaler Elektronen-emission)
Meßmethode:	Thermionisch [10]
Meßbedingungen:	Polykristallin, 10^{-9} Torr, entgast bei 2225°K, 10 Std, untersuchter Temperaturbereich 1325—2250°K
Ergebnis:	$\Phi = 4,96 \pm 0,05$ (eV)

76 Osmium (Os)

	$\Phi_{\text{Lit}} = 4,7$ (eV) [1]
Meßmethode:	Thermionisch [10]
Meßbedingungen:	Polykristallin, gesintert, 10^{-9} Torr, entgast bei 1570°K, 3,8 Std, untersuchter Temperaturbereich 1400—1650°K
Ergebnis:	$\Phi = 5,93 - 3,9 \cdot 10^{-4}\,T \pm 0,03$ (eV)

77 Iridium (Ir)

	$\Phi_{\text{Lit}} = 5,3$ (eV) [1]
Meßmethode:	Thermionisch [10]
Meßbedingungen:	Polykristallin, 10^{-9} Torr, bei 2100°K, 9 Std entgast, untersuchter Temperaturbereich 1300—2100°K
Ergebnis:	$\Phi = 5,27 \pm 0,05$ (eV)

78 Platin (Pt)

	$\Phi_{\text{Lit}} = 5,32$ (eV) [1]
Meßmethode:	Thermionisch [11]
Meßbedingungen:	Polykristallin, 10^{-9} Torr, 2 Std bei 1900°K entgast, untersuchter Temperaturbereich 1600—1950°K
Ergebnis:	$\Phi = 5,03 + 4,2 \cdot 10^{-4}\,T$ (eV)
	über alle Temperaturen gemittelt:
	$\Phi = 5,79 \pm 0,09$ (eV)
Meßmethode:	Photoemission [16]
Meßbedingungen:	Spektralreiner Film bei 77°K aufgedampft, $p = 10^{-10}$ Torr, Zelle mehrere Tage bei 400°C ausgeheizt, einmal in ungeordnetem Zustand (Φ_u), dann nach Tempern (Φ_T) gemessen, Temperungstemperatur 295°K
Ergebnis:	$\Phi_u = 5,48$ (eV)
	$\Phi_T = 5,63$ (eV)

79 Gold (Au)

	$\Phi_{\text{Lit}} = 4,3$ (eV) [1]
Meßmethode:	a) Photoelektrische Emission [5]
	b) Thermionisch (Retarding Potential)
Meßbedingungen:	Polykristallin (Goldfilme, Unterlage Glas) spektroskopisch reines Gold, Druck 10^{-9} Torr)
Ergebnis:	frischer, bei 50°C niedergeschlagener Goldfilm, nach beiden Methoden:
	$\Phi = 5,30$ (eV)

a) $\Phi_a = 5{,}4$ (eV)
(bei 200°C gesinterter Film, Sauerstoffrestgas wird kaum adsorbiert)
b) $\Phi_b = 5{,}45$ (eV)
(bei 100°C niedergeschlagener Film)

Meßmethode:	Photoemission	[16]
Meßbedingungen:	Spektralreiner Film, bei 77°K aufgedampft, $p = 10^{-10}$ Torr, Zelle mehrere Tage bei 400°C ausgeheizt, nach Tempern gemessen	
Ergebnis:	$\Phi_T = 4{,}83$ (eV) (getempert)	
Meßmethode:	Kontaktpotential	
Meßbedingung:	Siehe Anmerkung zu [18]	[18]

$\Phi = 4{,}68 \pm 0{,}03$ (eV) (Au-Film auf Glas)
$\Phi = 4{,}71 \pm 0{,}02$ (eV) (Au-Film auf Glas)
$\Phi = 4{,}714 \pm 0{,}004$ (eV) (Au-Film auf W)
$\Phi = 4{,}97 \pm 0{,}02$ (eV) (Au-Film auf Ta)

Meßmethode:	Feldemissionsmethode (Retarding Potential)	[20]
Meßbedingungen:	Spektroskopisch reiner Au-Film, verdampft im Ultrahochvakuum, $p = 6 \cdot 10^{-10}$ Torr, bei 400°C entgast, Unterlage SnO, Meßtemperatur 77°K	
Ergebnis:	$\Phi_u = 5{,}45$ (eV)	
	$\Phi_T = 5{,}43$ (eV)	

82 Blei (Pb)

	$\Phi_{\text{Lit}} = 4{,}00$ (eV)	[1]
Meßmethode:	Photoemission	[16]
Meßbedingungen:	Spektralreiner Film bei 77°K aufgedampft, $p = 10^{-10}$ Torr, Zelle mehrere Tage bei 400°C ausgeheizt, einmal in ungeordnetem Zustand, dann nach Tempern bei 250°K gemessen	
Ergebnis:	$\Phi_u = 4{,}02$ (eV)	
	$\Phi_T = 4{,}03$ (eV)	
Meßmethode:	Kontaktpotential	
Meßbedingungen:	Siehe Anmerkung zu [18]	[18]
Ergebnis:	$\Phi = 3{,}83 \pm 0{,}02$ (eV) (Pb-Film auf Glas)	

83 Wismuth (Bi)

	$\Phi_{\text{Lit}} = 4{,}4$ (eV)	[1]
Meßmethode:	Photoemission	[16]
Meßbedingungen:	Spektralreiner Film bei 77°K aufgedampft, $p = 10^{-10}$ Torr, Zelle mehrere Tage bei 400°C ausgeheizt, Temperungstemperatur 363°K	
Ergebnis:	$\Phi_u = 4{,}22$ (eV)	
	$\Phi_T = 4{,}25$ (eV)	

90 Thorium (Th)

	$\Phi_{\text{Lit}} = 3{,}3$ (eV)	[1]
Meßmethode:	Kontaktpotential	
Meßbedingungen:	Siehe Anmerkung zu [18]	[18]
Ergebnis:	$\Phi = 3{,}44 \pm 0{,}01$ (eV) (Thoriumfilm auf W)	
	$\Phi = 3{,}71 \pm 0{,}01$ (eV) (polykristallin)	

92 Uran (U)

$\Phi_{Lit} = 3{,}3$ (eV)   [1]

Meßmethode:	Kontaktpotential
Meßbedingungen:	Siehe Anmerkung zu [18] [18]
Ergebnis:	$\Phi = 3{,}19 \pm 0{,}01$ (eV) (Uranfilm auf W) [25]
Ergebnis:	$\Phi = 3{,}47 \pm 0{,}03$ (eV) (Filme mit mehr als 15 Atomlagen)

Kupfer-Nickel-Legierungen

Meßmethode:	Photoemission [19]
Meßbedingungen:	Spektroskopisch reine Metalle, Legierungsfilme unter HV-Bedingungen niedergeschlagen, $p < 10^{-10}$ Torr, bei 400°C 16 Std entgast, bei 100° gesintert

Ergebnisse:

	Φ (eV) nach Verdampfen	Φ (eV) nach Sintern	Φ (eV) nach CO-Zugabe
reines Nickel	5,03 5,04	>5,20 >5,20	
Nickelreich	4,86 4,93	4,61 4,64	4,71 4,68
Ni/Cu = 1	4,81 4,84	4,61 4,61	4,72 4,67
Kupferreich	4,75 4,80	4,60 4,62	4,66
reines Kupfer	4,61 4,60	4,67 4,65	4,67 4,66

Sehr kleine
Cu/Ni-Verhältnisse: (eV)

Reiner Nickel-Film	$\Phi = 4{,}94$
1. Zugabe von Cu	$\Phi = 4{,}93$
2. Zugabe von Cu	$\Phi = 4{,}88$
3. Zugabe von Cu	$\Phi = 4{,}65$
Sintern bei 200°C, 90 min	$\Phi = 4{,}62$
Sintern bei 275°C, 90 min	$\Phi = 4{,}72$
Sintern bei 275°C, 64 Std	$\Phi = 4{,}73$

Sehr niedriges
Ni/Cu-Verhältnis:

Reiner Cu-Film	$\Phi = 4{,}57$
1. Zugabe von Ni	$\Phi = 4{,}62$
2. Zugabe von Ni	$\Phi = 4{,}70$

3. Zugabe von Ni	$\Phi = 4{,}70$
Sintern bei 110°C, 16 Std	$\Phi = 4{,}61$
Große Zugabe von Cu	$\Phi = 4{,}67$
Kleine Zugabe von Ni	$\Phi = 4{,}76$
Sintern bei 110°C, 16 Std	$\Phi = 4{,}67$
Sintern bei 160°C, 20 Std	$\Phi = 4{,}68$
CO-Zugabe	$\Phi = 4{,}70$

Tabellenanhang

Anmerkungen zu [18]:

Bei diesen Kontaktpotentialmessungen wurde als Referenzoberfläche polykristallines Wolfram verwandt, dessen Austrittsarbeit $4,54_5$ eV beträgt. Die untersuchten Metalle wurden im Vakuum entweder auf Glas, Wolfram oder Tantal als Film niedergeschlagen (30—50 Atomlagen). Bei einigen der Untersuchungen wurden auch massive polykristalline Metalle oder Einkristalle verwendet. Gemessen wurde bei 300° K und einem Restgasdruck $<$ 0,1 μTorr.

Literaturverzeichnis zur Tabelle über Austrittsarbeiten

1. FOMENKO, V. S.: Handbook of thermionic properties. New York: Plenum Press 1966.
2. ANDERSON, J., W. E. DANFORTH, and A. J. WILLIAMS: J. Appl. Phys. 34, 2260 (1963).
3. NORRIS, W. T.: J. Appl. Phys. 35, 467 (1964).
4. FINE, J., TH. E. MACKEY, and M. D. SCHEER: Surface Sci. 3, 227 (1965).
5. SACHTLER, W. M. H., G. J. H. DORGELO, and A. A. HOLSCHER: Surface Sci. 5, 221 (1966).
6. SMITH, F. G.: Phys. Rev. 94, 295 (1954).
7. BLEVIS, E. H., and C. R. CROMWELL: Phys. Rev. 133 A, 580 (1964).
8. APHER, L., E. TAFT, and J. DICKEY: Phys. Rev. 73, 46 (1948).
9. HUGHES, F. C., H. LEVINSTEIN, and R. KAPLAN: Phys. Rev. 113, 1023 (1959).
10. WILSON, R. G.: J. Appl. Phys. 37, 3170 (1966).
11. — J. Appl. Phys. 37, 2261 (1966).
12. EISINGER, J.: J. Chem. Phys. 27, 1206 (1957); 28, 165 (1958); 29, 1154 (1958); 30, 412 (1959).
13. HUTSON, A. R.: Phys. Rev. 98, 889 (1955).
14. MITCHELL, E. W., and J. W. MITCHELL: Proc. Roy. Soc. London A 210, 70 (1952).
15. SIMON, R. E.: Phys. Rev. 116, 613 (1959).
16. SUHRMANN, R., u. G. WEDLER: Z. Angew. Phys. 14, 70 (1962).
17. JONES, J. P.: Proc. Roy. Soc. London A 284, 469 (1965).
18. HOPKINS, B. J., and J. C. RIVIÈRE: Brit. J. Appl. Phys. 15, 941 (1964).
19. SACHTLER, W. M. H., and J. H. DORGELO: J. Catalysis 6, 654 (1965).
20. HOLSCHER, A. A.: Surface Sci. 4, 89 (1966).
21. SACHTLER, W. H. M., J. H. DORGELO, and R. JONGEPIER: J. Catalysis 4, 100 (1965).
22. SUHRMANN, R., D. KERN, u. G. WEDLER: Z. Phys. Chem. NF 36, 165 (1963).
23. REYNOLDS, F. L.: J. Chem. Phys. 39, 1107 (1963).
24. COMSA, G., A. GELBERG, and B. JOSIFESCU: Phys. Rev. 122, 1091 (1961).
25. RAUH, E. G., and R. J. THORN: J. Chem. Phys. 31, 1481 (1959).

Tabelle A.4. LEED-*Strukturen*

Kristall	Fläche	Fremdatome	Überstruktur der reinen OF	Beugungsbild mit Fremdatomen	Temp. °C	Weitere Daten	Zitat
Si	111	Cs	111-7		25	$\Theta = 0{,}25$ einige Reflexe 1/6 Ord.	[113]
						$\Theta = 1/3$ Reflexe 1/3 Ordnung	
				Si 111-1		$\Theta = 1$ 1 Ca/1 Si alle gebrochenen Ordnungen verschwinden	
Si	111	Ta	111-7				[329]
					1000	Glühen in H_2	
				$\sqrt{3} \cdot \sqrt{3}$, 30°	1100	vermutlich Reflexe von Ta	
Si	111	In	111-7	—7 In (α)	300	„α"-Phase	[188]
				—24 (?)-In			[189]
Si	111	Al	111-7	—7-Al-(α)	300	$\Theta = \frac{1}{2}$ „α"-Phase	[189]
				—$\sqrt{3}$-Al	500		[188]
				—7-Al (β)	500 bis 800	$\Theta = 0{,}2$ „β"-Phase	
				—7 Al-(γ)	500 bis 800	$\Theta = 1$ „γ"-Phase	
Si	111	Pb	111-7	Si 111-7-Pb		bis zur Epitaxie	[87]
				Si (111)$\sqrt{3}$ Pb (I)	300	hexogonale Struktur bleibt verringerten Atomabständen erhalten	
				Si (111($\sqrt{3}$ Pb(II)	400		
					650	langsames Verschwinden der Beugungsflecken	
Si	111	Sn	111—7	—7-Sn			[87]
				$\sqrt{3}$-Sn (I)	175		
				$2\sqrt{3}$-3-Sn	700		
				—$\sqrt{2}$-Sn(II)	800		
Ni						epitaxiale Filme auf Cu	[143]
Ni	001	O		c (2 · 2)	700	bei 10^{-9} Torr O_2 zeitabhängige	[215]
				P (2 · 2)	700	Effekte	
Ni	110	O		(2 · 1)			[215]
				(5 · 2)		zeitabhängig	
				(3 · 1)			
				(5 · 1)			
				(2 · 1) - (5 · 1)	100		
				(3 · 1)	250		
				(5 · 2)	400		
				(2 · 1)	800		
Ni	110	O_2		2 · 2	25	$2 \cdot 10^{-6}$ Tmin	[257]
				1 · 2	275	$4 \cdot 10^{-6}$ Tmin [110] eines	
				1 · 3	200	N_t-O_2-Gitters auch durch längere	
				NiO		O_2-Begasung bei 25°C NiO-Struktur	
				(1 · 1)	460	vgl. [109], [11]	

Tabelle A.4 (Fortsetzung)

Kristall	Fläche	Fremdatome	Überstruktur der reinen OF	Beugungsbild mit Fremdatomen	Temp. °C	Weitere Daten	Zitat
Ni	111	O_2		$2 \cdot 2$			[215]
				$\sqrt{3} \cdot \sqrt{3}$, 30°C		längere Begasung	
Cu	100	O_2		$(2 \cdot 4)$ 45–°C	200	10^{-5} Tmin O_2, Reduktion mit H_2, ab 350°C	[83]
Cu	100	N_2O			500	Epitaxiales Cu_2O mit größerer	[83]
				$\sqrt{3}$	500	Zelle $5 \cdot 10^{-5}$ Tmin	
Cu	100	O_2				Θ 0,5 Zelle 3,6 · 4,24 Å, Darstellung nach Basisvektoren des Substrates möglich	[192]
				$(2 \cdot 4, 45^{-0})$-O	Zimmertemp.	Θ 0,5	
					600	10^{-4} Tmin kristallines Cu_2O mit (111) parallel zu Cu 100	
		H_2	keine Adsorption				
Cu	100	N_2		$c\ (2 \cdot 2)$-N		Intensitätsänderungen mit der Temp.; existiert bis 600°C	[192]
Cu	110	O_2		$(1 \cdot 2)$	25	10^{-6} Tmin O_2 reversibel	[83]
				$3 \cdot \sqrt{(10,25)}/62°$	25	$10^{-4} - 10^{-2}$ Tmin O_2 Desorption bei 350°C	
Cu	110	N_2O		$(1 \cdot 2)$	25	10^{-6} Tmin N_2O	[83]
Cu	111	O_2		$(7 \cdot 7)$	400	$5 \cdot 10^{-6}$ TminO_2 gemischte	[83]
				$(4 \cdot 4)$	450	$5 \cdot 10^{-6}$ Tmin O_2 B.-Bilder	
				$(2 \cdot 2)$	500	$5 \cdot 10^{-6}$ Tmin O_2 Tempern	
Ge	111	Na	111-8	(111)-1-Na	bis 150		[256]
				$1 \cdot 3$ Na	bis 350		
Ge	111	H_2S	111-8	111-S-2	300	bei weiterem Erhitzen	[23]
	111	H_2Se	111-8	111-Se-2	300	H_2 Entwicklung	
Mo	110	O_2				reine Mo 110 sehr reaktiv auf Adsorption von O beruhende zusätzliche Reflexe bei O = 0,25, O = 0,5 und O = 0,75	[136]
Mo	110	CO		$c\ (2 \cdot 2)$	1000	identisch mit Kohlenstoff-Bild, welches beim Entgasen des Kristalls entsteht	[169]
		CO_2		$c\ (2 \cdot 2)$		Kohlenstoff-Bild, oberhalb 1500°C wieder reine Mo 110-Fläche	
Rh	100	O_2		$2 \cdot 8$	400	$2 \cdot 10^{-6}$ O_2	[351)
Rh	100	CO		$4 \cdot 1$			[351]
Rh	110	O_2					[349]
Ag	111	O_2			25	hexagonale Struktur, (Kantenlänge 5,76 Å) durch mäßiges Heizen entfernbar	[241]

Tabelle A.4 (Fortsetzung)

Kristall	Fläche	Fremdatome	Überstruktur der reinen OF	Beugungsbild mit Fremdatomen	Temp. °C	Weitere Daten	Zitat
					400	neue Struktur kleinerer Kantenlänge (5,0 Å), die bis mindestens 800°C stabil ist	[242]
Ta	110	O_2	110-5		25 bis 300	Ionenbeschuß bildet 130 Facetten auf Ta 110-Flächen	[28]
						ab $2 \cdot 10^{-3}$ Torr entsteht TaO mit Reflexen einer TaO 111-Ebene	
					300	Zersetzung oder Lösung von TaO	
W	110	$CO+O_2$		$c\,(11 \cdot 5)$		$O_0 = 0{,}5$, $O_{co} = 1/4$	[206]
W	110	Cu				Wachstum epitaxialer Schichten	[332]
W	110	CO		$c\,(9 \cdot 5)$			[206]
W	110	CO		$c\,(9 \cdot 5)$	bis 600		[205]
W	110	O_2		$c\,(14 \cdot 7)$	1000	$\Theta \sim 1$	[108]
				$c\,(21 \cdot 7)$	1130	$0{,}7 < \Theta < 1$	[352]
				$c\,(48 \cdot 16)$	1380	$0{,}5 < \Theta < 0{,}7$	[350]
				$c\,(2 \cdot 2)$	1530	$\Theta = 0{,}5$	
				$c\,(1 \cdot 1)$	1730	$\Theta > 0{,}5$	
W	111	O_2				viele Phasen in Abh. von Temp. und Druck, Umlagerungen der Kristallflächen zum 211 Typ 500—1600°C, 10^{-8} bis 10^{-4} Torr sec	[331]
W	100	Th				$1\Theta \sim$ 12zähliges „Polygonbild" ohne W-Reflexe	[86]
				$(2 \cdot \sqrt{10})$ Th	1100		
				$c\,(2 \cdot 2)$ Th	1600		
W	100	H_2		$c\,(2 \cdot 2)$		Reflexe durch "out of step domains" in vier Flecken aufgespalten	[84]
W	100	N_2		$c\,(2 \cdot 2)$	900		[85]
						komplizierte Reflexe bei Mischadsorption von N_2+CO	
W	100	CO				keine Adsorptionsstruktur bei Zimmertemperatur	[4]
				$c\,(2 \cdot 2)$	880	$\Theta \sim 0{,}5 \qquad \Theta \sim 1$	

$$
\begin{array}{cc}
\Theta \sim 0{,}5 & \Theta \sim 1 \\
\mathrm{C} = \mathrm{O} & \mathrm{O} \\
|\quad| & \| \\
\mathrm{W}\quad\mathrm{W} & \mathrm{C} \\
 & \| \\
 & \mathrm{W}
\end{array}
$$

Diskussion der Bindungsmodelle

14*

Tabelle A4 (Fortsetzung)

Kri-stall	Flä-che	Fremd-atome	Über-struktur der rei-nen OF	Beugungsbild mit Fremd-atomen	Temp. °C	Weitere Daten	Zitat
W	100	B				starke chem. Reaktion oberhalb	[348]
	110	B				500°C mit Aufweitung des	
	111	B				Gitters	
Pt	100	CO		$(4 \cdot 2)$		parallel Pt [11]-Richtung	[346]
						„H"-Phase, $1 \cdot 10^{-6}$ Torr CO,	
						$\Theta = 0,75$	[347]
				$(3 \cdot 1)$	80	parallel [10]	
						10^{-9} Torr CO, $\Theta = 0,66$	

Literatur

1. ABBOTT, R. C.: dc-field desorption of macromolecules. J. Chem. Phys. **43**, 4533 (1965).
2. AHEARN, J. A., and J. H. BECKER: Electron microscope studies of thoriated tungsten. Phys. Rev. **54**, 448 (1938).
3. AMELINCKX, S.: Growth spirals originating from screw dislocations on gold crystals. Phil. Mag. **43**, 562 (1952).
4. ANDERSON, P. J., and J. ESTRUP: Adsorption of CO on a tungsten (100) surface. J. Chem. Phys. **46**, 563 (1967).
5. ANDRESEN, S. G., and C. A. SHIPLEY: Time dependent behavior of surface ionization efficencies of Li and LiF on W. Rev. Sci. Instr. **36**, 858 (1965).
6. APKER, L.: Surface phenomena useful in vacuum technique. Ind. Eng. Chem. **40**, 846 (1948).
7. ARMAND, G., et J. LAPUJOULADE: Le facteur preexponentiel en Cinetique de desorption Gaz-Solide. Surface Sci. **6**, 345 (1967).
8. BAILEY, G. L., and H. C. WATKINS: Surface tensions in the system solid copper molten lead. Proc. Phys. Soc. B **63**, 350 (1950).
9. BAKULINA, I. N., and N. I. IONOV: Determination of the ionization potential uranium atoms by the method of surface ionization. Zhur. Eksptl. i Teoret. Fiz. **36**, 1001 (1959).
10. BARDEEN, J.: Theory of the work function II. Phys. Rev. **49**, 653 (1936).
11. BAUER, E.: Comments on "The Uncertainty Regarding Reconstructed Surfaces" by L. H. GERMER. Surface Sci. **5**, 152 (1966).
12. BEAN, C. P.: In: Structure and properties of thin films. New York: J. Wiley 1959.
13. BECKER, J. A.: Thermionic and adsorption characteristics of caesium on tungsten and oxidized tungsten. Phys. Rev. **28**, 341 (1926).
14. BECKEY, H. D.: Production of the ionized state of molecules by high electric fields. Bull. Soc. Chim. Belg. **73**, 326 (1964).
15. BEGGS, J. E.: Vacuum thermionic energy converter. Advanc. En. Conversion **3**, 447 (1962).
16. BEHRNDT, K. H.: Phase and order tranitions during and after film deposition. J. Appl. Phys. **37**, 3841 (1966).
17. BENSON, G. C., and D. PATTERSON: Note on an analytical proof of Wulff's theorem in three dimensions. J. Chem. Phys. **23**, 670 (1955).
18. BERGLUND, C. N., and W. E. SPICER: Photoemission studies of copper and silver: Experiment. Phys. Rev. **136 A**, 1044 (1964).
19. BEHRISCH, R.: Festkörperzerstäubung durch Ionenbeschuß. Ergebn. Exakt. Naturwiss. **35**, 295 (1964).
20. BERRY, R. S., and C. W. RIEMANN: Absorption spectrum of gaseous F$^-$ and electron affinities of the halogen atoms. J. Chem. Phys. **38**, 1540 (1963).
21. BLAKELY, J. M., and H. MYKURA: Effect of impurity adsorption on the surface energy and surface self diffusion in nickel. Acta Metallurg. **9**, 595 (1961).
22. BLEVIS, E. H., C. R. CROWELL: Temperature dependence of the work function of single-crystal faces of copper. Phys. Rev. **133 A**, 580 (1964).
23. BOMMEL, A. J. VAN, and F. MEYER: LEED measurement of H_2S and H_2Se adsorption on germanium (111). Surface Science **6**, 381 (1967).

24. DeBoer, J. H.: The dynamical character of adsorption. London: Oxford Univ. Press 1953.
25. —, and C. F. Veenemans: Adsorption of alkali on metal surfaces: The selective photoelectric effect. Physica 2, 915 (1935).
26. — Adsorption phenomena. Advanc. Catalysis 8, 18 (1956).
27. — Elektronenemission und Adsorptionserscheinungen. Leipzig: Akadem. Verlagsges. 1937.
28. Boggio, J. E., and H. Farnsworth: Leed study of the formation of TaO (111) on Ta (110). Surface Science 3, 62 (1965).
29. Bohm, D., and D. Pines: A collective description of electron interactions III. Phys. Rev. 92, 609 (1953).
30. Bolshov, V. G.: Experimental investigation of the thermionic and the secondary electron emission of copper and germanium during transition from a solid to a liquid state. Izwest. Akad. SSSR, Ser. Fiz. 20, 1128 (1956).
31. Born, M., and K. Huang: Dynamical theory of crystal lattices. Oxford: Clarendon Press 1956.
32. —, u. Th. von Karman: Phys. Z. 13, 297 (1912).
33. Bosworth, R. C.: Studies in contact potentials. The evaporation of sodium films. Proc. Roy. Soc. London A 162, 32 (1937).
34. Boyce, J. C.: Spectroscopy in the vacuum ultraviolet. Rev. Mod. Phys. 13, 1 (1941).
35. Brandon, D. G.: The structure of field-evaporated surfaces. Surface Sci. 3, 1 (1964).
36. Brattein, W. H., and J. A. Becker: Thermionic and adsorption characteristics of thorium on tungsten. Phys. Rev. 43, 428 (1933).
37. Breaux, O. P., and G. Medicus: Photoelectric ion emission from cesiated surfaces. Phys. Rev. Letters 16, 392 (1966).
38. Broeder, J. J., L. L. van Reyen, H. Sachtler u. H. Schuit: Zur Frage des Bindungscharakters bei der Chemisorption von Wasserstoff an Übergangsmetallen. Z. Elektrochem. 60, 838 (1956).
39. Brüche, E., u. J. Demny: Goldkristallamellen als Schraubenflächen. Z. Naturforsch. 14a, 351 (1959).
40. Burger, P.: Theory of large-amplitude oszillations in the one-dimensional low-pressure cesium thermionic converter. J. Appl. Phys. 36, 1938 (1965).
41. Burton, W. K., N. Cabrera, and F. C. Frank: The growth of crystals and equilibrium structure of their surfaces. Phil. Trans. Roy. Soc. London A 243, 299 (1951).
42. Busse, C. A., R. Caron, and C. M. Cappelletti: Operating experience with an experimental nuclear heated thermionic converter. Advances. En. Conversion 4, 121 (1964).
43. Cabrera, N.: Note sur la structure des surfaces et leur adsorption considerees comme un probleme cooperatif. Z. Elektrochem. 56, 294 (1952).
44. — The structure of crystal surfaces. Discussions Farad. Soc. 28, 16 (1959).
45. — The equilibrium of crystal surfaces. Surface Sci. 2, 320 (1963).
46. Campbell, K. C., and D. T. Duthie: Surface area changes of evaporated nickel films following chemisorption. Trans. Farad. Soc. 61, 558 (1965).
47. Chikazumi, S.: Epitaxial growth and magnetic properties of single crystal films of iron nickel permalloy. J. Appl. Phys. 32, 81 (1961).
48. Clark, B. C., R. Herman, and R. F. Wallis: Theoretical mean-square displacement for surface atoms in Face-centered cubic lattices with applications to nickel. Phys. Rev. 139 A, 860 (1965).
49. Coekelbergs, R., A. Frennet, G. Lienard, and P. Resiboris: On the kinetics of chemisorption. J. Chem. Phys. 39, 585 (1963).

50. Comsa, G., A. Gelberg, and B. Iosifescu: Temperature dependence of the work function of metals. Phys. Rec. **122**, 1091 (1961).
51. Coulson, C. A.: Valence, 2. Ed. Oxford: Clarendon Press 1961.
52. Copley, M. J., and T. E. Phipps: The surface ionization of potassium on tungsten. Phys. Rev. **48**, 960 (1935).
53. Crank, J.: The mathematics of diffusion. Oxford: Clarendon Press 1956.
54. Cremer, E.: The compensation effect in heterogenous catalysis. Advan. Catalysis **7**, 75 (1955).
55. — Th. Kraus u. E. Bechtold: Anwendung eines hochempfindlichen selektiven Halogen-Detektors in der Gas-Chromatographie. Chem. Ing. Techn. **33**, 9 (1961).
56. — H. Moesta u. K. Hablik: Zur Anwendung des thermionischen Halogen-Detektors in der Gas-Chromatographie. Chem. Ing. Techn. **38**, 580 (1966).
57. Crittenden, E. C., et R. W. Hoffman: Techniques de Production de Films Metalliques minces par condensation de Vapeur. J. Phys. Rad. **17**, 179 (1956).
58. Crowell, A. D., and A. L. Norberg: Work function changes by chemisorption on surfaces with different types of adsorption sites. J. Chem. Phys. **37**, 714 (1962).
59. Daly, G. J., and J. L. Gummick: Experimental evidence for cyclic and spontaneous migration of Cs on rhenium and tungsten. Advanc. En. Conversion **3**, 223 (1963).
60. Datz, S., and E. H. Taylor: Ionization on platinum and tungsten surfaces I. J. Chem. Phys. **25**, 389 (1956).
61. — — Ionization on platinum and tungsten surfaces II. J. Chem. Phys. **25**, 395 (1956).
62. — R. E. Minturn, and E. H. Taylor: Thermal positive ion emission and the anomalos Flicker effect. J. Appl. Phys. **31**, 880 (1960).
63. Davisson, C., and L. H. Germer: Diffraction of electrons by a crystal of nickel. Phys. Rev. **30**, 705 (1927).
64. Dawton, H. V. W., and K. L. Wilkinson: AERE-GP/R-1906.
65. Denbigh, P. N., and R. B. Marcus: Structure of very thin Ta and Mo films. J. Appl. Phys. **37**, 4325 (1966).
66. Devienne, F. M.: Variation du Facteur de condensation des jets moleculaires d'antimoine et de cadmium en fonction du support et de l'epaisseur de la couche. J. Phys. Rad. **14**, 257 (1953).
67. — Einfluß der kondensierenden Oberfläche auf den Wert des Kondensationskoeffizienten von Molekülstrahlen von Antimon und Gold. Compt. Rend. Acad. Sci. (Paris) **238**, 2397 (1954).
68. Dinhofer, A. D.: Localized mode detection by means of the Mössbauer effect. AED-Conf. 1962-230-21.
69. Dobrezow, M.: Electron and ion emission of thoriated tungsten in sodium vapor. Zhur. Eksptl. i Teoret. Fiz. **17**, 301 (1947).
70. Döring, W.: Die Sättigungsmagnetisierung dünner Schichten. Z. Naturforsch. **16a**, 1146 (1961).
71. Drechsler, M., u. E. W. Müller: Die Bestimmung der Polarisierbarkeit von Atomen und Molekülen mit dem Feldelektronenmikroskop. Z. Phys. **132**, 195 (1952).
72. — Berechnung von Adsorptionsenergien und Platzwechselenergien an Einkristallflächen von Metallen. Z. Elektrochem. **58**, 327 (1954).
73. — Vorzugsrichtungen der Oberflächendiffusion auf Einkristallflächen. Z. Elektrochem. **58**, 334 (1954).

74. Drechsler, M.: Messung von Oberflächendiffusionskoeffizienten und Platzwechselenergien von Ba auf W-Einkristallflächen mit dem FEM. Z. Elektrochem. **58**, 340 (1954).

75. —, u. E. W. Müller: Zur Feldelektronenemission und Austrittsarbeit einzelner Kristallflächen. Z. Physik **134**, 208 (1953).

76. Dyke, W. P., and W. W. Dolan: Advances in electronics and electron physics. Ed. by L. Marton. Vol. VIII, p. 89. New York: Academic Press 1956.

77. Eberhagen, A.: Die Änderung der Austrittsarbeit von Metallen durch eine Gasadsorption. Fortschr. Physik **8**, 245 (1960).

78. Ehrlich, G.: In: Structure and properties of thin films. New York: Wiley 1959.

79. — Kinetic and experimental basis of flash desorption. J. Appl. Phys. **32**, 4 (1961).

80. —, and F. G. Hudda: Atomic view of surface self-diffusion: Tungsten on tungsten. J. Chem. Phys. **44**, 1039 (1966).

81. Elbel, A. W.: Optische Untersuchungen an Kaliumschichten atomarer Dicke. Z. Physik **147**, 465 (1957).

82. Eley, D. D.: Electron transfer and heterogeneous catalysis. Z. Elektrochem. **60**, 797 (1956).

83. Ertl, G.: Untersuchungen von Oberflächenreaktionen mittels Beugung langsamer Elektronen (Leed) I. Surface Sci. **6**, 208 (1967).

84. Estrup, P. J., and J. Anderson: Chemisorption of hydrogen on tungsten (100). J. Chem. Phys. **45**, 2254 (1966).

85. — — Leed studies of the adsorption systems $W(100)+N_2$ and $W(100)+N_2$ $+CO$. J. Chem. Phys. **46**,5 67 (1967).

86. — — and W. E. Danforth: Leed studies of thorium adsorption on tungsten. Surface Science **4**, 286 (1966).

87. —, and J. Morrison: Studies of a monolayer of lead and tin on Si (100) surfaces. Surface Sci. **2**, 465 (1964).

88. Evans, R. C.: The positive ion work function of tungsten for the alkali metals. Proc. Roy. Soc. London A **139**, 604 (1933).

89. Farnsworth, H. E.: Fine structure of electron diffraction beam from a gold crystal and from a silver film on a gold crystal. Phys. Rev. **43**, 900 (1933).

90. — T. H. George, R. E. Schlier, and R. M. Burger: Application of the ion bombardment cleaning method to Ti, Ge, Si and Ni as determined by Leed. J. Appl. Phys. **29**, 1150 (1958).

91. — R. E. Schlier, T. H. George, and R. M. Burger: Ion bombardment cleaning of Ge and Ti as determined by Leed. J. Appl. Phys. **26**, 252 (1955).

92. — — — — Application of the ion bombardment cleaning method to Ti, Ge, Si, Ni as determined by Leed. J. Appl. Phys. **29**, 1150 (1958).

93. — Diffraction of low-speed electrons by single crystals of copper and silver. Phys. Rev. **40**, 699 (1932).

94. Forrester, A. Th.: Analysis of the ionization of Cs in tungsten-capillaries. J. Chem. Phys. **42**, 972 (1965).

95. Forty, A. J., and F. C. Frank: Growth and slip pattern on the surface of crystals. Proc. Roy. Soc. London A **217**, 262 (1953).

96. Fowler, R. H., and L. W. Nordheim: Electron emission in intense electric field. Proc. Roy. Soc. London A **119**, 173 (1928).

97. — The analysis of photoelectric sensitivity curves for clean metals at various temperatures. Phys. Rev. **38**, 45 (1931).

98. — Statistical mechanics, 2. Aufl. Cambridge: Univ. Press 1955.

99. Frauenfelder, H.: Die Untersuchung von Oberflächenprozessen mit Radioaktivität. Helv. Phys. Acta 23, 347 (1950).

100. Frazer, I. W., R. P. Burns, and G. W. Barton: Low-background tungsten filaments for surface ionization mass spectroscopy. Rev. Sci. Instr. 30, 370 (1959).

101. Fred, M., and F. S. Tomkins: Preliminary term analysis of Am I and Am II spectra. J. Opt. Soc. Am. 47, 1076 (1957).

102. Gadzuk, J. W.: Theory of atom-metal interactions I. Surface Sci. 6, 133 (1967).

103. — Theory of atom-metal interactions II. Surface Sci. 6, 159 (1967).

104. —, and E. N. Carabateas: Penetration of an ion through a monolayer of similar ions adsorbed on a metal. J. Appl. Phys. 36, 357 (1965).

105. Garvin, H. L., and R. G. Wilson: Electrode materials for cesium contact ion engines. Astronaut. Aeronaut 3, 1867 (1965).

106. Gazis, D. G., and R. F. Wallis: Surface elastic waves in bodycentered cubic lattices. Surface Sci. 5, 482 (1966).

107. Geil, H. J.: Diplomarbeit, Bonn 1961.

108. Germer, L. H., and J. M. May: Diffraction study of oxygen adsorption on a 110 tungsten face. Surface Sci. 4, 452 (1966).

109. — The uncertainty regarding reconstructed surfaces. Surface Sci. 5, 147 (1966).

110. Gilbey, D. M.: A re-examination of thermal accomodation coeffizient theory. J. Phys. Chem. Solids 23, 1453 (1962).

111. Gillam, E.: The penetration of positive ions of low energy into alloys and composition changes produced in them by sputtering. J. Phys. Chem. solids 11, 55 (1959).

112. Ghez, R.: A generalized Gibbsian surface. Surface Sci. 4, 125 (1966).

113. Gobeli, G. W., J. J. Lander, and J. Morrison: Low-energy electron diffraction study of the adsorption of caesium on the (111) surface of Si. J. Appl. Phys. 37, 203 (1966).

114. Godwin, R. P., and E. Lüscher: Desorption energies of gold and copper deposited on a clean tungsten surface. Surface Sci. 3, 42 (1965).

115. Goeler, E. von, and E. Lüscher: Radiotracer studies of gold adsorption and desorption on clean molybdenum surfaces. J. Phys. Chem. Solids 24, 1217 (1963).

116. —, and R. N. Peacock: Radiotracer measurement of desorption energy of silver from Mo and Ni. J. Chem. Phys. 39, 169 (1963).

117. Görlich, P.: Photoeffekte. Leipzig: Akad. Verlagsges. Geest + Portig 1962.

118. Gomer, R.: Field emission and field ionization. Cambridge: Harvard Univ. Press 1961.

119. —, and L. W. Swanson: Theory of field desorption. J. Chem. Phys. 38, 1613 (1963).

120. Good, R. H., and E. W. Müller: Handbuch der Physik, Bd. 21, S. 176. Berlin-Göttingen-Heidelberg: Springer 1956.

121. Goodman, F. O.: One-dimensional theory of desorption. Surface Sci. 5, 283 (1966).

122. — On the theory of accomodation coefficients. J. Phys. Chem. Solids 26, 85 (1965).

123. — The dynamics of simple cubic lattices I. J. Phys. Chem. Solids 23, 1269 (1962).

124. — The dynamics of simple cubic lattices II. J. Phys. Chem. Solids 23, 1491 (1962).

125. GORDY, W., and W. J. O. THOMAS: Electronegativities of the elements. J. Chem. Phys. **24**, 439 (1956).

126. GREENE, E. F.: Reduction of potassium background in tungsten surface ionization detectors for molecular beams. Rev. Sci. Instr. **32**, 860 (1961).

127. GRIMLEY, T. B.: The wave mechanics of the surface bond in chemisorption. Advan. Catalysis XII, 1 (1960).

128. — The molecular orbital theory of the interaction between atom and a crystal surface. Proc. Phys. Soc. London A **72**, 103 (1958).

129. GROVER, G. M., I. ROCHLING, W. SALMI, and R. W. PIDD: Properties of a thermoelectric cell. J. Appl. Phys. **29**, 1611 (1958).

130. GUDDEN, B., u. R. W. POHL: Zum Nachweis des selektiven Photoeffektes. Z. Physik **34**, 245 (1925).

131. GURNEY, T., F. HUTCHINSON, and R. D. YOUNG: Condensation of tungsten on tungsten in atomic detail: Observation with the FIM. J. Chem. Phys. **42** 3939 (1965).

132. GUERNEY, R. W.: Theory of electrical double layers in adsorbed films. Phys. Rev. **47**, 479 (1935).

133. GYFTOPOULOS, E. P., and J. D. LEVINE: Work function variation of metals coated by metallic films. J. Appl. Phys. **33**, 67 (1962).

134. HAAS, G. A., and R. E. THOMAS: Investigation of the patch effect in uranium carbide. J. Appl. Phys. **34**, 3457 (1963).

135. — Electron beam scanning technique for measuring surface work function variations. Surface Sci. **4**, 64 (1966).

136. HAAS, T. W., and A. G. JACKSON: LEED study of molybdenum (110) surfaces. J. Chem. Phys. **44**, 2921 (1966).

137. HAASE, O.: Zur Orientierung von Metallaufdampfschichten auf Kupfer-Einkristallflächen. Z. Naturforsch. 11 a, 862 (1956).

138. — Zur Orientierung von Metallaufdampfschichten auf Kupfereinkristallen. Z. Naturforsch. 16a, 202 (1961).

139. HAGSTRUM, H. D.: Theory of Auger ejection of electrons from metals by ions. Phys. Rev. **96**, 336 (1954).

140. HANNAY, N. B., and C. P. SMYTH: The dipole moment of hydrogen fluoride and the ionic character of bonds. J. Am. Chem. Soc. **68**, 171 (1946).

141. HANSEN, L. K.: Anomalous Schottky effect. J. Appl. Phys. **37**, 4498 (1966).

142. HANSEN, N. R., and D. HANEMANN: Interpretation of low energy electron diffraction data to predict surface atom arrangements. Surface Sci. **2**, 566 (1964).

143. HAQUE, C. A., and H. E. FARNSWORTH: LEED observations of calibrated epitaxial nickel films on (110) copper. Surface Sci. **4**, 195 (1966).

144. HAYMANN, P.: The action of argon-ion beams on metall surfaces. J. Chem. Phys. **57**, 572 (1960).

145. HEAVENS, O. S.: Die Verunreinigung aufgedampfter Filme durch das Träger-material. Proc. Phys. Soc. London B **65**, 788 (1952).

146. HERMAN, F., and S. SKILLMAN: Atomic structure calculations. New York: Prentice Hall 1963.

147. HERRING, C.: In: Structure and properties of crystal surfaces. Ed. by R. GOMER and C. S. SMITH. Chap. I. Chicago: Univ. Press 1953.

148. — Some theorems on the free energies of crystal surfaces. Phys. Rev. **82**, 87 (1951).

149. —, M. H. NICHOLS: Thermionic emission II. Rev. Mod. Phys. **21**, 185 (1949).

150. — — Thermonic emission. Rev. Mod. Phys. **21**, 185 (1949).

151. HIGUCHI, I., T. REE, and H. EYRING: Adsorption kinetics II: The system of alkali atoms on tungsten. J. Am. Chem. Soc. **77**, 4969 (1955); Adsorption kinetics II: Nature of the adsorption bond. J. Am. Chem. Soc. **79**, 1330 (1957).

152. HILL, T. L.: Statistical mechanics of multimolecular adsorption I. J. Chem. Phys. **14**, 263 (1946).

153. HINTENBERGER, H., u. H. VOSHAGE: Zur quantitativen massenspektrometrischen Bestimmung extrem kleiner Alkalimengen nach der Methode der vollständigen Verdampfung. Z. Naturforsch. **14a**, 216 (1959).

154. HIRSCHHORN, J. S.: On the electrical resistivity of thin nickel films. J. Phys. Chem. Solids **23**, 1821 (1962).

155. HIRTH, J. P., and G. M. POUND: Condensation and evaporation. Prog. Mat. Sci. **11**, 1 (1963).

156. HOLSCHER, A. A.: A field emission retarding potential method for measuring work functions. Surface Sci. **4**, 89 (1966).

157. HONIG, R. E.: Sputtering of surfaces by positive ion beams of low energy. J. Appl. Phys. **29**, 549 (1958).

158. HONIGMANN, B.: Gleichgewichts- und Wachstumsformen von Kristallen. Darmstadt: Steinhoff 1958.

159. HOPKINS, B. J., and J. C. RIVIERE: Work function values from contact potential difference measurements. Brit. J. Appl. Phys. **15**, 941 (1964).

160. HUGHES, F. L.: Mean adsorption lifetime of Rb on etched tungsten single crystals: neutrals. Phys. Rev. **113**, 1036 (1959).

161. —, and H. LEVINGSTEIN: Mean adsorption lifetime of Rb on etched tungsten single crystals: ions. Phys. Rev. **113**, 1029 (1959).

162. — — R. KAPLAN: Surface properties of etched tungsten single crystals. Phys. Rev. **113**, 1023 (1959).

163. HUNTER, R. E.: Ion generation, introduction. Progr. Astron. Rocketry **5**, 1 (1961).

164. HUSMANN, O. K.: Improved surface ionization efficiency by high work function refractory metals and alloys. J. Appl. Phys. **37**, 4662 (1966).

165. HUTSON, A. R.: Velocity analysis of thermionic emission from single-crystal tungsten. Phys. Rev. **98**, 889 (1955).

166. ILJIN, B. W.: Die Natur der Adsorptionskräfte. Berlin: Deutscher Verlag der Wissenschaften 1954.

167. INGHRAM, M.: Advances in electronics, ed. L. MARTIN, Vol. I. New York: Academic Press 1948.

168. IONOV, N. I., and M. A. MITSEV: Determination of first ionization potentials of neodymium and praseodymium atoms by the method of surface ionization. Zhur. Eksptl. i Teoret. Fiz. **38**, 1350 (1960).

169. JACKSON, G., and P. HOOKER: A LEED-study of CO and CO_2 adsorption on Mo (110). Surface Sci. **6**, 297 (1967).

170. JAEGER, H., D. MERCER, and G. SHERWOOD: The structure of silver films deposited on Mica substrates in UHV. Surface Sci. **6**, 309 (1967).

171. JENTSCH, D., H. G. ZIMMERMANN u. J. WEHLING: Über den spezifischen gaschromatographischen Nachweis von Halogen- und phosphorhaltigen Verbindungen durch einen zwei-Stufen-FID. Fres. Z. analyt. Chem. **221**, 377 (1966).

172. JOHNSON, R. G., D. E. HUDSON, and F. H. SPEDDING: ISC-293.

173. JONES, J. P.: The adsorption of copper on tungsten. Proc. Roy. Soc. London A **284**, 469 (1965).

174. JURETSCHKE, H. J.: Exchange potential in the surface region of a free-electron metal. Phys. Rev. **92**, 1140 (1953).

175. KAMINSKY, M.: Atomic and ionic impact phenomena on metal surfaces. Berlin-Heidelberg-New York: Springer 1965.
176. — Studies of the kinetics of ion desorption from tungsten with a pulsed-molecular-beam mass spectrometer. Proc. 25th Ann. Conf. on Phys. Electronics, MIT, März 1965.
177. KARMEN, A., and L. GUIFFRIDA: Enhancement of the response of the hydrogen flame ionization detector to compounds containing halogens and phosphorus. Nature 201, 1204 (1964).
178. KAYE, J., and J. A. WILSH: Direct conversion of heat to electricity. New York: Wiley 1960.
179. KENNEDY, A. J.: Cesium adsorption on refractory metals. Advan. En. Conversion 3, 207 1(963).
180. KITAMURA, N.: Temperature dependence of diffuse streaks in single-crystal silicon electron-diffraction pattern. J. Appl. Phys. 37, 2187 (1966).
181. KOSSEL, W.: Existenzbereiche von Aufbau- und Abbauvorgängen auf der Kristallkugel. Ann. Phys. 33, 651 (1938).
182. KOUTECKY, J.: A contribution to the molecular-orbital theory of chemisorption. Trans. Farad. Soc. 54, 1038 (1958).
183. LANDER, J. J.: Chemisorption and ordered surface structures. Surface Sci. 1, 125 (1964).
184. —, and J. MORRISON: Low energy electron diffraction study of silicon surface structures. J. Chem. Phys. 37, 729 (1962).
185. — — Scattering factors and other properties of low-energy electron diffraction. J. Appl. Phys. 34, 3517 (1963).
186. — — structures of clean surfaces of germanium and silicon I and II. J. Appl. Phys. 34, 1403 and 1411 (1963).
187. — — LEED study of graphite. J. Appl. Phys. 35, 3593 (1964).
188. — — Surface reactions of Si with Al and with Indium. Surface Sci. 2, 553 (1964).
189. — — Surface reactions of Si 111 with Al and In. J. Appl. Phys. 36, 1706 (1965).
190. — — LEED study of (111) diamond surface. Surface Sci. 4, 241 (1966).
191. LANGMUIR, J. R., and K. H. KINGDON: Thermionic effects caused by vapors of alkali metals. Proc. Roy. Soc. London A 107, 61 (1925).
192. LEE, R. N., and H. E. FARNSWORTH: LEED of adsorption on clean (100) copper surfaces. Surface Sci. 3, 461 (1965).
193. LEVINE, J. D., and E. P. GYFTOPOULOS: Adsorption physics of metallic surfaces partially covered by metallic particles I. Surface Sci. 1, 171 (1964),
194. — Electrical conductivity of 0-2 monolayers of cesium on sapphire at 77°K. J. Appl. Phys. 37, 2175 (1966).
195. —, and F. E. GELHAUS: Oxygen as a beneficial additive in cesium thermionic energy converters. J. Appl. Phys. 38, 892 (1967).
196. LICHTMAN, D., and T. R. KRIST: Emission of Potassium ions from molybdenum at elevated temperatures. J. Appl. Phys. 36, 2323 (1965).
197. LIFSCHIZ, I. M., u. S. J. PEKAR: Die Tammschen gebundenen Elektronenzustände an der Kristalloberfläche und die Oberflächenschwingungen der Gitteratome. Fortschr. Physik 4, 81 (1956).
198. LINDEMAN, W. W., and A. VAN DER ZIEL: On the cause of the anomalous Flicker effect. J. Appl. Phys. 28, 448 (1957).
199. LOUCKS, T. L., and P. H. CUTLER: The effect of correlation on the surface potential of a free electron metal. J. Phys. Chem. Solids 25, 105 (1964).

200. MADEY, T. E., A. A. PETRAUSKAS, and E. A. COOMES: Thermal desorption of Sr from W. J. Chem. Phys. **42**, 479 (1965).

201. MARADUDIN, A. A., and J. MELUGAILIS: Some dynamical properties of surface atoms. Phys. Rev. **133 A**, 1188 (1964).

202. MARCUS, P. M., and J. H. McFEE: Proc. of the Atomic and Molecular Beams Conference. Denver (Colorado) 1960.

203. MAKINSON, R. E. B.: Metallic reflexions and the surface photoelectric effect. Proc. Roy. Soc. London **162**, 367 (1937).

204. MARTIN, W. R., and R. L. McKISSON: Progress in the development of flame-heated thermionic power sources. Advan. En. Conversion **3**, 123 (1963).

205. MAY, J. W., and L. H. GERMER: Adsorption of carbon monoxide on a tungsten (110) surface. J. Chem. Phys. **44**, 2895 (1966).

206. — — C. C. CHANG: CO adsorption of oxygen and carbon monoxide upon a (110) tungsten surface. J. Chem. Phys. **45**, 2383 (1966).

207. MAYER, H.: Physik dünner Schichten, 2 Bde. Stuttgart: Wissenschaftliche Verlagsgesellschaft 1955.

208. —, u. R. NOSSEK: Die Entwicklung der Leitfähigkeit und des äußeren lichtelektrischen Effektes beim Übergang vom Einzelatom zum kompakten Metall. Z. Physik **138**, 353 (1954).

209. —, u. H. THOMAS: Zum äußeren lichtelektrischen Effekt der Alkalimetalle II. Z. Physik **147**, 419 (1957).

210. McCAROLL, B.: Trapping and energy transfer in atomic collisions with a crystal surface II. J. Chem. Phys. **39**, 1317 (1963).

211. —, and G. EHRLICH: Trapping and energy transfer in atomic collosions with a crystal surface. J. Chem. Phys. **38**, 523 (1963).

212. MacDONALD, J. R., and C. A. BARLOW JR.: Work function change on monolayer adsorption. J. Chem. Phys. **39**, 412 (1963).

213. McNUFF, J. E., u. R. F. MEHL: Wachstum von Cadmium aus der Dampfphase. Trans. Am. Soc. Metals **50**, 1006 (1958).

214. McKISSON, R. L.: Emitter corrosion in thermionic converters. Advan. En. Conversions **3**, 137 (1963).

215. MacRAE, A. U.: Adsorption of oxygen on the (111), (100) and (110) surfaces of clean nickel. Surface Sci. **1**, 319 (1964).

216. — Surface atom vibrations. Surface Sci. **2**, 522 (1964).

217. —, and L. H. GERMER: Thermal vibrations of surface atoms. Phys. Letters **8**, 489 (1962).

218. —, and G. W. GOBELI: LEED study of the cleaved (110) surfaces of InSb, InAs, GaAs, and GaSb. J. Appl. Phys. **35**, 1629 (1964).

219. McRAE, E. G.: Low-energy electron diffraction study of lithium fluoride 100 surface. Surface Sci. **2**, 509 (1964).

220. MELMED, A. J.: The structure of field-evaporated hexagonal closepacked metal surfaces. Surface Sci. **5**, 359 (1966).

221. MELMED, A. A.: Influence of adsorbed gas on surface diffusion and nucleation. J. Appl. Phys. **37**, 275 (1966).

222. MENZEL, D., and R. GOMER: Desorption from metal surfaces by low energy electrons. J. Chem. Phys. **41**, 3311 (1964).

223. METHFESSEL, S.: Zum äußeren lichtelektrischen Effekt der Alkalimetalle III. Z. Physik **147**, 442 (1957).

224. MICHAELSON, H. B.: Work functions of the elements. J. Appl. Phys. **21**, 536 (1950).

225. MIGNOLET, J. C. P.: Vibrating cells for the vibrating condenser method. Discussions Farad. Soc. **8**, 326 (1950).

226. MILGRAM, A., and CHIH-SHUN LU: Field effect and electrical conduction mechanism in discontinuous thin metal films. J. Appl. Phys. **37**, 4773 (1966).
227. MITCHELL, E. W. J., and J. W. MITCHELL: The work functions of copper, silver and aluminium. Proc. Roy. Soc. London A **210**, 70 (1952).
228. MISSMAN, R. A., and B. L. GEHMAN: Experimental studies of low work function collectors. Advanced En. Conv. **3**, 229 (1963).
229. MOESTA, H.: Der Einfluß adsorbierter Gase auf physikalische Eigenschaften der Oberfläche fester Körper. Fortschr. Chem. Forsch. **3**, 658 (1958).
230. — Über die photoelektrische Emission positiver Ionen aus einer Adsorptionsschicht. Z. Naturforsch. **17 a**, 578 (1962).
231. — Photo-generation of ions from atoms in the adsorbed state. Surface Sci. **2**, 267 (1964).
232. —, u. P. SCHUFF: Über den thermionischen Halogen-Detektor. Ber. Bunsges. Phys. Chem. **69**, 895 (1965).
233. MOORE, A. J. W.: Metal Surfaces, ed. Am. Soc. Metals, Kap. V, Ohio (1963).
234. —, and J. F. NICHOLAS: Atomic configurations in ideally flat surfaces I. J. Phys. Chem. Solids **20**, 222 (1961).
235. MOORE, G. E.: Dissociation of solid SrO by impact of slow electrons. J. Appl. Phys. **30**, 1086 (1959).
236. —, and H. W. ALLISON: Adsorption of strontium and of barium on tungsten. J. Chem. Phys. **23**, 1609 (1955).
237. MORRE, C. E.: Atomic-energy levels as derived from the analyses of optical spectra. Natl. Bur. Std. U. S. Circ. **467**, 227 (1952).
238. MÜLLER, E. W.: Oberflächenwanderung von Wolfram auf dem eigenen Kristallgitter. Z. Physik **126**, 642 (1949).
239. — Field desorption. Phys. Rev. **102**, 618 (1956).
240. — Advances on electronics and electron physics, Vol. 13, p. 83. Ed. L. MARTON. New York: Academic Press 1960.
241. MÜLLER, K.: Beugungsexperimente mit langsamen Elektronen an Silber-Aufdampfschichten. Z. Naturforsch. **19 a**, 1234 (1964).
242. — Orientierte O_2-Adsorption an Ag-Aufdampfschichten. Z. Naturforsch. **20 a**, 153 (1965).
243. MULLINS, W. W.: Metal surfaces, ed. Am. Soc. for Metals, Ohio (1963).
244. NELSON, L. S., and N. A. KUEBLER: Absorption spectra of gaseous species formed at flash-heated surfaces. J. Chem. Phys. **37**, 47 (1962).
245. NELSON, R. S.: Determination of preferred crystal orientation by sputtering. AERE-M 416 (1959).
246. NEUGEBAUER, C. A., and M. B. WEBB: Electrical conduction mechanism in ultrathin evaporated metal films. J. Appl. Phys. **33**, 74 (1962).
247. NEWMAN, R. C.: Diss. Univ. London 1955.
248. NICHOLS, M. H.: The thermionic constants of tungsten as a function of crystallographic direction. Phys. Rev. **57**, 297 (1940).
249. NIEDERMAYER, R., u. W. SCHROEN: Neue Torsions-Mikrowaage für das Höchst-Vakuum. Vakuum-Tech. **11**, 36 (1962).
250. NOBLE, G. A., and J. J. MARKHAM: Analysis of paramagnetic resonance properties of pure and bleached F centers in potassium chloride. J. Chem. Phys. **36**, 1340 (1962).
251. NOSSEK, R.: Bestimmung der mittleren, freien Weglänge der Leitungselektronen im Kalium. Z. Physik **142**, 321 (1955).
252. — Ein experimenteller Beitrag zur Theorie des elektrischen Widerstandes der Metalle. Z. Naturforsch. **16 a**, 1162 (1961).

253. OATLEY, C. W.: The measurment of contact potential difference. Proc. Roy. Soc. London A **155**, 218 (1936).

254. OGILVIE, G. J., and M. J. RIDGE: The cathodic sputtering of silver. Phys. Chem. Solids **10**, 217 (1959).

255. OHTA, Y.: Desorption durch Elektronenbeschuß. Oyo Butsuri **29**, 826 (1960).

256. PALENBERG, P. W., and W. T. PERIA: Low energy electron diffraction studies on Ge and Na-covered Ge. Surface Sci. **6**, 57 (1967).

257. PARK, R. L., and H. E. FARNSWORTH: Interaction of oxygen with (110) nickel. J. Appl. Phys. **35**, 2220 (1964).

258. — LEED beam broadening as a result of sputtering damage. J. Appl. Phys. **37**, 295 (1966).

259. PARKER JR., J. H.: Electron ejection by slow positive ions. Phys. Rev. **93**, 1148 (1954).

260. PAULING, L.: A resonating-valence-bond theory of metals and intermetallic compounds. Proc. Roy. Soc. London A **196**, 343 (1949).

261. PEACOCK, R. N.: Diss. Univ. Illinois 1960.

262. PETERMANN, L. A.: Gas desorption efficiency under electron bombardment. Nuovo Cimento, Ser. I, Suppl. **1**, 601 (1963).

263. PIDD, W., M. GROVER, J. ROEHLING, W. SALMI, D. FARR, H. KRIKORIAN, and G. WITTEMANN: Characteristics of UC, ZrC, and (ZrC) (UC) as thermionic emitters. J. Appl. Phys. **30**, 1575 (1959).

264. PLUMB, R. C.: Studies of the anodic behavior of aluminium III. J. Electrochem. Soc. **105**, 502 (1958).

265. PTUSHINSKY, I. G.: The concentration of silver atoms on molybdenum. Sov. Phys. Techn. Phys. **3**, 1302 (1958).

266. POMMERANTZ, M., J. F. FREEDMAN, and J. C. SUITS: Ferromagnetic resonance in single-crystal nickel films. J. Appl. Phys. **33**, 1164 (1962).

267. POPP, G., u. K. P. RISSMANN: Feldstärkenabhängigkeit der Verweilzeit und Diffusionslänge von adsorbiertem Kalium auf einer W-Oberfläche. Surface Sci. **5**, 31 (1966).

268. PROBST, F. M.: Energy distributions of electrons ejected from tungsten by He$^+$. Phys. Rev. **129**, 7 (1963).

269. QUINN, J. J.: Range of exited electrons in metals. Phys. Rev. **126**, 1453 (1962).

270. RANKEN, W. A., R. L. AAMODT, L. J. BROWN, and B. B. NICHOLS: Experimental studies of Cs—CsF—Mo and Cs—CsF—W plasma diode emitters. Advan. En. Conversion **3**, 235 (1963).

271. RASOR, N. S.: Parametric optimization of the emission-limited thermionic converter. Progr. Astron. Rocketry **3**, 155 (1960).

272. —, and C. WARNER: Correlation of emission processes for adsorbed alkalifilms on metal surfaces. J. Appl. Phys. **35**, 2589 (1964).

273. RAUH, E. G., and R. J. THORN: Thermionic properties of uranium. J. Chem. Phys. **31**, 1481 (1959).

274. REIMER, L., u. K. FREKING: Versuch einer quantitativen Erfassung der Textur von Gold-Aufdampfschichten. Z. Physik **184**, 119 (1965).

275. REDHEAD, P. A.: The effect of adsorbed oxygen on measurements with ionization gauges. Vacuum **13**, 253 (1963).

276. REYNOLDS, F. L.: Ionization on tungsten single-crystal surfaces. J. Chem. Phys. **39**, 1107 (1963).

277. RICE, CH. W.: Elektrischer Anzeiger für Halogendämpfe und Dämpfe von Halogenverbindungen. Dt. Pat. 907223 vom 22. 3. 1954.

278. Richardson, L. S., M. Gottlieb, and R. J. Zollweg: The evaporation of Mo in the presence of cesium vapor. Advan. En. Conversion 3, 175 (1963).

279. Romanov, A. M.: Soviet Physics - Technical Physics 2, 1125 (1958).

280. —, and S. V. Starodubtsev: Adsorption and ionization of sodium on hot tungsten. Sov. Phys. Techn. Phys. 27, 652 (1957).

281. Rosenstock, H. B., and G. F. Newell: Vibrations of a simple cubic lattice I. J. Chem. Phys. 21, 1607 (1953).

282. Ruedl, E., and R. C. Bradley: Vaporization of impurities in copper, including those introduced by ion bombardment. J. Phys. Chem. Solids 23, 885 (1962).

283. Rump, B. S., and B. L. Gehmann: Work function measurments of Ni, Mo, and W in an cesium-hydrogen atmosphere. J. Appl. Phys. 36, 2347 (1965).

284. Rutherford: D. E.: Some continuant determinants arising in physics and chemistry II. Proc. Roy. Soc. Edinburgh 63, 232 (1951).

285. Sachtler, W. H. M.: Work function and electrical conductivity of hydrogen covered nickel films. J. Chem. Phys. 25, 751 (1956).

286. — G. J. H. Dorgelo u. W. van der Knaap: Bestimmung der Struktur und Textur von durch Verdampfung erhaltenen metallischen Nickelschichten mit dem Elektronenmikroskop und mittels Elektronenbeugung. J. Chim. Phys. 51, 491 (1954).

287. —, G. J. H. Dorgelo, and R. Jongepier: Phase composition and work function of vacuum-deposited copper-nickel alloy films. J. catalysis 4, 100 (1965).

288. — — and A. A. Holscher: The work function of gold. Surface Sci. 5, 221 (1966).

289. Scott, H. G.: Sputtering of gold by low-energy inert gas ions II. J. Appl. Phys. 37, 287 (1966).

290. Schäfer, K.: Probleme der Wärmeleitung in Gasen bei niedrigem Druck. Fortschr. Chem. Forsch. 1, 61 (1950).

291. Scheer, M. D., and J. Fine: Kinetic of Cs^+ desorption from tungsten. J. Chem. Phys. 37, 107 (1962).

292. — — Kinetic of desorption II. J. Chem. Phys. 38, 307 (1963).

293. — — Kinetics of desorption III. J. Chem. Phys. 39, 1752 (1963).

294. — — Surface ionization of niobium. J. Chem. Phys. 42, 3645 (1965).

295. — — Work function of the (110) plane of tungsten as determined by the surface ionization of NaCl. Bull. Am. Phys. Soc. 10, 69 (1965).

296. Schmidt, R. W.: Über Wachstums- und Aufbauformen von Wolframkristallen, insbesondere über den Gleichstromeffekt. Z. Physik 120, 69 (1943).

297. Schmidt, L., and R. Gomer: Adsorption of potassium on tungsten. J. Chem. Phys. 42, 3573 (1965).

298. Schock, A.: Optimization of emission-limited thermionic generators. J. Appl. Phys. 32, 1564 (1961).

299. Schroen, W.: Absolutmessung der Ionisierungsausbeute von Alkali-Atomen an Metalloberflächen I. Z. Physik 176, 237 (1963).

300. — Diss. Clausthal, 1962.

301. Schultz, H. A.: ANL-5518 (1955).

302. — ANL-5596.

303. Schwarz, H.: Evaporation and deposition rates, sticking probability and background pressure during the production of thin films in vacuum. J. Appl. Phys. 37, 4341 (1966).

304. Schwoebel, R. L.: Condensation of gold on gold single crystals. Surface Sci. **2**, 356 (1964).

305. Seeger, A.: Handbuch der Physik, Bd. 7, S. 1. Berlin-Göttingen-Heidelberg: Springer 1955.

306. Sears, G. W.: Role of crystal edges in evaporation. J. Chem. Phys. **27**, 1308 (1957).

307. Seiwatz, R.: Possible structure for clean, annealed surfaces of Ge and Si. Surface Sci. **2**, 473 (1964).

308. Shelton, H., and A. Y. H. Cho: Evaporative lifetimes of Cu, Cr, Be, Ni, Fe, Ti on W and oxygenated W. J. Appl. Phys. **37**, 3544 (1966).

309. Simon, H., u. R. Suhrmann: Der lichtelektrische Effekt und seine Anwendungen. 2. Aufl. Berlin-Göttingen-Heidelberg: Springer 1958.

310. Skeen, C. H.: Effect of cesium fluoride on a cesium vapor diode. J. Appl. Phys. **36**, 84 (1965).

311. Slioka, M. J.: A study of cesium vapor attack on thermionic converter construction materials. Advan. En. Conversion **3**, 157 (1963).

312. Smith, G. F.: Thermionic and surface properties of tungsten crystals. Phys. Rev. **94**, 295 (1954).

313. Smoluchowski, R.: Anisotropy of the electronic work function of metals. Phys. Rev. **60**, 661 (1941).

314. Snouse, T. W., and L. C. Haughney: Sputtering of single-crystal copper. J. Appl. Phys. **37**, 700 (1966).

315. Sommerfeld, A.: Zur Elektronentheorie der Metalle auf Grund der Fermischen Statistik I. Z. Physik **47**, 1 (1928).

316. Stranski, I. N.: Zur Theorie des Kristallwachstums. Z. Phys. Chem. **136**, 259 (1928); — Beitrag zum Wachstum und Auflösen nichtpolarer Kristalle. Z. Phys. Chem. B **11**, 342 (1931).

317. Suhrmann, R., u. H. Theissing: Über den Einfluß des Wasserstoffs auf die lichtelektrische Elektronenemission des Kaliums. Z. Physik **52**, 453 (1928).

318. — G. Wedler, H. G. Wilke u. G. Reusmann: Röntgenographische Untersuchungen an aufgedampften Nickel- und Kupferfilmen von 100—2000 Å Schichtdicke. Z. Phys. Chem. N.F. **26**, 85 (1960.

319. — H. Ober u. G. Wedler: Beeinflussung von Elektronen-Austrittspotential und elektrischem Widerstand aufgedampfter Filme von Fe, Ni, Cu, Zn und Ga durch Adsorption von Kohlenmonoxyd bei 90° K und 293° K. Z. Phys. Chem. N. F. **29**, 20 (1961).

320. — G. Schwandt u. G. Wedler: Beeinflussung von Elektronen-Austrittspotential und elektrischem Widerstand dünner Nickelfilme durch die Chemisorption von Kohlendioxyd. Z. Phys. Chem. N. F. **35**, 47 (1962).

321. —, u. G. Wedler: Neuere Messungen der Elektronen-Austrittspotentiale von ungeordneten und geordneten Metallfilmen. Z. Angew. Phys. **14**, 70 (1962).

322. — R. Gerdes u. G. Wedler: Elektronenmikroskopische Untersuchungen an aufgedampften Nickelfilmen. II. Z. Naturforsch. **18a**, 1211 (1963).

323. — — — Elektronenmikroskopische Untersuchungen an aufgedampften Nickelfilmen I. Z. Naturforsch. **18a**, 1208 (1963).

324. — D. Kern u. G. Wedler: Einfluß des Ordnungszustandes aufgedampfter Nickelfilme auf die elektrochemische Wechselwirkung zwischen Ameisensäure und Nickel. Z. Phys. Chem. N. F. **36**, 165 (1963).

Literatur

325. Swanson, L. W., R. W. Strayer, and F. M. Charbonnier: The effect of electric field on adsorbed layers of cesium on various refractory metals. Surface Sci. **2**, 177 (1964).
326. —, and R. Gomer: Field desorption of carbon monoxide from tungsten. J. Chem. Phys. **39**, 2813 (1963).
327. Swaine, J. W., and R. C. Plumb: Specific surface area of evaporated aluminium. J. Appl. Phys. **33**, 2378 (1962).
328. Forsythe, W. E. (Ed.): Tables, Smithsonian Physics, 9 th. Ed. Smithsonian Inst. Washington D.C. 1900.
329. Takeishi, Y.: An ordered structure on a tantalum-adsorbed Si (111) surface. Surface Sci. **4**, 317 (1966).
330. Taylor, L. H.: Adsorption of cesium on polycrystalline refractory metalls. Surface Sci. **2**, 188 (1964).
331. Taylor, N. J.: A LEED study of the structural effect of oxygen on the (111) face of a tungsten crystal. Surface Sci. **2**, 544 (1964).
332. — A LEED study on the epitaxial growth of copper on the (110) surface of tungsten. Surface Sci. **4**, 161 (1966).
333. Taylor, J. B., and I. Langmuir: The evaporation of atoms, ions and electrons from cesium films on tungsten. Phys. Rev. **44**, 423 (1933).
334. — — Vapor pressure of cesium by the positive ion method. Phys. Rev. **51**, 753 (1937).
335. Thomas, H.: Zum äußeren lichtelektrischen Effekt der Alkalimetalle I. Z. Physik **147**, 395 (1957).
336. Thomas, M. T., G. Shimaoka, and J. A. Dillon Jr.: Lattice defects and surface properties of clean germanium. Surface Sci. **6**, 261 (1967).
337. Tinder, R. F., G. A. Antypas, and E. E. Donaldson: Effects of metal defects on positive ion emission from heated iron filaments. J. Appl. Phys. **35**, 3452 (1964).
338. Topping, J.: On the mutual potential energy of a plane network of doublets. Proc. Roy. Soc. London A **114**, 67 (1927).
339. Touw, T. R., and J. W. Trischka: Large differences in surface ionization efficiencies between K and its halides on the contaminated surface of a Pt alloy (8% W) wire. J. Appl. Phys. **34**, 3653 (1963).
340. Tower, L. K.: Analysis of the chemical regeneration of sublimating thermionic compounds. Advan. En. Conversions **3**, 185 (1963).
341. Toya, T.: Theory of chemisorption on metal surfaces. J. Res. Inst. Katalysis Hokaido **6**, 308 (1958).
342. Trapnell, B. M. W.: Chemisorption. New York: Academic Press 1955.
343. Trischka, J. W.: On the use of the Langmuir-Saha equation. J. Appl. Phys. **37**, 455 (1966).
344. — Relation between the constants in the Arrhenius equation for alkali ions desorbed in vacuum from contaminated metal surfaces. J. Chem. Phys. **39**, 1357 (1963).
345. Tucker, C. W.: Low energy electron diffraction studies of gas adsorption on platinum (100), (110) and (111) surfaces. J. Appl. Phys. **35**, 1897 (1964).
346. Tucker jr., C. W.: Low energy electron diffraction study of CO adsorption on the (100) face of platinum. Surface Sci. **2**, 516 (1964).
347. — — General Electric, Rep. No. 63-RL-(3490 M).
348. — Interaction of boron with tungsten single crystal substrates. Surface Sci. **5**, 179 (1966).
349. — Chemisorbed oxygen structures on the rhodium 110 surface. J. Appl. Phys. **37**, 4147 (1966).

350. TUCKER JR., C. W.: Stability of coincidence lattice for chemisorbed structures. J. Appl. Phys. 37, 528 (1966).
351. — Chemisorbed coincidence lattices on rhodium. J. Appl. Phys. 37, 3013 (1966).
352. — Suggestions regarding certain oxygen structures formed on the W (110) surface. Surface Sci. 6, 124 (1967).
353. UNDERWOOD, N.: The photoelectric properties of the (100) and (111) faces of a single copper crystal. Phys. Rev. 47, 502 (1935).
354. URBANIEC, K., and M. ZGORZELSKI: Comments on the maximum efficiency of thermionic converters. J. Appl. Phys. 37, 4292 (1966).
355. UTSUGI, H., and R. GOMER: Field adsorption of Ba from W. J. Chem. Phys. 37, 1706 (1962).
356. — — Field desorption of Cs from W. J. Chem. Phys. 37, 1720 (1962).
357. VEDULA, Y. S., and V. M. GAVRILIUK: Adsorption of Ba-atoms and barium oxyde molecules on tungsten. Ukrain. Fiz. Zhur. 3. 632 (1958).
358. WALLIS, R. F.: Effects of free ends on the vibration frequencies of one-dimensional lattices. Phys. Rev. 105, 540 (1957).
359. — Theory of surfaces modes of vibration in two- and three-dimensional crystal lattices. Phys. Rev. 116, 302 (1959).
360. —, and D. C. GAZIS: Surface effects in second order Doppler shift of Mössbauer resonance. Phys. Rev. 128, 106 (1962).
361. WEBSTER, H. F.: Calculation of the performance of a high-vacuum thermionic energy-converter. J. Appl. Phys. 30, 488 (1959).
362. — Thermionic emission from a tantalum crystal in Cs and Rb vapor. J. Appl. Phys. 32, 1802 (1961).
363. WEDLER, G., u. M. FOUAD: Die Schichtdickenabhängigkeit des elektrischen Widerstandes aufgedampfter Nickelfilme. Z. Phys. Chem. N. F. 40, 1 (1964).
364. WEISS, G., and A. MARADUDIN: Thermodynamic properties of a disordered lattice. J. Phys. Chem. Solids 7, 327 (1958).
365. WERNING, J. R.: UCRL-8455 (1958).
366. WEHNER, G. K.: Controlled sputtering of metals by low energy Hg-ions. Phys. Rev. 102, 690 (1956).
367. WHEELER, A.: In: GOMER, R., and C. SMITH: Structure and properties of solid surfaces. p. 439. Chicago: Univ. Press 1953.
368. WHITE, P.: Surface photolysis experiments on evaporated metal films. Proc. Chem. Soc. 1961, 337.
369. WHITE, W. C.: Positive-ion emission, a neglected phenomenen. Proc. of I.R.E. 852 (1950).
370. WILSON, R. G.: Electron and ion emission from polycrystal surfaces of Be, Ti, Cr, Cu, Pt and type 304 stainless steel in cesium vapor. J. Appl. Phys. 37, 3161 (1966).
371. —, and E. D. WOLF: Electron and ion emission from iridium in lithium vapor. J. Appl. Phys. 37, 4458 (1966).
372. — Electron and ion emission from polycrystalline surfaces of Nb, Mo, Ta, W, Re, Os, Ir in cesium vapor. J. Appl. Phys. 37, 4125 (1966).
373. WILSON, V. C.: Cesium converter studies. Progr. Astron. Rocketry 3, 137 (1960).
374. — Conversion of heat to electricity by thermionic emission. J. Appl. Phys. 30, 475 (1959).
375. —, and J. LAWRENCE: Operating characteristics of two thermionic converters having rhenium-nickel and tungsten-nickel electrodes. Advan. En. Conversion 4, 195 (1964).

376. WINTERS, H. F., D. G. BILLS, and E. E. DONALDSON: Chemical sputtering of tungsten at elevated temperatures. J. Appl. Phys. **34**, 1810 (1963).
377. WOOD, E. A.: Vocabulary of surface crystallography. J. Appl. Phys. **35**, 1306 (1964).
378. YOUNG, J. R.: Evolution of gases and ions from different anodes under electron bombardment. J. Appl. Phys. **31**, 921 (1960).
379. YOUNG, R. D., and D. C. SCHUBERT: Condensation of tungsten on tungsten in atomic detail: Monte Carlo and statistical calc. vs. experiments. J. Chem. Phys. **42**, 3943 (1965).
380. ZEMEL, J.: Surface ionization phenomena on polycristalline tungsten. J. Chem. Phys. **28**, 410 (1958).
381. ZIMAN, J. M.: Electrons and Phonons. Oxford: Clarendon Press 1960.
382. ZINGERMANN, Y. P., V. A. ISCHUK, and V. A. MOROZOVSKII: Electronic and Adsorbing properties of barium films on tungsten. Fiz. Tverdoga Tela **2**, 2276 (1960).
383. ZWANZIG, R. W.: Collision of a gas atom with a cold surface. J. Chem. Phys. **32**, 1173 (1960).

Sachverzeichnis